建筑节能与清洁发展机制

Building Energy Conservation and Clean Development Mechanism

郝　斌　林　泽　马秀琴　主编

中国建筑工业出版社

图书在版编目（CIP）数据

建筑节能与清洁发展机制/郝斌主编. —北京：中国建筑工业出版社，2010

ISBN 978-7-112-11869-4

Ⅰ. 建… Ⅱ. 郝… Ⅲ. 建筑-节能-研究报告 Ⅳ. TU111.4

中国版本图书馆 CIP 数据核字（2010）第 035400 号

本书介绍了 CDM 和 PCDM 的基本原理和规则，阐述了建筑领域开展 CDM 的基本情况，指出在建筑领域中 CDM 发展缓慢的主要原因。从建筑节能与清洁发展机制有机结合的角度出发，列举并分析了部分具有建筑节能减排特征的 CDM 和类似的 PCDM 项目，重点对建筑领域开展 PCDM 项目进行了初步的构想和实践，指明在建筑领域应用清洁发展机制的有效途径。最后，对 CDM、PCDM 相关规则的制定，以及各国政府或相关组织如何推进建筑领域开展 CDM 和 PCDM 项目提出了具体建议。

本书适用于从事建筑节能研究的工程技术人员，建筑项目业主、开发企业，建筑节能管理部门及高等院校相关专业师生。

* * *

责任编辑：张文胜 姚荣华
责任设计：郑秋菊
责任校对：兰曼利 王雪竹

建筑节能与清洁发展机制

Building Energy Conservation and Clean Development Mechanism

郝 斌 林 泽 马秀琴 主编

*

中国建筑工业出版社出版、发行（北京西郊百万庄）
各地新华书店、建筑书店经销
北京红光制版公司制版
北京云浩印刷有限责任公司印刷

*

开本：787×1092 毫米 1/16 印张：15½ 字数：386 千字
2010 年 3 月第一版 2012 年 11 月第二次印刷
定价：**38.00** 元
ISBN 978-7-112-11869-4
(19099)

《建筑节能与清洁发展机制》指导委员会

主　　任：仇保兴

委　　员：陈宜明　武　涌　韩爱兴　杨　榕　谢鸿昌　梁俊强
吕学都　陈　欢　孙　志　张福麟　王建清　陈　新
仝贵婵　谢　飞　胥小龙

《建筑节能与清洁发展机制》编写委员会

主　　任：郝　斌

副 主 任：林　泽　马秀琴

委　　员：（以姓氏笔画为序）
马文生　马宏权　刘　刚　刘　珊　刘幼农　李现辉
狄洪发　肖　晨　陈冬梅　林波荣　郁松涛　金凤云
姚春妮　郭梁雨　戚仁广　黄　美　黄　超　黄俊鹏
程　杰　雷红鹏　戴　威

主编单位：住房和城乡建设部科技发展促进中心

参编单位：河北工业大学
中国标准设计研究院
清华大学
国际铜业协会

序 一

发达国家城镇化发展历程表明，随着城市化率的提高，建筑领域的能耗和排放均会快速增长，建设终端能耗会占到全社会总能耗的40%左右。目前我国正经历着世界上有史以来规模最大且最为迅速的城镇化进程，伴随着这一进程，每年新增建筑数量巨大，同时还存在着庞大规模的非节能既有建筑，建筑终端能耗占到全社会总能耗的27.5%左右，而且随着城镇化水平的不断提高，建筑总能耗也在不断增长。2009年11月，国务院明确提出到2020年我国单位国内生产总值二氧化碳排放比2005年下降40%～45%。完成这一目标，建筑领域节能减排举足轻重，同时也是任务艰巨。这既是挑战，更是机遇！

近年来，通过我国各级政府和全社会的共同努力，建筑领域节能减排取得了显著成绩。建立健全了建筑领域节能减排法律法规体系和技术标准规范体系，完善了建筑节能监管体系，形成了对建筑领域能源消耗、温室气体排放的约束机制，通过制定激励政策，引导可再生能源在建筑中的应用，推动北方既有居住建筑供热计量和节能改造，建立国家机关办公建筑和大型公共建筑节能监管体系，建设节约型校园。上述工作的有序开展为推动建筑领域应用清洁发展机制奠定了坚实的基础。

清洁发展机制是《京都议定书》的核心机制之一。按照这一机制，具有减排义务的发达国家可向没有减排义务的发展中国家提供资金和技术。通过合作，发达国家可以完成自己的减排目标，而发展中国家也可获得清洁发展的资金和技术。在清洁发展机制的基础上延伸出的“规划项目下的清洁发展机制”成为解决建筑领域节能减排市场交易机制的有效手段。我国建筑节能减排方面的清洁发展机制实际应用项目几乎还没有，这更需要我们深入研究，找出问题，采取措施，为将来的制度设计打好基础。

本书以《京都议定书》的有关规则及清洁发展机制的实践为基础，通过与有关国际组织专家的充分交流，对建筑领域“规划方案下的清洁发展机制”的基本原理、规则、实现途径和发展方向进行了深入分析和探讨，相信对指导我国建筑领域节能减排应用清洁发展机制的理论与实践会发挥积极的作用。

借本书出版发行之机，向在为推动我国建筑领域节能减排和清洁发展而努力工作、积极改革、大胆实践的同志们表示诚挚的谢意，也衷心地希望本书的出版能够为促进我国建筑领域清洁发展机制的成功实践作出贡献。

住房和城乡建设部副部长

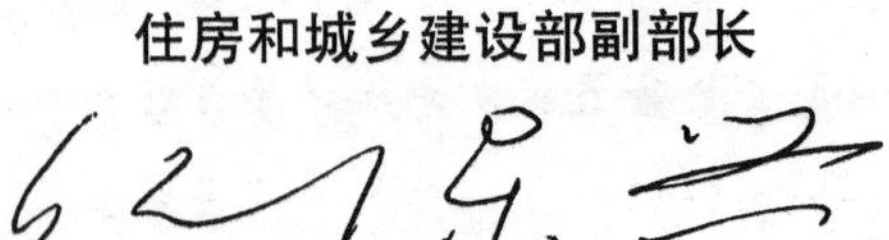

2010年2月

序　二

2009年12月在丹麦首都哥本哈根召开的联合国气候变化框架公约缔约方会议暨京都议定书缔约方会议，引起了全球前所未有的高度关注，也起到了动员社会的方方面面参与保护全球气候的作用。减少温室气体排放、保护全球气候，已经成为全球的重大政治议程，成为全球的共同行动。哥本哈根会议推出的哥本哈根协议，要求发达国家承担进一步的量化的温室气体减排承诺，并向发展中国家提供资金、技术转让和能力建设支持。哥本哈根协议不仅仅要求发达国家采取减排温室气体的行动，也要求发展中国家在“共同但有区别的责任”的原则指导下，在发达国家提供资金、技术转让和能力建设支持下，采取减少温室气体减排的行动，这是哥本哈根会议的重大的、突出的特点之一。至此，一个全球范围内的减缓温室气体排放的总体框架得以确立，这一框架勾画了在促进经济和社会发展的同时，减少温室气体排放的全球应对气候变化的新的制度和体制。

对广大发展中国家而言，这一新的体制是一个巨大的挑战。发展中国家当前面临发展经济、城市化建设、消除贫困等压倒一切的重任。面对这一艰巨任务，要实现减缓温室气体排放，无疑是一个巨大的挑战。即使对于已经实现了工业化和城市化、经济和社会已经高度发达的发达国家而言，减少温室气候排放也是一个艰难的任务。这就不难理解为什么哥本哈根气候变化谈判会议如此艰难、为什么会吸引119个国家领导人出席会议。

展望未来，减少温室气体排放、实现低碳经济和低碳发展，无论在发达国家还是在发展中国家，都将成为不可阻挡的历史潮流。谁能够在这个潮流中占领先机、引领方向，谁就能够获得市场、获得发展。在这一过程中，能够充分利用国际机制，顺应国际规则的要求，促进整个行业的发展，将是一个极其难得的机遇。

在发展中国家，建筑行业作为拉动需求、推进城市化发展的一个快速发展的行业，在促进经济和社会发展中具有不可替代的重要作用。同时，建筑行业作为具有高耗能特征的建筑材料生产和建筑耗能（供热和供冷），又注定使这一行业成为减缓温室气体排放的一个非常重要的行业。如何确保在推进建筑行业健康和可持续发展的同时，大幅度减少建筑材料生产及建筑物本身耗能导致的温室气体排放，成为一个非常关键的命题，也是各国、包括发达国家在苦苦探索的重要议题。

作为一个负责任的发展中大国，我国确立了到2020年单位GDP二氧化碳排放量在2005年的基础上降低40%～45%这一减缓温室气体排放目标。要实现这一目标，需要各行业付出巨大和艰苦的努力。其中，正处于大规模发展的建筑行业，无疑将成为我国是否能够实现国家目标的重要因素。

面对这些问题和挑战，很高兴看到由国内若干个机构的专家组成的专家组，在翔实研究全球及我国建筑节能技术和政策的基础上编著了《建筑节能与清洁发展机制》一书。该书分析了我国建筑领域可能的节能和温室气体减排潜力及面临的问题；提出了利用“清洁发展机制”、尤其是其中的“规划类清洁发展机制项目”，来推动节能建筑发展的思路和办法；并利用具体案例对如何实施这样的政策、行动和项目给出了示例，是一本理论和实践兼备的重要著作。已经有不少机构和专家在研究推动建筑类CDM项目的开发，但因为这种项目的方法学非常复杂、单个建筑能够实现的温室气体减排量较小，而使建筑行业的CDM项目一直难以得到大规模开发。鉴此，有充分的理由期待着本书的出版发行对我国建筑行业的CDM项目开发、实现低碳发展将起到积极的推动作用。

由此，特为本书出版作序，以表祝贺。

吕学都

2010年2月21日

于北京

前　言

清洁发展机制是国际社会为减缓气候变暖建立的重要的温室气体减排交易机制。建筑领域的温室气体排放约占全世界总排放量的30%左右，并因其具有大范围、长周期的特点，以及与人们生活、社会可持续发展关系密切的原因，日益受到国际、国内各界的关注。如何利用清洁发展机制，以及其他相关节能减排交易机制促进建筑领域的节能减排，已成为国际、国内相关部门下一步重点研究的课题之一。

现有的国际温室气体减排框架是建立在《京都议定书》的基础上的，其中与发展中国家有关的是清洁发展机制。该机制在帮助发达国家履行减排承诺，发展中国家获得资金、技术援助，实现可持续发展等方面发挥着重要的作用。

建筑领域有着巨大的减排潜力，但是由于建筑领域减排项目本身的特点，以及CDM和PCDM规则的局限，在建筑领域开展CDM等节能减排交易机制尚处于探索阶段，还没有出现大规模的成功案例。到目前为止，国际上建筑相关领域的CDM项目很少，几乎都是小项目。这与建筑领域减排工作在全世界的地位极不相符。

我们在对建筑物围护结构节能、供热系统节能、可再生能源在建筑中的应用、大型公共建筑节能、北方既有居住建筑改造等建筑领域节能减排研究工作的基础上，在与联合国环境规划署（UNEP）、世界银行（WB）、世界自然基金会（WWF）等国际组织专家和国内清洁发展机制相关专家充分交流沟通后，撰写完成本书。

全书共分6篇。第1篇主要论述《京都议定书》和清洁发展机制的产生背景，清洁发展机制和规划下的清洁发展机制的基本内容、基本制度和主要流程。第2篇主要论述了世界和我国的建筑能耗情况，其中重点论述我国建筑领域节能减排的基本情况。第3篇主要论述了建筑节能与清洁发展机制的关系，包括在建筑领域开展清洁发展机制的重要意义，以及目前建筑领域清洁发展机制项目较少的主要原因。在以上研究的基础上，第4篇分析了现有建筑节能领域的清洁发展机制案例，总结了目前建筑节能技术中有可能被开发为清洁发展机制项目的技术，对在建筑领域开展清洁发展机制项目做出了分析和总结。第5篇主要论述如何在建筑领域开展规划下的清洁发展机制项目，以及面临的主要问题。第6篇分析了建筑节能的发展前景，为了更好地在建筑领域开展清洁发展机制项目，提出了一些建议。

希望本书的出版能对推动我国乃至世界建筑领域清洁发展机制项目的发展发挥作用。

虽然作者们为本书的撰写竭尽全力，但限于水平，书中难免存有不妥和疏漏之处，恳请读者给予批评指正。

目　录

序

前言

第1篇　清洁发展机制 …… 1

1　背景 …… 1

1.1　全球气候变暖 …… 1

1.2　《联合国气候变化框架公约》 …… 3

1.3　《京都议定书》的三个机制 …… 4

2　CDM的基本内容 …… 5

2.1　基本原理 …… 5

2.2　国际国内政策 …… 6

2.3　CDM项目的开发程序 …… 8

2.4　现行CDM机制的不足 …… 11

2.5　小型CDM项目简介 …… 12

3　PCDM的基本内容 …… 13

3.1　PCDM的定义和发展 …… 13

3.2　PCDM的基本规则 …… 14

3.3　PCDM适用的规划及项目类型 …… 15

3.4　PCDM与CDM的比较 …… 16

3.5　PCDM项目开发流程 …… 18

第2篇　建筑领域的节能减排 …… 21

4　世界建筑领域排放情况 …… 21

4.1　排放能力 …… 21

4.2　减排潜力 …… 22

5　中国建筑领域排放情况 …… 24

5.1　建筑发展情况 …… 24

5.2　建筑领域整体能耗现状 …… 26

5.3　各类建筑能耗情况 …… 27

5.4　建筑能耗(排放)一般计算方法 …… 40

5.5　我国建筑节能法律政策体系 …… 43

5.6　我国建筑减排潜力 …… 52

第3篇　建筑节能与CDM的关系 …… 54
6　建筑领域实施CDM的意义 …… 54
6.1　可持续发展是建筑减排和CDM的重要共同点 …… 54
6.2　实施CDM项目是运用市场机制为推动建筑节能的重要尝试 …… 55
6.3　CDM在建筑项目中实施更具有社会价值 …… 56
7　原因分析 …… 57
7.1　对于业主的激励 …… 58
7.2　建筑项目本身的特点 …… 59
7.3　CDM项目实施的困难 …… 60

第4篇　建筑节能CDM项目 …… 62
8　CDM方法学和案例分析 …… 62
8.1　CDM方法学在建筑领域的应用 …… 62
8.2　CDM方法学建筑适用分析 …… 72
8.3　中国开发的与建筑节能有关的部分CDM项目 …… 79
9　建筑节能CDM项目技术分析 …… 88
9.1　可再生能源技术 …… 89
9.2　减少建筑内部能源需求 …… 99
9.3　提高采暖系统效率 …… 110
10　CDM在建筑领域的应用总结 …… 114
10.1　项目选择 …… 114
10.2　技术总结 …… 115

第5篇　建筑节能PCDM项目 …… 117
11　PCDM案例 …… 117
11.1　PCDM案例项目 …… 117
11.2　PCDM案例项目分析 …… 119
12　PCDM所面临的主要问题 …… 120
12.1　PCDM机制面临的问题 …… 120
12.2　PCDM实施过程中面临的问题 …… 121
13　建筑PCDM实施方案 …… 122
13.1　技术方案和特征 …… 122
13.2　实施方案总结 …… 125
14　中国北方既有居住建筑供热计量和节能改造规划项目PCDM新方法学探讨 …… 127
14.1　规划方案项目活动PoA …… 127
14.2　寒冷地区某集中供热改造项目CPA …… 142

第6篇　建筑发展前景和建议…… 148
15　建筑发展前景 …… 148
15.1　全球低碳经济转型背景 …… 148
15.2　低碳经济下的建筑发展历程 …… 149
15.3　低碳建筑的政策保障和技术措施 …… 151
16　建议 …… 153
16.1　对于CDM、PCDM的建议 …… 154
16.2　其他建议 …… 156

附录1　其他节能减排量交易机制简介 …… 159
附录2　哥本哈根会议中有关CDM的内容 …… 173
附录3　哥本哈根协议(中英文版) …… 179
附录4　2009年中国区域电网基准线排放因子 …… 185
附录5　缩写和缩略语 …… 234

参考文献 …… 236

第1篇　清洁发展机制

1　背景

1.1　全球气候变暖

地球的气候系统是由大气圈、水圈（海洋）、冰雪圈、岩石圈和生物圈等构成的综合系统。近百年来，地球气候正经历一次以全球变暖为主要特征的显著变化。引起这种气候系统变化的原因有多种，可概括为自然的气候波动与人类活动影响两大类。前者包括太阳辐射变化、地球运转轨道变化、气候系统内在行为控制等；后者包括人类燃烧化石燃料、毁林以及工农业活动引起的大气中温室气体浓度的增加、陆面覆盖和土地利用的变化等。

温室效应是指大气中的水汽和 CO_2 等气体，可以透过太阳短波辐射，阻挡地球表面向宇宙空间发射长波辐射，从而使地球表面和大气增温，CO_2 等气体则被称为"温室气体"（Greenhouse Gas，GHG），如图 1-1 所示。一定程度的温室效应，为地球上生命的产生和繁衍提供了适宜的环境条件，但是自 18 世纪工业革命以来，人类社会经济的快速发展消耗了大量的化石燃料（煤、石油、天然气等），大气中温室气体的浓度迅速增加，温

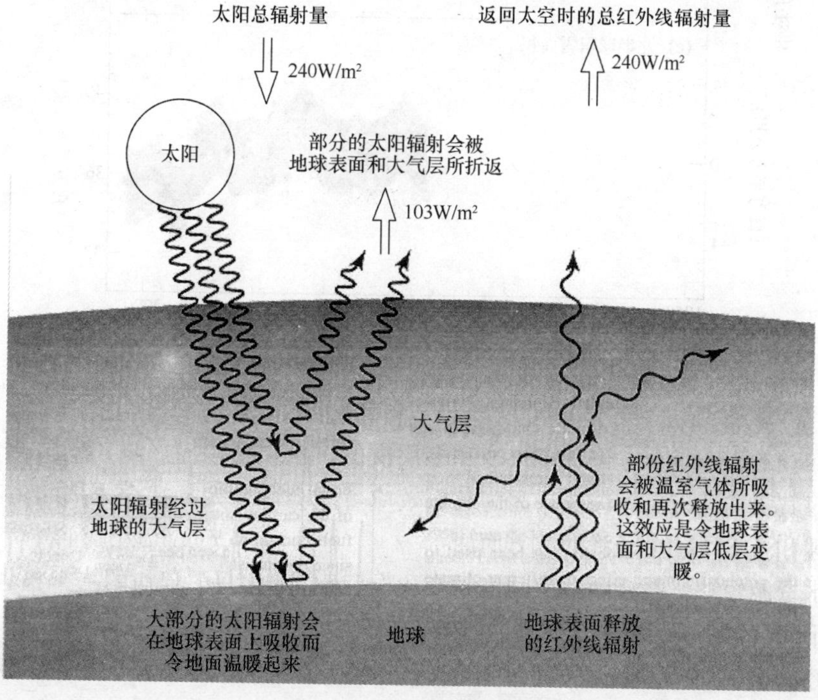

图 1-1　温室效应原理图

室效应持续加强，全球变暖逐渐成为影响人类生存和发展的重大环境问题。

2007年政府间气候变化专门委员会（Intergovernmental Panel on Climate Change，IPCC）第四次气候变化综合报告指出，自1850年以来最近12年（1995～2006年）中，有11年位列最暖的12个年份之中。最近100年（1906～2005年）的温度线性趋势为0.74℃（0.56～0.92℃），这一趋势大于《2001年第三次评估报告》给出的0.6℃（0.4～0.8℃）的相应趋势（1901～2000年）（见图1-2）。全球温度普遍升高，在北半球高纬度地区温度升幅较大。陆地区域的变暖速率比海洋快。

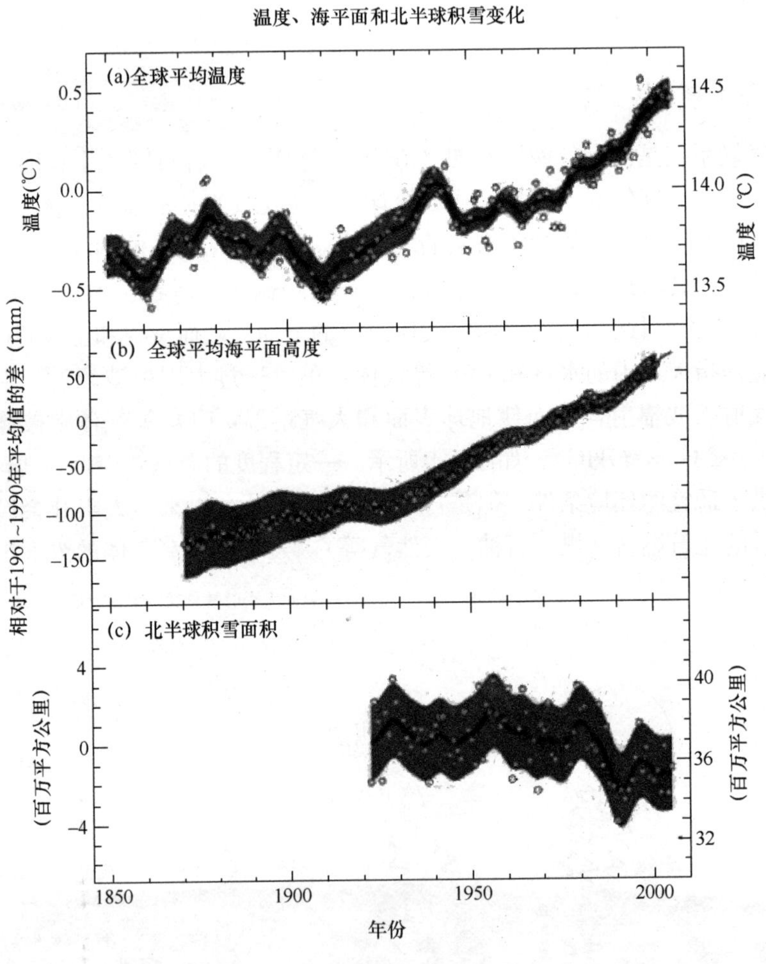

图1-2 全球平均温度、平均海平面高度和北半球积雪面积变化图

全球变暖的影响是全方位、多尺度和多层次的，既包括正面影响，也包括负面效应。目前人们对其负面效应更为关注，因为负面效应可能会危及人类社会未来的生存与发展，影响到全球和各地区社会经济的方方面面：

（1）水资源短缺。联合国政府间气候变化专门委员会2007年初的一个报告草案曾指出，如果平均气温上升4℃，全球就会有30多亿人面临缺水问题。

（2）经济损失加剧。据有关部门统计，20世纪90年代，全球发生的重大气象灾害比20世纪50年代多5倍。

(3) 海平面上升。全球气温升高导致地球两极冰雪融化和海平面上升，地球上众多海岸线将被海水侵蚀，众多岛屿将被淹没，岛上及沿海居民生活受到威胁，而一些小岛国甚至不复存在。

(4) 热浪袭击增加。据有关报告显示，如果全球平均气温上升3℃，北美地区受热浪侵袭的次数将增加3～8倍。

(5) 人类健康受到威胁。有关专家说，由于全球变暖，许多通过昆虫、食物和水传播的传染性疾病的传播范围将扩大，并对贫困地区的人口造成显著影响。

(6) 物种变化加剧。不少动植物开始向南部或北部迁移，生物物种活动范围的迁移将导致迁入地和迁出地生物链混乱，从而对农林业和渔业产生不利影响。

尽管如同对未来气候变化的预测一样，关于气候变化的影响也由于目前科学知识的局限性和问题本身的复杂性而存在大量的不确定性。但是，这些影响往往具有长期性、积累性和非线性，其后果具有灾难性、不可逆性，因而受到了国际社会的广泛关注。可以说，正是这些因素促使人类社会重新认识并深入研究全球气候变化的问题，并寻求适当的途径减缓人类活动对气候变化的加速作用。由于气候变化涉及的地区遍及全球，相关的领域包括环境、经济、政治等，因此需要全球共同努力与协作。也正是在这样的背景下，诞生了类似于WTO谈判的一套行动进程——国际气候变化谈判。

1.2 《联合国气候变化框架公约》

世界气象组织（World Meteorological Organization，WMO）和联合国环境规划署（United Nations Environment Programme，UNEP）早在20世纪80年代就认识到潜在的全球气候变化问题，从而于1988年建立了政府间气候变化专门委员会（IPCC），它的作用是在全面、客观、公开和透明的基础上，评估与理解人为引起的气候变化、这种变化的潜在影响，并评估适应和减缓气候变化方面的科技和社会经济信息。

《联合国气候变化框架公约》（United Nations Framework Convention on Climate Change，简称《框架公约》，英文缩写UNFCCC）是1992年5月22日联合国政府间谈判委员会（IPCC）就气候变化问题达成的公约，于1992年6月4日在巴西里约热内卢举行的联合国环发大会上通过，其发展历程如图1-3所示。

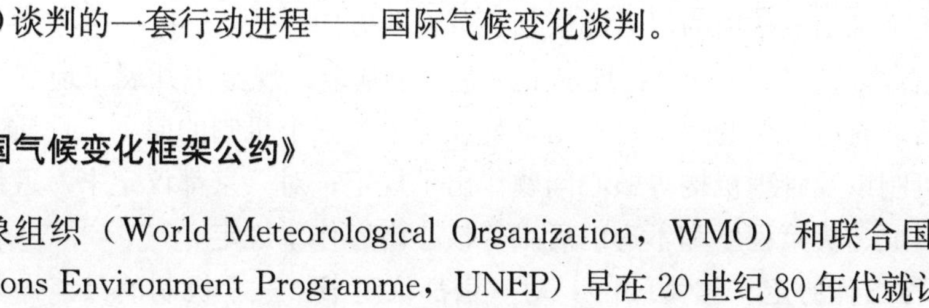

图1-3　《联合国气候变化框架公约》发展历程

《框架公约》是世界上第一个为全面控制CO_2等温室气体排放，以应对全球气候变暖给人类经济和社会带来不利影响的国际公约，也是国际社会在应对全球气候变化问题上进行国际合作的一个基本框架。

《框架公约》于1994年3月21日正式生效。这是一个有法律约束力的公约，旨在控制大气中的CO_2、CH_4和其他造成“温室效应”的气体排放，将温室气体的浓度稳定在使气候系统免遭破坏的水平上。我国于1992年6月11日签署，1992年11月7日批准该公约。

《框架公约》对发达国家和发展中国家规定的义务以及履行义务的程序有所区别。《框架公约》要求发达国家作为温室气体的排放大户，采取具体措施限制温室气体的排放，并向发展中国家提供资金以支付他们履行公约义务所需的费用。而发展中国家只承担提供温室气体源与温室气体汇的国家清单的义务，制订并执行含有关于温室气体源与汇方面措施的方案，不承担有法律约束力的限控义务。《框架公约》建立了一个向发展中国家提供资金和技术，使其能够履行公约义务的资金机制。

公约缔约方会议（Conference of the Parties，COP）是《框架公约》的最高机构。自1995年公约第一次缔约方会议（COP1）至2009年12月第15次缔约方会议（COP15），缔约方会议目前一共举行了15届，其中较为重要的几个会议文件是：

(1)《布宜诺斯艾利斯行动计划》(1998年)：规定在第六次缔约方会议前应通过《京都议定书》实施细则，从而为以后的谈判任务指明方向。

(2)《波恩协议》(2000年)：规定了建立三个基金；规定了开展土地利用、土地利用变化和林业活动时应遵循的规则；对《京都议定书》三个机制的原则、性质、范围、参与资格与遵约机制以及管理机构等核心问题作出了规定；对《京都议定书》遵约程序的基本原则、机构组成、决策程序和不遵约后果等核心内容作了规定。

(3)《马拉喀什协定》(2001年)：对《京都议定书》三个机制的具体操作细则作出了详细的解释。

(4)《哥本哈根协议》(2009年)：维护了《联合国气候变化框架公约》及其《京都议定书》确立的“共同但有区别的责任”原则，就发达国家实行强制减排和发展中国家采取自主减缓行动作出了安排，并就全球长期目标、资金和技术支持、透明度等焦点问题达成广泛共识。由于该协议未获全体通过，不具有决议同等的执行效力，《哥本哈根协议》草案仅被“记录在案”，在2010年墨西哥会议上，各国将继续深入谈判。

1.3 《京都议定书》的三个机制

1997年12月1～11日，公约第三次缔约方会议（COP3）（又称“京都会议”）在日本京都举行。这次会议制定了《〈联合国气候变化框架公约〉京都议定书》(简称《京都议定书》，Kyoto Protocol，KP)。《京都议定书》为《框架公约》附件一所列缔约方（主要为发达国家，包括日本、欧洲、俄罗斯等41个国家，下称“附件一国家”，非附件一国家主要为发展中国家，包括中国等148个国家——没有法律约束力的减排义务目标，以下简称“非附件一国家”）规定了有法律约束力的量化减排指标，并没有为发展中国家规定减排或减排义务。

《京都议定书》第3、4条规定了《框架公约》附件一国家温室气体的定量减排目标。

按照规定，附件一国家应该个别地或共同地确保其温室气体排放总量在 2008～2012 年的承诺期内比 1990 年至少减少 5.2%；议定书还根据各个国家的历史排放情况，在附件 B 中规定了每个国家的减排指标。同时要求到 2005 年，附件一国家应在履行这些指标方面取得可证实的进展。

《京都议定书》第 6、12 和 17 条分别规定了三种帮助发达国家实现减排的机制：

（1）“联合履行”（Joint Implementation，JI）：允许附件一国家从其在其他工业化国家的投资项目产生的减排量中获取减排信用，实际结果相当于工业化之间转让了同等量的“减排单位”。

（2）“清洁发展机制”（Clean Development Mechanism，CDM）：允许附件一国家的投资者从其在发展中国家实施的、并有利于发展中国家可持续发展的减排项目中获取“经核证的减排量”（CERs）。

（3）“国际排放贸易”（International Emission Trading，IET）：允许附件一国家之间相互转让它们的部分“容许的排放量”（“排放配额单位”）。

它们的共同特点是“境外减排”，而非在本国实施减排行动，其核心都是把二氧化碳的排放量或减排量进行量化，容许进行市场买卖和交易，引导企业获得最廉价的减排成本。国际排放贸易（IET）是指发达国家相互转让它们的部分“允许的排放量”（Assigned Amount Unit，AAU）；联合履行（JI）是在发达国家之间通过投资项目的方式获得低价的“减排单位”（Emission Reduction Units，ERU）。

《京都议定书》生效的条件是：55 个《公约》缔约方批准，且其中的附件一国家 1990 年温室气体排放量之和占全部附件一国家 1990 年温室气体排放总量的 55%。2005 年 2 月 16 日，《京都议定书》正式获得生效。《京都议定书》是全球人类努力保护地球环境以及实现可持续发展的里程碑，它标志着各国政府第一次考虑接受具有法律约束力的限控或减排温室气体的义务。《京都议定书》另一个开创性的突破就是建立了一系列旨在削减温室气体减缓成本的、创新性的“合作机制”。

2　CDM 的基本内容

清洁发展机制是在《京都议定书》中建立的一个国际合作机制，其目的是为发达国家实现节能减排目标，发展中国家促进工业化国家政府以及商业组织对发展中国家的环境友好项目/技术的投资，从而帮助发展中国家实现可持续发展提供了重要的制度保障。

2.1　基本原理

三种机制中与发展中国家关系最直接的是清洁发展机制，其核心是允许附件一国家与非附件一国家合作，在发展中国家实施温室气体减排项目。主要内容是发达国家通过提供资金和技术的方式，与发展中国家开展项目级合作，在发展中国家进行既符合可持续发展政策要求，又产生温室气体减排效果的项目投资，由此换取投资项目所产生的部分或者全部减排额度，作为其履行减排义务的组成部分，这个额度在 CDM 中被定义为“经核实的减排额度”(Certificated Emission Reductions，CERs)(见图 2-1)。

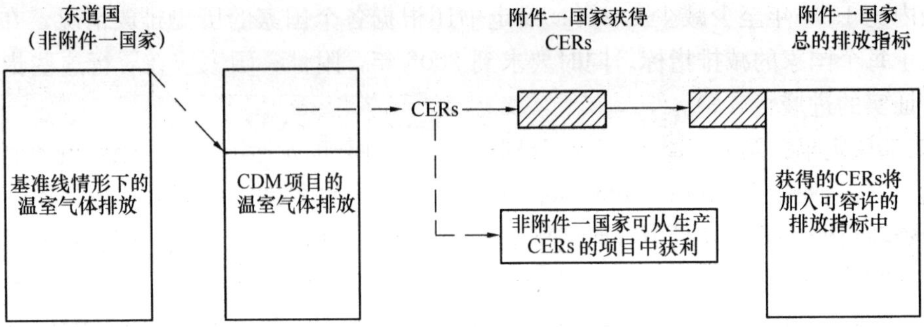

图 2-1 CDM 基本原理图

《京都议定书》中对此作了专门规定：CDM 的目的是协助未列入附件一缔约方实现可持续发展和有益于《公约》的最终目标，并协助附件一所列缔约方实现遵守第 3 条规定的其量化的限制和减少排放的承诺。

《京都议定书》规定了减排的 6 种主要温室气体（见表 2-1）：CO_2（二氧化碳）、CH_4（甲烷）、N_2O（氧化亚氮）、HFCs（氢氟碳化物）、PFCs（全氟化碳）和 SF_6（六氟化硫）。只有针对这 6 种温室气体的减排项目才可能成为 CDM 项目。《京都议定书》允许这些国家自由组合选取这 6 种温室气体建立他们的国家减排策略，包括一些土地利用变化和森林活动项目，诸如森林采伐和再造林等排放或者从大气中吸收 CO_2 的活动。

6 种温室气体和全球增温潜力① **表 2-1**

温室气体	全球增温潜力（GWP）	温室气体	全球增温潜力（GWP）
CO_2（二氧化碳）	1	HFCs（氢氟碳化物）	140～11700
CH_4（甲烷）	21	PFCs（全氟化碳）	6500～9200
N_2O（氧化亚氮）	310	SF_6（六氟化硫）	23900

2.2 国际国内政策

2.2.1 国际规则

参与清洁发展机制的国家必须满足一定的资格标准，即：

(1) 每个缔约方必须是自愿参与项目。

(2) 项目必须产生实际的、可测量的和长期的温室气体减排效益。

(3) 项目实现的温室气体排放必须是没有该项目活动时不会发生的。

只要满足 2001 年《公约》第七次缔约方会议（COP7）达成的《马拉喀什协定》规定的相关条件，发展中国家和发达国家都可以参与 CDM 的国际合作，但发展中国家和发达国家需要满足的参与条件不同，对发展中国家的要求相对比较简单。

发达国家需要满足的参与条件：

(1) 批准《京都议定书》；

① 全球增温潜力（GWP：global warming potential）：相当于二氧化碳增温效应的倍数。

(2) 指定 CDM 国家主管机构；

(3) 计算和记录议定书为其规定的分配数量；

(4) 设置估算其温室气体的各种源的认为排放和各种汇的国家体系；

(5) 设立国家登记系统；

(6) 提交所要求的近期年度排放清单；

(7) 提交有关分派数量的补充信息，并据此对分配数量进行调整。

发展中国家需要满足的参与条件：

(1) 批准《京都议定书》；

(2) 指定 CDM 国家主管机构。

只要经过所在国的授权，各种法律实体，包括企业、非政府组织、商业组织、非营利组织等都可以参与 CDM 项目开发与合作。这一点对发达国家而言尤其重要，因为虽然是国家承诺减/限排温室气体义务，但各国都需要将国家的总体目标分解为适用于各个行业/企业的细化的目标，由行业/企业协助其完成总体减排义务。

批准私人和/或公共实体参与《京都议定书》CDM 项目活动的缔约方应始终对其在《京都议定书》下的义务负责。私人和/或公共实体只有在批准其参与 CDM 的缔约方具有参与 CDM 合作的资格时才可以转让和获得 CERs。

2.2.2　国内清洁发展机制规则

中国政府目前已经充分认识到气候变化问题的重要性，在国际气候问题的谈判中担当了重要角色，并建立了一套与 CDM 相应的气候变化管理体制和办法。

2.2.2.1　机构安排

2005 年 10 月 12 日，在原有《清洁发展机制项目运行管理暂行办法》的基础上，国家发改委、科学技术部、外交部和财政部联合颁布了《清洁发展机制项目运行管理办法》，该办法根据有关国际要求，规定了我国 CDM 项目的若干管理机构及其相应职能。

1. 国家气候变化对策协调小组

国家气候变化对策协调小组负责清洁发展机制重大政策的审议和协调，其职责是：

(1) 审议清洁发展机制项目的相关国家政策、规范和标准；

(2) 批准国家清洁发展机制项目审核理事会成员；

(3) 审议其他需要有协调小组决定的事项。

2. 国家清洁发展机制项目审核理事会

联合组长单位为国家发改委、科技部，副组长单位为外交部，成员单位为国家环境保护总局、国家气象局、财政部和农业部。主要职责是：

(1) 审核清洁发展机制项目，主要审核内容为：企业参与 CDM 项目合作的资格；CDM 项目设计文件；可转让温室气体减排量的价格；资金和技术转让条件；项目的可持续发展效益。

(2) 向国家气候变化对策协调小组报告清洁发展机制项目执行情况和实施过程中的问题及建议。

3. 清洁发展机制国家主管机构

国家发改委是中国清洁发展机制国家主管机构，主要职责是：

（1）受理清洁发展机制项目的申请；

（2）依据项目审核理事会的审核结果，会同科学技术部和外交部批准清洁发展机制项目；

（3）代表中国政府出具清洁发展机制项目批准文件；

（4）对清洁发展机制项目实施监督管理；

（5）与有关部门协商成立清洁发展机制项目管理部；

（6）处理其他涉外相关事务；

2.2.2.2 CDM相关规则

2005年10月12日，国家发改委、科学技术部、外交部、财政部联合颁布了《清洁发展机制项目运行管理办法》，规定了CDM项目的一些许可条件。

在中国开展CDM项目的许可条件：

（1）在中国开展CDM项目合作须经国务院有关部门批准。

（2）根据缔约方大会的有关决定，CDM项目的实施应保证透明、高效和可追究的责任。

（3）开展CDM项目应符合中国的法律、法规和可持续发展战略、政策以及国民经济和社会发展规划的总体要求。

（4）实施CDM合作项目必须符合《框架公约》和《京都议定书》和有关缔约方会议的决定。

（5）实施CDM项目不能使中国承担《框架公约》和《京都议定书》规定之外的任何新的义务。

（6）发达国家缔约方用于CDM项目的资金，应额外于现有的官方发展援助基金和其在《框架公约》下承担的资金义务。

（7）CDM项目活动应促进有益于环境的技术转让。

（8）只有中国境内的中资、中资控股企业具有中国CDM项目开发者的参与资格，可以对外开展CDM项目。

（9）实施CDM项目的企业必须提交CDM项目设计文件、企业资质状况证明文件及工程项目概况和筹资情况相关说明。

CDM项目申报与审批程序如图2-2所示。

2.3 CDM项目的开发程序

为了确保CDM项目能够实现“可测量、可报告和可验证”的温室气体减排效益，国际社会制定了比较详细的CDM规则。根据2001年UNFCC第七次缔约方会议达成的《马拉喀什协定》，一个典型的CDM项目需要经历如下8个步骤（见图2-3），整个CDM项目开发各阶段所需时间约为1年左右。

（1）项目识别；

（2）项目设计；

（3）参与国批准；

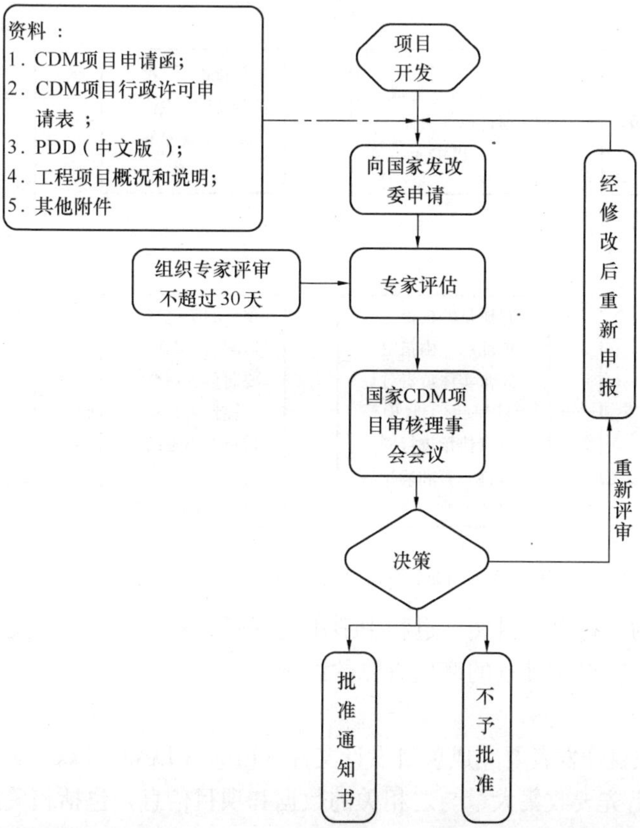

图 2-2　CDM 项目申报与审批程序

（4）项目审定（Validation）；

（5）项目注册（Registration）；

（6）项目实施、监测与报告；

（7）减排量的核查与核证（Verification and Certification）；

（8）CERs[①] 的签发。

清洁发展机制允许附件一国家在非附件一国家的领土上实施能够减少温室气体排放或者通过碳封存或碳汇作用从大气中消除温室气体的项目，并据此获得"经核证的减排量"，即 CERs。

1. 项目识别

项目识别是 CDM 项目开发的第一步，属于项目概念设计阶段。这一阶段的活动主要由项目业主和潜在的买家实施，也可由项目业主单独实施。主要工作是对项目的额外性、基准线选择、监测的方法学、项目开发模式、交易成本、收益和风险等进行评估。为了提高项目的成功率，项目业主可以雇佣相关的技术咨询单位提供技术支持和商务服务。项目

① CERs，经核证的减排量。一个 CERs 单位被定义为 $1tCO_2$. 对于非 CO_2 温室气体，如 CH_4（甲烷）、N_2O（氧化亚氮）、PFCs（全氟化碳）、HFCs（氢氟碳化物）和 SF_6（六氟化硫），可采用由政府间气候变化专门委员会规定的 GWP 值，换算得到。

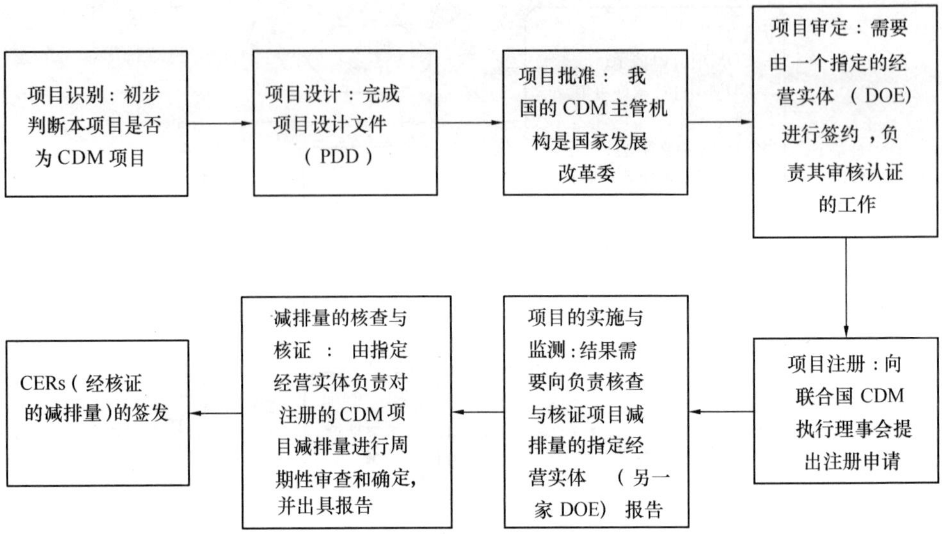

图 2-3 CDM 项目开发流程各阶段的主要任务

的类型、规模等的选择对项目实施过程中适用的规则和程序、项目的交易成本、项目能否顺利注册、实施并获得减排量的产生重要的影响。

2. 项目设计

在此阶段，项目开发者要完成项目设计文件（Project Design Document，PDD)。在正式编写 PDD 之前，首先要收集大量与之相关的数据和项目信息，包括相关批准文件、可行性研究报告、环境影响评价等。在了解项目的详细信息后要选择合适的方法学，确定项目的基准线，即不存在该项目活动时的温室气体排放量，这是计算项目减排效益的基础。

除此之外，为了计算项目的减排效益，项目开发者还需要监测项目本身的排放，因此要确定项目的边界，并根据项目的特点确定监测计划，选择合适的监测方法学，根据 CDM 执行理事会（Executive Board of CDM，EB）的决定，已经批准的基线方法学和监测方法学必须匹配使用。

项目开发者还要确定项目产生减排量的计入期，即项目可以产生减排量的最长时间期限。根据《马拉喀什协议》有两个项目减排计入期可供选择：(1) 可更新计入期——一次最长 7 年，可更新 2 次，但在每次更新时都需要重新审查基准线；(2) 固定计入期——最长一次 10 年，不可更新。

此外，项目开发者还需要说明该项目如何促进东道国的可持续发展。如果项目中应用了来自发达国家的公共资金，还需要说明该资金的应用并没有导致官方发展援助的转移。

3. 参与国批准

一个 CDM 项目要进行注册，还需要参加该项目的缔约方的国家 CDM 主管机构出具该项目的批准信（函)。根据我国政府颁布的《清洁发展机制项目运行管理办法》，国家发展和改革委员会是我国的 CDM 主管机构。国家发改委依据国家 CDM 项目审核理事会的审核结果批准 CDM 项目，并代表中国政府出具项目批准书。

4. 项目审定

在完成以上工作后，项目参与者还应选择合适的独立经营实体（Designated Operational Entity，DOE)，并与之签约，委托其进行 CDM 项目的核实。基于项目建议者所提交的 PDD，DOE 根据 CDM 的要求对项目活动进行审查和评价，内容包括：

(1) 符合 CDM 参与要求；

(2) 征求了当地利益相关者的意见，对其进行了总结并且给予了适当的考虑；

(3) 进行了项目的环境影响评价，并且提交了相关文件；

(4) 项目活动预期可以带来额外的温室气体减排效益；

(5) 采用了经过 EB 批准的基线和监测方法学，并且是适合本项目的。

5. 项目注册

如果签约的 DOE 认为一个建议的项目符合 CDM 项目的审定要求，他就会以审定报告的形式向 EB 提出项目注册。EB 接到要求注册的申请 8 周之内，如果没有项目的参与者或者至少 3 名 EB 成员要求对该项目活动进行审查，则认为该项目自动注册成功。

6. 项目实施、监测与报告

注册以后，CDM 项目进入具体实施阶段，要确定项目的减排量，需要对项目的实际排放进行监测。这个阶段的主要活动是根据项目设计文件（PDD）中的监测计划，对项目的实施活动进行监测，并向负责核查与核证项目减排的签约经营实体（DOE）报告监测结果。这个阶段的工作主要由项目参与者负责，并接受负责核查的 DOE 的监督和检查。

7. 项目减排量的核查与核证

核查是指与项目开发者签约完成这一任务的 DOE 对经注册的 CDM 项目在一定阶段的减排量进行周期性的独立评估和事后决定。核证是指该 DOE 以书面的形式保证某一 CDM 项目活动实现了 CERs。这个阶段的活动主要由和项目签约的 DOE 实施。

8. CERs 的签发

DOE 提交给 EB 的核证报告实际上就是一个申请，请求签发与核查减排量相等的 CERs。如果在 EB 收到签发请求之日起 15 天内，有任一参与项目的缔约方或者至少 3 名 EB 的成员提出需要对签发 CERs 的申请进行审查，则 EB 应该在收到请求的下一次会议上决定是否对其进行审查。审查内容将局限在 DOE 是否有欺骗、渎职行为以及其资格问题。而且，审查应该在作出决定的 30 天内完成，并将其决定通知有关各方。如果没有收到此类请求，则可以认为签发 CERs 的请求自动得到了批准。

2.4　现行 CDM 机制的不足

实施清洁发展机制的主要目的：一是使发达国家以较低成本实现《京都议定书》规定的减排目标；二是使发展中国家获得新的投资和技术，更好地促进其可持续发展。但从实际执行的效果看，虽然已开展的项目具有很大的温室气体减排潜力，但对于可持续发展的促进作用仍然有限，从目前全球 CDM 项目注册情况看，其实际运作中也存在着一些问题，主要体现在以下几个方面：

1. 主要集中在发达地区

实施 CDM 的项目，一般会向其项目投资收益最高的地区集中，这些地区大多为发展中国家中的发达地区。以中国为例，2/3 的减排量来自东北及东部沿海地区的 CDM 项目，这些项目主要集中在城市或者发达地区，而真正惠及贫困地区的项目较少。

2. 项目主要涉及大型企业

目前，实际执行的CDM项目主要集中在大型工业企业，而把潜力巨大、社会效益大的、小型、分散的与终端用户相关的项目排除在外，例如家庭终端用能、交通用能、建筑用能等，尽管减排潜力较大，但由于单项活动产生的温室气体减排量有限，在常规CDM制度框架下项目交易成本较高等原因，因此难以开发。

3. 程序复杂，交易成本高

CDM项目坚持“真实、可计量、可证实”的减排量原则，因此实施CDM项目需要投入必要的监测装置和履行必要的程序。对于一些减排量较小的项目其交易成本往往大于实际收益。即便对于小型的项目，超过2/3的项目集中在可再生能源并网发电领域。

因此，当前的CDM机制主要针对具有确定的项目地点、项目执行单位和项目执行活动等单个项目。而在节能、可再生能源开发利用方面，存在的大量分散的小型项目，如能效、化石燃料替代、户用可再生能源等。尽管这些项目非常有利于当地，特别是偏远贫困地区的可持续发展，但在当前的方法学下，由于较高的交易成本，较复杂的交易过程，和较低的CERs回报，上述项目类型对于市场缺乏足够的吸引力，因而CDM对其促进作用也非常有限。而且尽管常规CDM项目从单个项目减排规模来说具有市场吸引力，但长期的市场选择导致项目开发多集中于减排活动经济收益高、技术成熟的相对有限的几个领域，如化工类CDM项目、大中型水电项目等，而对于整个国民生产体系来讲减排收益比较有限，仅靠此类项目的实施形成低碳经济的促进作用并不明显。

2.5 小型CDM项目简介

2001年在联合国气候变化框架公约第七次缔约方会议上，通过了关于清洁发展机制执行模式和程序的决定，同时还决定允许温室气体减排量较小的3种类型项目（称为“小型清洁发展机制项目，Small-scale Clean Development Mechanism”）采用简化模式和程序。

这种合作方式可以为发达国家以低成本的方式完成在《京都议定书》下减少温室气体排放的承诺，同时也可以为发展中国家带来先进技术的转让，促进发展中国家的可持续发展。

2003年初，清洁发展机制执行理事会（EB）公布了一个小型项目活动的简化模式和程序，由于这些简化模式和程序，着重于应用标准的方法学和默认值计算减排量，因而减少了准备项目的成本和时间，也把确定CDM项目合格性的风险和不确定性降至最低。

小型项目应置于优先地位，因为它们能给国家，特别是对一些不发达国家或地区，带来显著的经济、社会、环境和可持续发展效益，这也和《京都议定书》的初衷相一致。目前，允许采用简化程序的小型清洁发展机制项目包含以下三类：

类型Ⅰ：最大输出不超过15MW的可再生能源项目。

类型Ⅱ：每年的节能量不超过15GWh的提高能效项目。

类型Ⅲ：项目每年的直接排放量小于1.5万t二氧化碳当量的其他项目活动。

项目一旦可被确认为小型 CDM 项目，就意味着可以带来以下一些方便或益处。

（1）可采用简化的模式和程序；

（2）可采用简化的 PDD 形式；

（3）可采用简化的基准线和监测方法学；

（4）具有相对较低的注册费用；

（5）项目的审定、核实和核证过程也都相对简单；

（6）可以进行打捆，但打捆后的总规模不能超过对小型 CDM 项目的规定。

3　PCDM 的基本内容

为了提高清洁发展机制在促进经济低碳化、推动可持续发展的作用，将清洁发展机制应用到各行业，国际社会提出可能的多种解决方案，包括行业 CDM（Sector CDM）、基于政策的 CDM（Policy-based CDM）、规划方案下的 CDM（Programmatic CDM，PC-DM）；其中规划方案下的 CDM，即 PCDM 的项目识别、开发程序以及适用的方法学与现行 CDM 相类似，已初步具备可操作性，备受国际社会关注。

3.1　PCDM 的定义和发展

规划方案下的 CDM（PCDM）是指将为执行相关政策或者达到某一目标而采取的一系列减排措施作为一项规划方案，整体注册成为的一个 CDM 项目，在这一规划方案下项目产生的减排量在经过核证后可签发相应的 CERs。

（1）2005 年 12 月在加拿大蒙特利尔举行的公约/议定书第一次缔约方会议上正式提出了 PCDM 的概念，其决议 7 中提到：“地方、区域和国家政策或者标准都不能作为 CDM 项目活动，但是在某一规划方案之下的一系列活动可以注册为一个 CDM 项目”。

（2）2006 年 5～6 月，CDM 执行理事会公开征求对 PCDM 政策以及规划方案下的活动进行定义。

（3）2006 年 6 月，方法学工作组第 21 次会议报告，附件 21：与执行“有规划方案的项目活动”相关的若干问题。

（4）2006 年 9 月，方法学工作组第 22 次会议报告，附件 13：对捆绑、规划和政策的定义进行了区分并给出了 7 种对“规划”的定义。

（5）在 EB 第 26 次会议（2006 年 9 月）和第 27 次会议（2006 年 11 月）的议程中均列入了对 PCDM 的讨论。

（6）2006 年 12 月，EB 第 28 次会议发布了对 PCDM 执行的指导意见，附件 15：“将规划方案之下的项目活动注册为单个 CDM 项目的指导意见”。

（7）EB 第 29 次会议，请秘书处根据收到的公众意见对相关的程序和 PDD 等进行修改。

（8）EB 第 30～31 会议，继续讨论关于注册和减排量签发的程序、相关的 PDD，请小项目工作组和造林再造林工作组对现有的方法学进行审查，考虑泄漏问题，并向 EB 提出建议。

(9) EB第32次会议，附件1：将PoA及其下的活动注册为单个CDM项目的指导意见草案（第02版）；附件2：将PoA注册为单个CDM项目以及为其签发减排量的程序草案（第01版）。

(10) EB第33次会议，1）2个规划方案设计文件模板；2）2个规划活动设计文件模板；3）关于PoA下的拆分问题；4）19个已批准的小规模CDM方法学的修正版，适用于PCDM。

(11) EB第35次会议，附件15：所有被批准的方法学都可以用于一般的CDM项目和规划方案CDM项目中的一个具体的规划CDM项目。

3.2 PCDM的基本规则

3.2.1 PCDM的基本概念

1. PoA：规划方案（Programme of Activities）

PoA指为执行政府政策/措施或者实现规定的目标（例如物质激励制度和自愿项目），由私人或者公共实体自愿参与协调并执行的活动。在某一规划方案之下，可以通过添加不限数量的相关CDM规划活动使之与没有此规划方案活动的情景相比，产生额外的温室气体减排或者增加温室气体汇的效益。

2. CPA：CDM规划活动（CDM Programme Activity）

在指定区域实施的一个或者一系列相互关联的减排或者增汇措施。PoA与CPA的关系：PoA可以由多个CPA组成，PoA是指规划方案下的行为，而CPA是指在基准线方法学所定义的区域内，用来减少或带来温室气体排放的单一或一系列相关具体活动。

3. 协调/管理机构（Coordinating or Managing Entity）

由于项目活动相对零散，项目参与方为数众多，需要有一个协调/管理机构。该机构需在规划方案明确提出并获得所有项目参与东道国指定的国家主管机构的授权，是与执行理事会（EB）、经营实体（DOE）沟通的指定机构，并对签发的CERs进行分配。

3.2.2 特殊规定

1. 物理边界

PCDM项目中参与方可以在一个国家疆域之内，也可以超过一个国家的地理边界，但是项目注册前必须获得所有参与国的批准，得到由指定的国家主管机构（DNA）出具的批准函。

2. 东道国的政策、法规

规划方案（PoA）应遵守执行理事会“有关CDM活动中如何区分和对待不同类型的当地/地区/国家政策法规的指导意见”。东道国指定的国家或地方强制性政策或法规也可以作为规划方案，但要满足以下两个条件之一：(1) 证明相关政策或规范的执行情况较差，违规情况广泛存在；(2) 如果政策已经被执行，那么PoA需要将执行率提高到强制水平之上。

3. 项目参与方

规划方案的项目参与方与协调/管理机构确定联系方式、CERs的分配以及项目参与人变更的安排，项目参与方可以是在规划方案之下的一个或多个 CDM 规划活动的执行者，即不要求每个项目参与方都参与规划方案下的每个 CDM 规划活动的实施。

4. 重复计算

协调/管理机构必须采取相关措施确定规划方案中所有 CDM 规划活动既没有被注册为单个 CDM，也没有包括在其他已注册的规划方案之中，一个 CDM 规划活动只能隶属于一个规划方案。CDM 执行理事会指定的经营实体负责核查，防止重复计算。

5. 额外性

PoA 需要证明其容纳的每个 CPA 均能产生实际的、可测量的温室气体的减排量，并且这种效益是由于实施 PoA 引起的。另外，PoA 还必须针对每个 CPA 就泄漏、额外性、基准线设置、基准线排放量、项目是否符合 PoA 以及重复计算做出规定。

6. 对 CPA 的要求

每个 CPA 必须单独详细地定义，包括其对应地减排计入期的准确的起始和结束时间，并且符合 PoA 的相应要求。

7. PoA 的有效期

非造林项目规划方案有效期最长为 28 年。在有效期内，协调/管理机构可以随时在规划方案之下添加 CDM 规划活动。CDM 规划活动的减排计入期的规划与单个 CDM 项目相同，即非造林类可以选择最长为 7 年、可更新 2 次的计入期或最长为 10 年、不可更新的固定计入期。每个 CDM 规划活动的减排计入期不能超过规划方案的有效期。也就是说，一旦规划方案的有效期结束，不管该规划方案之下的各个 CDM 规划活动计入期是否结束，都不得为之后的活动要求签发经核证的减排量。

8. 减排计入期的更新

非造林类规划方案每 7 年更新计入期时，需要按照最新版本的“已注册 CDM 项目减排计入期更新程序”的规定进行。规划方案因此发生的改动，应在之后各个 CDM 规划活动首次进行计入期更新时，开始适用于各个 CDM 规划活动。在多个东道国联合实施的 PCDM 项目中，只有可以执行对应规划方案变化的 CDM 规划活动才可更新其减排计入期。

9. 方法学变更

如果已批准的方法学不是因为被整合的原因而被停止使用或者撤销，那么使用该方法学的 PoA 此后不能添加新的 CPA。如果方法学被修改或者被整合到新的方法学中，PoA 也相应地进行修改。新加入的 CPA 需要使用新的 PoA。变更之前加入 PoA 的 CPA，在更新计入期时使用新的 PoA。

10. 监测

每个 CPA 的减排量都必须按照注册的监测计划进行监测，而所采用的监测方法必须保证减排量计算的准确性。

3.3　PCDM 适用的规划及项目类型

PCDM 在实施中实际包含两个层面的问题：第一，怎么选择规划方案，什么样的规划方案可以适用于 PCDM；第二，如何定义规划方案下的活动，并保证活动按照规划方案进行。

对于PCDM适用的规划方案类型，如图3-1所示，对一些由清洁发展机制推动的自愿减排行为，可根据项目情况制定项目的规划方案，而对于一些已有的强制性的政策/措施，则需要说明这些强制性的政策/措施或没有得到普遍遵守，或项目所实施标准超过了强制性要求。

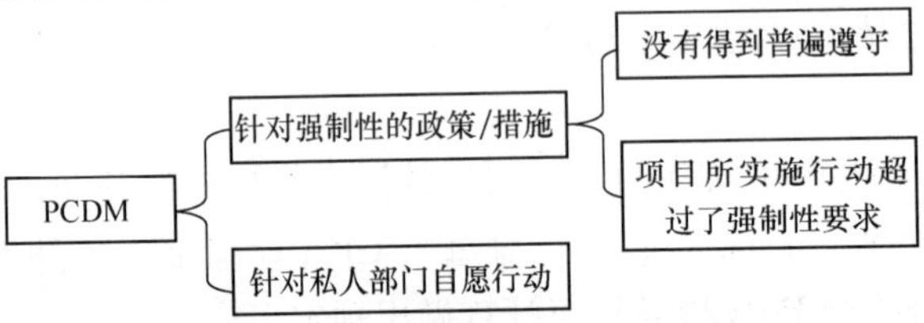

图3-1 PCDM适用的规划方案类型

对于规划方案下项目活动类型的选择，则可以基于以下特征：第一，减排项目活动数量众多但分散；第二，项目活动不是同时发生；第三，项目活动的预期类型和单个项目的减排规模可以事前确认或者估算，但实际将发生的项目数量和项目实施时间可能事前无法确定。

比较适合开发为PCDM的项目类型可能包含以下几个方面：市政规划的绿色照明、家电能效标准、太阳能热水器替代电热水器、节能灶推广等。以上例子都是可以是协调/管理机构提出的规划和制度框架，真正的减排通过最终用户实施具体项目来实现。

目前的CDM项目开发流程可以作为PCDM项目开发的借鉴，实际上，目前注册成功的CDM项目和批准的方法学中就有符合PCDM特征的例子。如Bagepalli沼气灶项目、Aceh太阳能灶项目、印度灌溉设施项目、Andhra Pradesh生物柴油项目等私营部门协议类项目；尼泊尔沼气伙伴关系项目、Kuyasa能源升级项目、摩洛哥光伏发电项目、摩尔多瓦生物质与节能项目、Khno Kaen乙醇项目、墨西哥电机替代项目等公共部门政策/措施（自愿参加）类项目和公共部门政策/法规（强制性）项目，如加纳能效标准CDM项目。

3.4 PCDM与CDM的比较

PCDM并没有改变现行的国际CDM制度，COP/MOP仍然是最高层的决策机构。CDM执行理事会负责COP/MOP有关CDM执行的决议的实施、CDM方法学和项目的审批、CERs的签发，并在多个工作组的支持下对DOE进行认证。这些工作组包括认证工作组、方法学工作组、造林和再造林工作组、小型CDM项目工作组和CDM项目注册和CERs签发工作组（见图3-2）。

与现有的CDM相比，PCDM具有以下优势：

（1）在现有框架下加宽了CDM项目的领域；

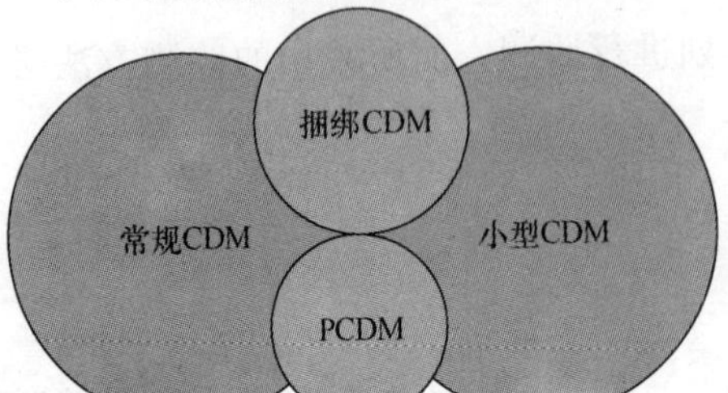

图3-2 PCDM与其他CDM的关系

（2）进一步挖掘已有领域的潜力（提高能效、分散的可再生能源项目、能源替换项目）；

（3）降低交易成本；

（4）将项目延伸到家庭范围、交通领域、小企业；

（5）更有利于不发达国家和欠发达地区的可持续发展；

（6）使得 CDM 项目在经济上更加具有可行性。

与单个 CDM 项目以及捆绑 CDM 项目相同，PoA 同样需要获得所有相关项目参与方的 DNA 的批准，同时也需要经过 DOE 确认与核实其可以实现 CDM 的双重目标：促进东道国的可持续发展，并且在基准线背景之上产生真实的、可测量的温室气体减排效益。

项目参与方必须在项目中采用已经批准的方法学，执行 CDM 项目相关活动，并根据计划进行监测和汇报工作，以确定项目产生的减排量是明确的。

CDM 项目与 PCDM 项目的不同如表 3-1 所示。

CDM 项目和 PCDM 项目的不同　　**表 3-1**

	CDM	PCDM
项目地点	1 个或几个，可以准确识别	事前估计，无法确定
项目活动	1 个或几个很多	（没限制）
项目参与人数	1 个或几个很多	（没限制）
协调/管理机构	没有	政府机构、私人部门均可
项目有效期	3×7 年（可变更）或 10 年（固定）	28 年
监测	一一监测或抽样	抽样
计入期	相同	不同

CDM 项目与 PCDM 项目的相同点：

（1）相关项目参与方的 DNA 的批准和 DOE 的确认与核实

与单个 CDM 项目以及捆绑 CDM 项目相同，PCDM 需要获得所有相关项目参与方的 DNA 的批准，同时也需要经过 DOE 确认与核实其可以实现 CDM 的双重目标——促进东道国的可持续发展，并且在基准线背景之上产生真实的、可测量的温室气体减排效益。

（2）方法学相同

项目参与方必须在项目中采用已经批准的方法学，执行 CDM 项目相关活动，并根据计划进行监测和汇报工作，以确定项目产生的减排量是真实可靠的。

（3）PCDM 项目的执行程序相同

捆绑 CDM 项目与 PCDM 项目的区别如表 3-2 所示。

捆绑 CDM 项目和 PCDM 项目的区别　　**表 3-2**

	捆绑 CDM	PCDM
定义	将几个小规模 CDM 项目集成为一个 CDM 项目，而不改变每个项目的特征；在一个捆绑项目中还可以继续分为多个子捆绑项目	为执行政府政策/措施或者实现规定的目标，由私人或者公共实体自愿参与协调并执行的活动
地点	事前能够准确识别	项目类型和 GHG 减排量能够事前估计，但确切地点可能无法事前确定
项目参与方	单个 CDM 项目活动执行单位	只有协调/管理机构代表 CDM 项目参与方
	CDM 项目参与方和项目减排活动方是同一个	协调/管理机构可以不必执行具体的减排活动，但可以推动其他方执行减排活动

续表

	捆绑 CDM	PCDM
项目活动	每个项目活动在捆绑项目中都是一个单独项目活动	规划下的所有项目活动构成一个 PCDM 项目
	项目构成不随着时间而改变，注册之后不能追加新的项目	项目活动目标预先定义，但具体的项目活动物理位置没有确定。在 PoA 注册之后可以追加新的 CPA
	捆绑项目中的所有项目同时提交。有同样的减排计入期，相同的开始日期和结束日期	PCDM 提交时只确定了 PoA 活动目标，实际的减排活动需要在核查阶段确定。不同的 CPA 可以有不同的计入期，不同的开始日期和结束日期
使用方法学	一个项目中可以使用多个已批准方法学（一些现有项目同时采用 2 或 3 个已批准方法学并且包含不同技术）	在 PCDM 中的 CPA 中，如果其规模不超过小型项目的上限，那么可以采用小规模方法学，但是每个 PCDM 项目目前限制为应用一种基准方法学和监测方法学，采用一种技术或者一种设施中密切相关的各种减排措施

总体来说，以前以单个项目为基础的传统 CDM（常规 CDM 和小型 CDM）将继续扮演重要角色，而 PCDM 项目将作为传统 CDM 的外延和重要补充。

3.5 PCDM 项目开发流程

PCDM 项目的执行程序与单个以及捆绑的 CDM 项目相同，它们的区别在于：PCDM 项目中产生实际减排效益的小项目参与人并不直接与 CDM 执行理事会联系，而是由协调/管理机构负责与 CDM 执行理事会联系并对 PCDM 项目产生 CERs 进行分配。

PCDM 项目是常规 CDM 制度的外延或扩充，其项目开发流程也是基于常规 CDM 项目开发流程建立的，并根据 PCDM 项目制度的特点作出了适当调整。PCDM 项目开发周期主要为 6 个阶段：

（1）项目策划；

（2）项目审定；

（3）项目注册；

（4）监测与报告；

（5）核查与核证；

（6）CER 签发与分配。

PCDM 项目开发流程如图 3-3 所示。

3.5.1 项目策划

在项目策划阶段，相关机构需要识别潜在的、可开发成 PCDM 项目的规划方案（PoA），并完成项目设计文件（PDD）。项目的策划主要由项目的协调/管理机构负责，此机构可由私营或者公共实体承担。

规划方案可由项目协调/管理机构发起并自愿参与。强制执行的政策和规范也可以作

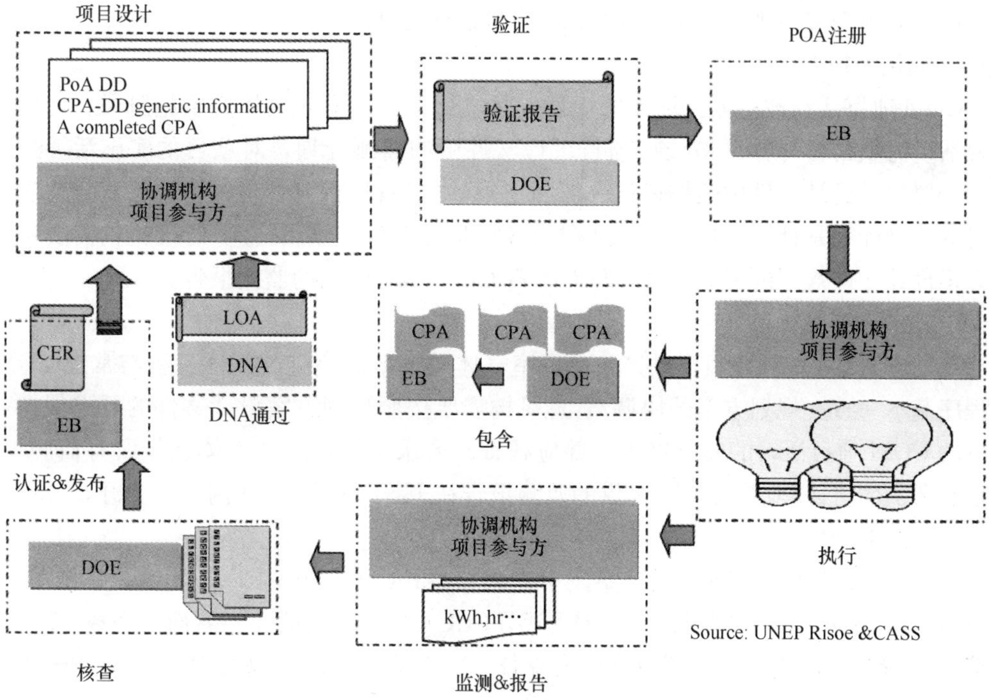

图 3-3　PCDM 项目开发流程图

为规划方案，但必须满足以下两个条件之一：

（1）证明相关政策或规范的执行情况较差，违规现象普遍存在；

（2）如果政策已被执行，规划活动需将其执行率提高到强制水平之上。

PCDM 项目边界可以在一国之内，也可以大于一个国家，但是项目开发需要获得所有参与国制定的国家主管机构的批准函。

3.5.2　项目审定

项目协调/管理机构获得规划方案所有东道国的批准函，并编写完规划方案设计文件和规划方案下单个 CDM 项目活动设计文件之后，可向指定的经营实体提交以上文件，进行项目审定。

3.5.3　项目注册

规划方案的注册与其他 CDM 项目注册程序相同。在完成注册之前需要提交相应的注册费。对于规划方案注册，其注册费用是依据注册时同时提交的所有在此规划方案之下的 CDM 项目活动预计年均温室气体减排量进行计算的，计算方式为每年减排量在 15000t 二氧化碳当量之内的每个 CER 收费 0.1 美元；超过的部分每个 CER 收费 0.2 美元。在规划方案注册成功之后再加入的 CDM 项目活动，无须缴纳注册费。注册费由项目协调/管理机构直接交给秘书处。

一旦规划方案通过注册之后，在规划方案有效期内，可随时纳入新的 CDM 项目活动。为了在已注册规划方案下加入新的 CDM 活动，对应项目协调/管理机构需将完成的 CDM 项目活动设计文件表格发送给之前向执行理事会提交规划方案注册申请的指定经营实体，由该指定经营实体检查是否符合规划方案设计文件的要求。项目协调/管理机构一次可以同时提交多份规划方案下的CDM项目设计文件。

3.5.4 监测与报告

CDM项目活动被纳入已注册的规划方案之后，项目进入具体的实施阶段。此阶段的主要活动为项目参与方严格依据项目设计文件中的监测计划，对项目的实施活动进行检测，按照项目设计文件中的描述记录监测结果并向项目协调/管理机构进行汇报。实施经注册的监测计划是计算、核查和核证项目减排量的基础。项目协调/管理机构需要按照规划方案设计文件规定的记录制度，保存所有CDM项目活动的监测报告。

3.5.5 核查与核证

规划方案下CDM项目活动产生的温室气体减排量的核查与核证过程与常规CDM相应程序基本一致。规划方案的协调/管理机构需要按照规划方案设计文件的要求保持其规划下的CDM项目活动的监测报告，并应核查的要求向指定经营实体提供所有监测报告；指定经营实体将协调/管理机构提供的监测报告在UNFCCC CDM网站上公开，并系统地核实记录的准确性。

指定经营实体需要填写CER签发申请表格（F-CDM-PoA-REQCER），并将CER签发申请表格、项目活动核查报告上传到UNFCCC CDM网站的专门界面上完成CER签发申请。申请中需说明请求签发CER的具体CDM项目活动，以及对应活动经核实的检测期。

3.5.6 CER的签发与分配

在CDM执行理事会为项目签发核查报告中确认的减排量后，项目的协调/管理机构将按照协议与项目参与者一起对减排量进行分配。

第 2 篇　建筑领域的节能减排

4　世界建筑领域排放情况

4.1　排放能力

建筑领域一直是全世界能源消耗和温室气体排放的主要领域。根据联合国环境规划署（United Nations Environment Programme，以下简称 UNEP）的统计，在世界范围内，建筑领域的能耗大约占到全社会总能耗的 30%～40%①。

根据联合国政府间气候变化专门委员会（IPCC）第四次评估报告，在 2004 年，建筑领域（去除掉电力应用）的二氧化碳排放达到 3Gt②，0.4Gt 二氧化碳当量的甲烷，0.1Gt 二氧化碳当量的氧化二氮，1.5Gt 当量的碳氟氢。如果包括建筑中用电而产生的排放，那么温室气体的排放量将达到 8.6Gt，几乎占到全球温室气体排放的 1/4。

1971～2004 年，二氧化碳的排放（包括在建筑中使用电力而产生的排放）平均以每年 2%的速度增长，几乎与全球二氧化碳增长的速度一样。在商业建筑中二氧化碳的排放量以每年 2.5%的增长，在居住建筑中为 1.7%。

在世界范围内，排放增长最大的区域为发展中国家的商业建筑（30%）、北美的商业建筑（29%）、亚太经合组织（OECD Pacific）（18%），居住建筑排放增长最快的区域为亚洲发展中国家（42%），中东和北非（19%）。

随着世界经济的发展，建筑领域能源消耗和 GHG 排放也会大幅增长，根据 IPCC 第四次评估报告，当全世界的经济处于低增长的状态下，与建筑相关的 GHG 排放（包括在建筑中的用电而产生的排放）会由 2004 年的 8.6 亿 t，增长到 2030 年的 11.4 亿 t。如果全世界的经济在这段时间内实现高增长，那么到 2030 年与建筑相关的 GHG 的排放将达到 15.6 亿 t。而在这两种情形下，建筑领域 GHG 的排放都将占到全世界的 30%左右。建筑领域 GHG 排放的增长主要来自亚洲、中东、东非、北非和拉丁美洲等发展中国家（见图 4-1），尤其当 2004～2030 年全世界的经济实现高增长的情形下，由于这些地区正处于城市化加速发展阶段，这些地区的国家是建筑领域 GHG 排放的主要增长点。

在整个建筑的生命周期中，采暖、制冷、照明以及其他设备的能耗占到建筑总能耗的 80%～90%，其余 10%～20%的能耗为建筑的材料耗能、建设耗能以及拆除阶段的耗能。

---

① UNEP. World Business Council for Sustainable Development（WBCSD），de T'Serclaes，2007。

② $1Gt=10^9t$。

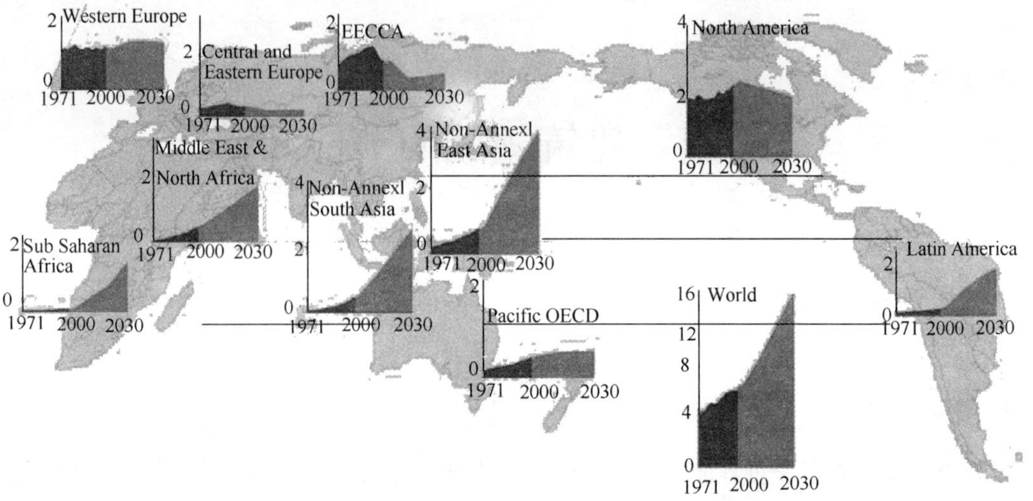

图 4-1 全球建筑领域 GHG 排放

4.2 减排潜力

目前，有很多节能技术可以在建筑中应用，例如采用自然通风、蓄热、应用太阳能等措施改善建筑物的围护结构，或使用节能灯具替代白炽灯减少建筑物的照明消耗等方法减小建筑物的能耗。在建筑设计阶段，对建筑物的外形、朝向等更合理的设计也可以减少用能。并且改进居民的用能习惯也可以减少建筑的能耗。以上这些减少建筑物能耗的办法，在经济上都是可承受的，是可以在建筑中广泛应用的。

建筑节能的潜力是巨大的。根据 IPCC 工作组第四次评估报告，在调查 80 多个国家的基础上，得出的结论是：建筑的节能潜力为到 2020 年居住建筑和公共建筑可以在现有的指标上节能 29%，到 2030 年可实现节能 31%。这份报告也对比了节能投资收益比，发现在调查的 7 大行业中建筑节能的投资收益比最高。

到 2030 年各个行业二氧化碳降低的预估平均成本 **表 4-1**

行业	地　　区	各个行业减少平均减少每吨二氧化碳的成本（US$/$tCO_2$-eqv[1]）			
		<0	0～20	20～50	0～100
		Gt CO_2-eqv			
能源供应	经济合作与发展组织	0.90		0.50	0.00
	经济转型国家	0.15		0.06	0.00
	非经合组织和经济转型国家	0.80		0.90	0.35
	全球	1.90		1.40	0.35
运输	经济合作与发展组织	0.25	0.25	0.00	0.00
	经济转型国家	0.03	0.00	0.00	0.00
	非经合组织和经济转型国家	0.10	0.03	0.02	0.02
	全球	0.35	1.40	0.15	0.15
建筑[2]	经济合作与发展组织	1.80	0.15	0.15	
	经济转型国家	0.45	0.15	0.35	
	非经合组织和经济转型国家	2.70	0.15	0.10	
	全球	5.00	0.50	0.60	

续表

行业	地区	各个行业减少平均减少每吨二氧化碳的成本（US$/tCO₂-eqv①）			
		<0	0～20	20～50	0～100
		Gt CO_2-eqv			
工业	经济合作与发展组织	0.35		0.35	0.20
	经济转型国家	0.10		0.25	0.06
	非经合组织和经济转型国家	0.60		1.80	0.30
	全球	1.10		2.40	0.55
农业	经济合作与发展组织	0.30		0.20	0.30
	经济转型国家	0.15		0.10	0.15
	非经合组织和经济转型国家	1.10		0.75	1.20
	全球	1.60		1.10	1.70
林业	经济合作与发展组织	0.01	0.25	0.30	0.25
	经济转型国家	0.00	0.05	0.05	0.05
	非经合组织和经济转型国家	0.15	0.90	0.55	0.35
	全球	0.15	1.10	0.90	0.65
废物处理	经济合作与发展组织	0.10	0.06	0.00	0.00
	经济转型国家	0.05	0.05	0.00	0.00
	非经合组织和经济转型国家	0.25	0.07	0.10	0.04
	全球	0.40	0.18	0.10	0.04
所有行业	经济合作与发展组织	2.20	2.10	1.30	1.10
	经济转型国家	0.55	0.65	0.50	1.00
	非经合组织和经济转型国家	3.30	3.60	4.10	2.40
	全球	6.10	7.40	6.00	4.50

注：① US$/t CO_2-eqv：降低每吨二氧化碳当量需要支出的美元。

② 对于建筑行业主要关注于其使用减低成本减少二氧化碳排放，而对于较高成本的减排行为，则没有考虑。

从整个建筑物的生命周期看，建筑领域降低温室气体排放的成本是很低的。在 IPCC 的报告中，指出到 2030 年大约可以降低 50 亿 t 二氧化碳而所负担的边际成本为零，在此之上降低 5～6 亿 t 二氧化碳所负担的成本在 20～100 美元/t 之间（见图 4-2）。纵观所有的行业，建筑行业降低二氧化碳的成本是最低的。

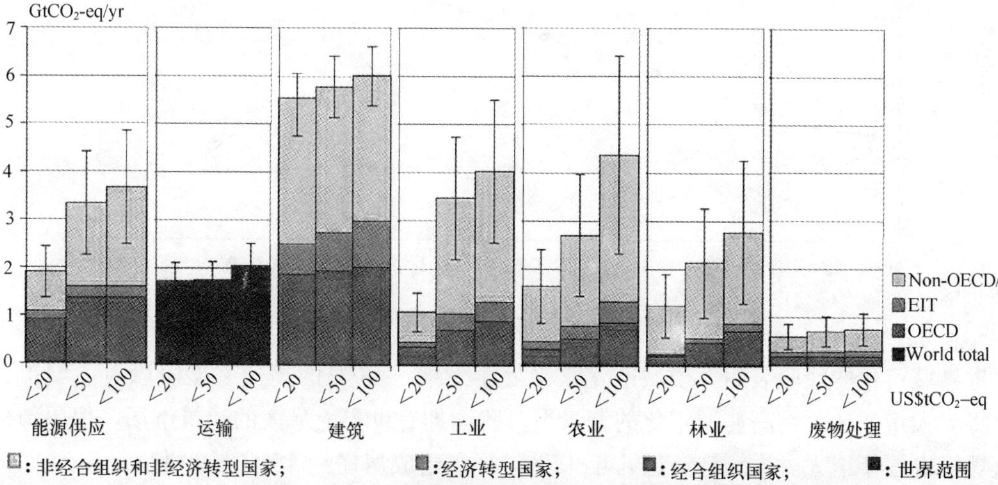

图 4-2 在 2030 年不同行业降低二氧化碳排放成本

注：在各行业中，平均成本的节能量是累积的。

在发展中国家，建筑行业降低二氧化碳成本也较低。在非经合组织和经济转型国家中，可以实现零成本降低二氧化碳 3.15Gt，而在经合组织国家中为 1.8Gt。并且发展中国家正处在大规模的城市化运动中，这也为在建筑中实践可持续发展带来了难得的机遇。

5 中国建筑领域排放情况

5.1 建筑发展情况

5.1.1 人口与城市化水平

中国是世界上最大的发展中国家，当前正处于高速的工业化和城市化进程之中。2000～2008 年，我国的人均 GDP 从 7858 元增长到 19524 元，增幅超过 150%。经济的持续快速增长和人们生活水平的日益提高，使越来越多的人口从农村转移到城市，造成城镇住房需求快速增长，城市人口数量、建筑面积、城市人均住房面积等不断提高，且还将继续呈增长趋势。预计到 2020 年，中国的城市化率将达到 58%～60%，中国社会将从一个以农业人口为主的国家，转型为一个城市人口占多数的国家（见表 5-1 和图 5-1）。

我国人口与城市化水平发展情况 **表 5-1**

年份	1995	2000	2001	2002	2003	2004	2005	2006	2007	2008
城镇化率	0.2904	0.3622	0.3765	0.391	0.405	0.418	0.43	0.439	0.449	0.457
人口（万）	121121	126743	127627	128453	129227	129988	130756	131448	132129	132129
人均 GDP（元）	5046	7858	8622	9398	10542	12336	14103	16165	18934	19524

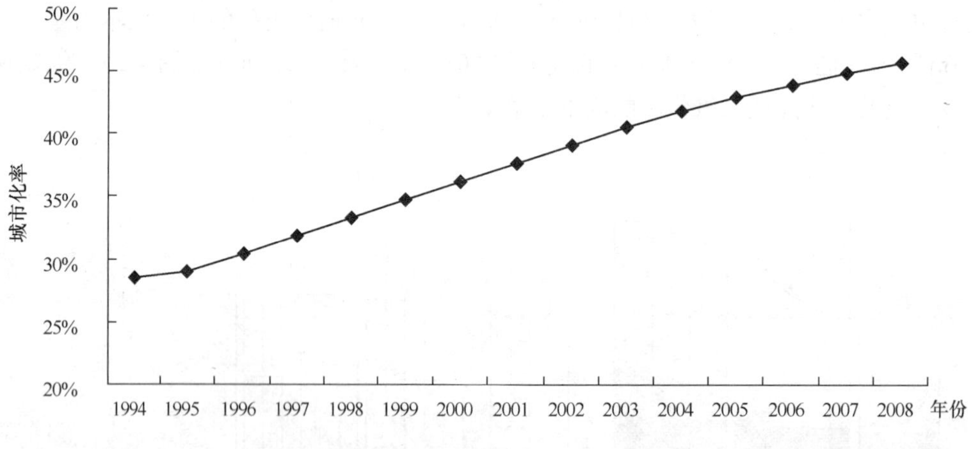

图 5-1 我国城市化进程曲线

世界城市化的经验表明，当城市化水平处于 30%～70%的高速发展阶段时，城市建筑也将会大量建造。在高速城市化的背景下，我国拥有世界上最大的建筑市场，房屋新建建筑规模也逐年增大。据统计，近几年来我国每年建成房屋约 16 亿～20 亿 m^2。到 2007 年末，城市实有房屋建筑面积 186 亿 m^2，其中实有住宅建筑面积 120 亿 m^2。在建筑市场蓬勃发展的同时，我国城乡居民生活水平慢慢从生存型向舒适型转变，对建筑面积和居住环境的舒适性要求也越来越高。例如：北方部分城市将冬季采暖达标温度由 16℃提高到 18℃，夏季室温要求则由 32℃、30℃降低至 28℃、26℃甚至是 24℃和 22℃；部分淮河以南的夏热冬冷地区也开始采用集中供热方式采暖；空调制冷的使用范围从公共建筑扩展到居住建筑、从南方扩展到北方、从城市扩展到农村。

5.1.2　建筑面积增长情况

“十五”期间，我国每年新建建筑面积高达 16 亿～20 亿 m^2，在世界建筑市场上处于顶端水平。预计到 2020 年，我国还将建成约 300 亿 m^2 的房屋，其中新增城镇民用建筑面积约为 100 亿～150 亿 m^2，公共建筑面积约为 100 亿 m^2。我国建筑面积或将达到约 700 亿 m^2，其中城市 261 亿 m^2。从 2000 年到 2015 年是我国民用建筑发展的鼎盛期，预计到 2015 年民用建筑保有量的一半是 2000 年以后新建的，可以说，如此大规模的新增建筑，在世界建筑史上也少见。从人均建筑面积看，“十一五”期间，我国城市人均住宅面积由 2000 年的 20.3m^2 增长到 2008 年的 29.1m^2，增加了 8.8m^2，增幅达 30％（见图5-2）。

尽管近年来我国城乡居民人均住房面积有较大提高，但是和欧洲国家以及美国相比，还存在较大的提升空间。尤其受中国传统思想的影响，当前许多居民在具备了一定的经济实力后，存在追求“大面积豪宅”的消费心态，同时许多地方政府也把扩大人均住房面积作为“十一五”规划以及城市后续发展的重要考核指标。

世界银行的相关预测表明，到 2015 年，中国住宅面积将在 2000 年的基础上翻一番。同时我国的产业结构优化调整，第三产业将快速发展，预计到 2010 年第三产业的 GDP 比重比 2005 年提高 3 个百分点，居民对商业、金融、餐饮、休闲、健身、医疗、教育等消费需求将不断提高，导致公共建筑面积可能将以更快的速度增长（见表 5-2）。

我国国内生产总值产业结构指标（单位：%）　　**表 5-2**

产业结构	1978 年	1990 年	2000 年	2005 年	2006 年	2007 年	2008 年
第一产业	28.2	27.1	15.1	12.2	11.3	11.1	11.3
第二产业	47.9	41.3	45.9	47.7	48.7	48.5	48.6
第三产业	23.9	31.6	39.0	40.1	40.0	40.4	40.1

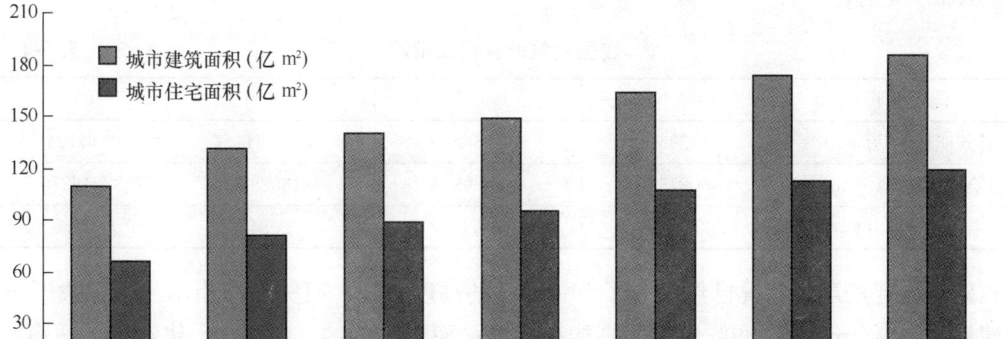

图 5-2　我国城市房屋建筑面积和住宅建筑面积变化情况[①]

① 数据来源：《中国统计年鉴》。

5.2 建筑领域整体能耗现状

广义的建筑能耗是指建筑全寿命周期中所消耗的能量，包括建材制造、建筑施工和建筑使用维护过程中的能耗；狭义的建筑能耗是指建筑物日常使用和运行能耗，包括采暖、空调、照明、电梯、热水供应、炊事、家用电器以及办公设备等的能耗。目前我国常用的建筑能耗定义主要包括建筑采暖、空调、照明系统和主要用能设备的能耗（见表5-3）。

我国建筑能耗构成结构 **表5-3**

建筑能耗构成	采暖空调	热水供应	电　气	炊　事
比例（%）	65	15	14	6

中国是世界上最大的发展中国家。改革开放后，中国经济社会迅速发展，城镇化水平不断提高，建筑总量快速增长。自20世纪80年代以来，随着经济社会快速发展和城市面积不断增大，以及居民生活水平的不断提高，尤其是建筑总量的不断攀升和居住环境舒适度的提升，导致建筑能耗呈急剧上扬趋势，所占社会总能耗的比例也在不断上升，已与工业耗能、交通耗能并列，成为我国能源消耗的三大“耗能大户”。可以预见，在未来的几十年里，中国建筑能耗仍将继续增长，最终达到或超过发达国家建筑能耗占其社会总能耗的比例值。

中国建筑能耗的增长较快，一方面是由于室内温度环境的改善，建筑服务水平的提高，以及建筑内用能设备的增加；另一方面是由于城市化进程的推进，建筑总量以及人均建筑面积的增长所带来的能源消耗。

随着城市化的提高、经济发展、人们收入和生活水平的不断改善，1996～2006年，建筑总能耗已经从2.43亿t标准煤增长到5.63亿t标准煤，增加了约1.3倍。目前，中国建筑能源消耗已经占全国能源消耗总量约27.5%①，即6.13亿t标准煤（1t标准煤＝7000Kcal）（见表5-4）。

我国建筑能耗增长情况 **表5-4**

能耗水平	1980年	1990年	2000年	2006年
建筑能耗/（万tce）	14285	19346	26581	67724
社会总能耗/（万tce）	60275	98703	130297	246270
所占百分比（%）	23.7	19.6	20.4	27.5

建筑能耗的现实状况已经引起了有关部门的高度重视。有关专家指出“现在我国每年新建房屋20亿m^2中，99%以上是高能耗建筑；而既有的约430亿m^2建筑中，只有4%采取了能源效率措施，单位建筑面积采暖能耗为发达国家新建建筑的3倍以上。根据测算，如果不采取有力措施，到2020年中国建筑能耗将是现在3倍以上”。

“随着我国城市化程度的不断提高，第三产业占GDP比例的加大以及制造业结构的调

① 国务院法制办负责人就《民用建筑节能条例》答记者问，2008年8月15日。

整，建筑能耗的比例将继续提高，最终接近发达国家目前水平的 33%。据近 30 年来能源界的研究和实践，目前普遍认为建筑节能是各种节能途径中潜力最大、最为直接有效的方式，是缓解能源紧张、解决社会经济发展与能源供应不足矛盾的最有效措施之一”。

5.3　各类建筑能耗情况

5.3.1　建筑分类

1. 中国建筑气候区的划分

中国幅员辽阔，各地气候环境差异很大，在不同地区建筑能耗方式和排放情况也有所不同。根据各地气候条件的特点，同时也为了适应建筑热工设计的需要和更好的管理建筑节能工作，依据《民用建筑热工设计规范》GB 50176—93 和《中国建筑气候区划标准》GB 50178—94 的规定，以最冷月平均温度和日平均温度≤5 天的天数为指标，确定了 5 个建筑热工设计分区，分别为严寒地区、寒冷地区、夏热冬冷地区、夏热冬暖地区和温和地区。各设计分区的设计要求不一，国家及各地的建筑节能主管部门根据气候区域以及各地建筑情况、居民生活水平、自然资源等情况制定建筑节能政策，如表 5-5 和图 5-3 所示。

我国建筑热工气候分区指标及热工设计要求　　表 5-5

分区名称	分区指标		建筑设计要求
	主要指标	辅助指标	
严寒地区	最冷月平均温度≤−10℃	日平均温度≤5℃的天数≥145 天	必须充分满足冬季保温要求，一般可不考虑夏季放热
寒冷地区	最冷月平均温度 0～10℃	日平均温度≤5℃的天数 90～145 天	应满足冬季保温要求，部分地区兼顾夏季放热
夏热冬冷地区	最冷月平均温度 0～10℃，最热月平均温度 25～30℃	日平均温度≤5℃的天数 0～90 天，日平均温度≥5℃的天数 40～110 天	必须满足夏季放热要求，适当兼顾冬季保温
夏热冬暖地区	最冷月平均温度＞10℃，最热月平均温度 25～29℃	日平均温度≥25℃的天数 100～200 天	必须充分满足夏季放热要求，一般不考虑冬季保温
温和地区	最冷月平均温度 0～13℃，最热月平均温度 18～25℃	日平均温度≤5℃的天数 0～90 天	部分地区应考虑冬季保温，一般可不考虑夏季放热

严寒地区处于我国长城以北，冬季漫长严寒，夏季短促凉爽。严寒地区气温年较差和日较差大，极端最低气温普遍低于−35℃，年降水量较少，多在 500mm 以下，平均相对湿度 30%～70%，冻土深，积雪厚。严寒地区太阳辐射量大，日照丰富，年日照百分率平均约为 60%左右。

寒冷地区处于我国长城以南，秦岭以北，冬季较长且寒冷干燥，夏季凉爽干热。寒冷地区气温年较差和日较差大，极端最低气温较低，年降水量差异较大，从 20mm 到

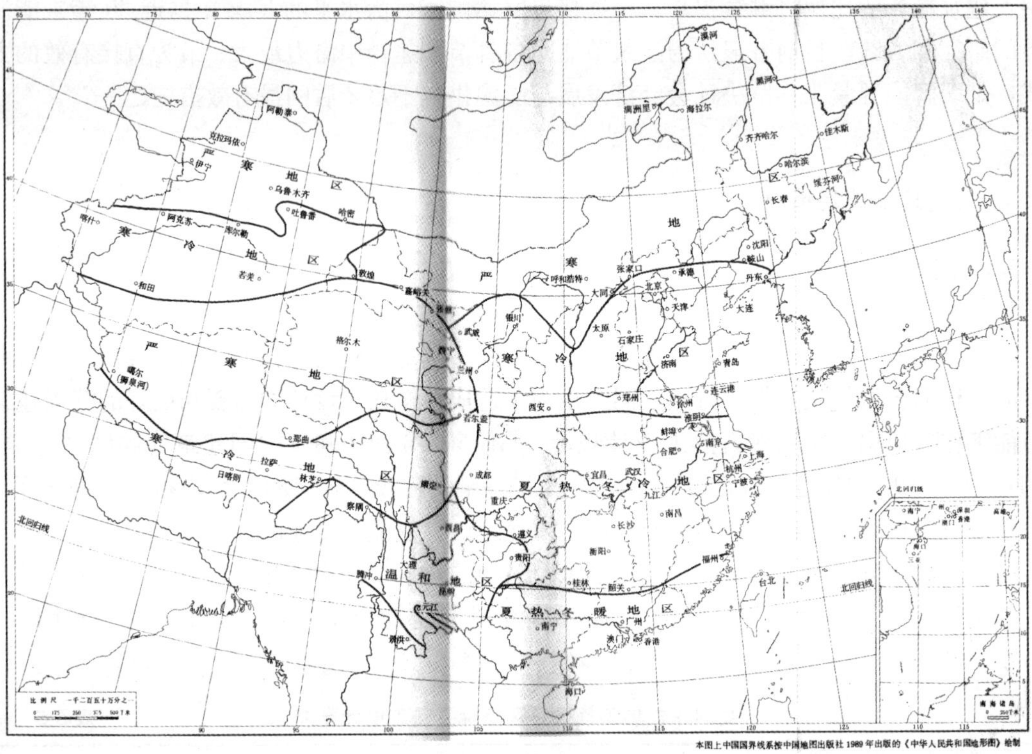

本图上中国国界线系按中国地图出版社1989年出版的《中华人民共和国地形图》绘制

图 5-3 中国建筑气候区划图

1000mm 不等，平均相对湿度为 30%～70%，最大冻土深度为 0～1m，积雪较厚。寒冷地区太阳辐射量较大，日照较丰富，年日照百分率平均为 60%左右。

夏热冬冷地区处于我国秦岭以南，南岭以北，大部分地区夏季闷热，盛行偏南风，冬季湿冷，盛行偏北风。夏热冬冷地区气温年较差在 19～27℃，日较差小于 6～11℃，年降水量大，可达 1000～2000mm，多阴雨天气，常有大雨和暴雨以及大风天气，年平均相对湿度为 70%～80%，四季相差不大。夏热冬冷地区太阳辐射量较低，日照偏少，年日照百分率一般为 30%～50%。

夏热冬暖地区处于我国南岭以南，长夏无冬，温高湿重，春秋两季盛行东北风和东南风。夏热冬冷地区气温年较差和日较差均小，年较差为 7～19℃，日较差为 5～12℃，极端最高气温一般低于 40℃，雨量充沛，年降水量大多在 1500～2000mm，是我国降水量最多的地区，暴雨强度大，多热带风暴和台风天气，年平均相对湿度 80%左右，四季变化不大。夏热冬冷地区太阳高度角大，日照较少，太阳辐射强烈，年日照百分率为 35%～50%。

温和地区四季温差小，干湿季分明，冬无严寒，夏无酷暑，气温年较差小，“四季如春”是其真实写照。温和地区年较差为 10～15℃，日较差为 12～20℃，最冷月平均温度一般在 6～8℃以上。温和地区降水量在季节上分配不均，80%～90%的雨量集中在每年 5～10 月份，约占全年降水量的 60%；11 月～次年 4 月的冬春季节为旱季，雨雪较少，降水量只占 10%～20%。夏季阴雨天多，日照较少；冬季晴天多，日照充足，太阳辐射量较高。

2. 民用建筑分类

根据使用性质的不同，一般将建筑划分为工业建筑和民用建筑，工业建筑指厂房和仓库；民用建筑又根据其使用性质的不同，一般可划分为居住建筑和公共建筑两大类（见图 5-4）。居住建筑主要包括住宅、公寓、宿舍等。根据公共建筑的使用性质和功能的不同可划分为生活服务性建筑、文化娱乐性建筑、教育建筑、办公建筑等近 20 种类型。但从公共建筑用能角度上看，通过长期跟踪调研，发现不同规模的公共建筑，其室内人员、灯光和办公设备的密度不同，全年的用能特点和能源消耗总量也不同。单栋建筑面积超过 2 万 m^2 且采用中央空调系统的公共建筑，其能耗较高，且与其他公共建筑的用能状况存在较大差异。因此，从便于节能管理的角度上将公共建筑划分为大型公共建筑和普通公共建筑。

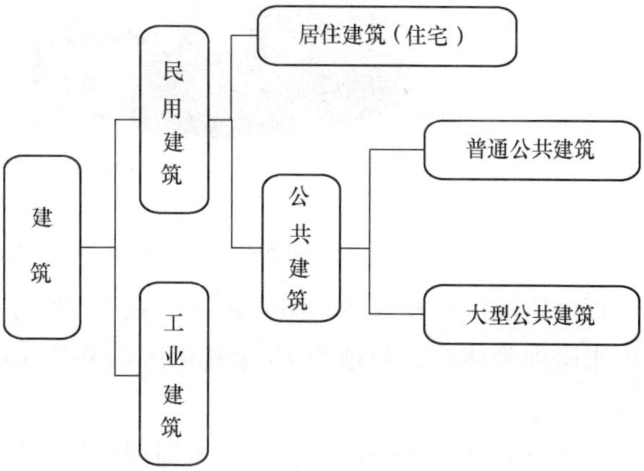

图 5-4　根据用能特点的建筑分类

5.3.2　各类建筑的能耗

中国建筑能耗按地域和能源消耗的方式主要分为以下几个方面[①]（见图 5-5 和图 5-6）：

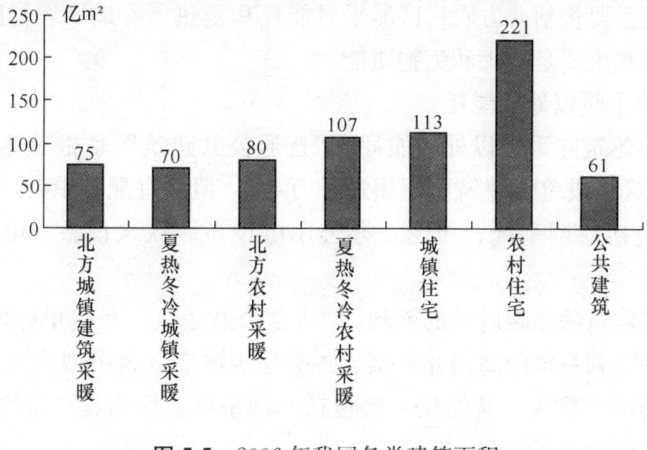

图 5-5　2006 年我国各类建筑面积

1. 冬季采暖能耗

(1) 北方城镇建筑采暖能耗

中国严寒和寒冷地区，主要包括东北、华北和西北地区（简称三北地区），累年日平均温度低于或者等于 5℃的天数，一般都在 90 天以上，这一地区习惯上称为北方采暖地

① 清华大学建筑节能研究中心. 中国建筑节能年度发展研究报告 2008. 2009 年 3 月。

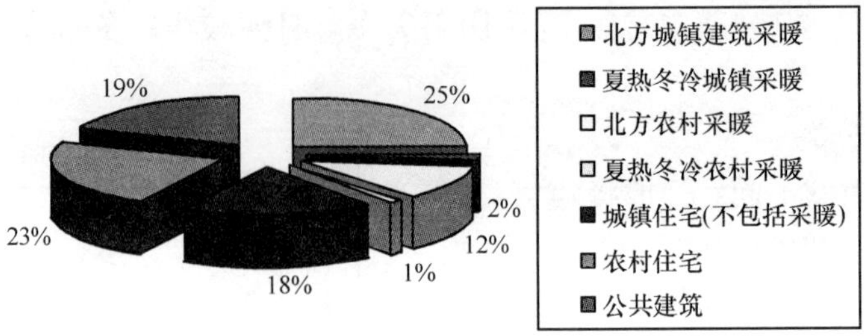

图 5-6 2006 年各类建筑的能源消耗比例

区，即法定的城镇建筑冬季采暖地区。在 20 世纪 70、80 年代，各省市逐步建立起了冬季集中采暖保障体系，包括约 15 个省市区，共约 133 个地级城市，其面积约占中国国土面积的 70%。

北方城镇建筑采暖能耗主要指黄河流域及其以北地区“法定”的城镇建筑冬季采暖能耗，这也是中国建筑 GHG 排放的主要方面。目前，中国华北地区约有 70%的城镇建筑面积在冬季采用了集中供热，这部分能耗与建筑物的热工性能、供热系统运行水平、公众用热习惯等因素有着密切的关系。

（2）夏热冬冷地区城镇建筑采暖能耗

夏热冬冷地区城镇建筑采暖能耗主要是指长江流域地区建筑冬季采暖能耗，该地区在历史上不属于法定的采暖区域。但是，随着居民生活水平的提升和对居住环境热舒适性要求的提高，这一地区集中采暖区域也在快速发展，有着巨大的“排放”潜力。

（3）其他采暖能耗

其他采暖能耗主要包括北方农村区域采暖能耗和夏热冬冷地区农村区域的采暖能耗。农村住宅的采暖方式主要是原煤和生物质能。

2. 公共建筑除采暖以外的能耗

（1）普通公共建筑除采暖以外的能耗。“普通公共建筑”是指单体建筑面积在 2 万 m^2 以下的公共建筑，或单体建筑面积超过 2 万 m^2，但没有配备中央空调系统的公共建筑，其能耗主要包括空调系统、照明、办公用电设备、饮水设备、电梯、其他辅助设备等。

（2）大型公共建筑除采暖以外的能耗。“大型公共建筑”是指单体面积在 2 万 m^2 以上且全面配备中央空调系统的高档办公楼、各类星级酒店、大中型购物商场、综合商厦、交通枢纽、体育场馆等建筑。其能耗主要包括空调系统、照明、办公用电设备、饮水设备、电梯、其他辅助设备等。

3. 其他能耗

（1）农村建筑物除采暖外的能耗，包括采暖，炊事、照明、家电等生活能耗。

（2）城镇住宅除采暖外能耗，包括炊事、照明、家电、空调等城镇居民生活能耗。

5.3.2.1 北方采暖能耗情况

北方采暖地区指的是我国北方地区的北京市、天津市、河北省、山西省、内蒙古自治区、辽宁省、吉林省、黑龙江省、山东省、河南省、陕西省、甘肃省、青海省、宁夏回族自治区、新疆维吾尔自治区 15 个省、市、自治区以及新疆生产建设兵团。近年来，北方地区集中供热事业发展迅速，供热能力不断提高，集中供热面积大幅增加。截至 2007 年底，北方地区 15 个省、市、自治区集中供热面积为 29.3 亿 m^2，已占到房屋总面积的 40%以上，其中住宅 21 亿 m^2，占 71.8%。随着城市化水平的提高和居民生活条件的不断完善，城镇供热面积特别是集中供热面积还将进一步扩大（见表 5-6）。

北方采暖地区 15 个省、市、自治区集中供热面积统计表　　**表 5-6**

省　份	集中供热面积		省　份	集中供热面积	
	集中供热总面积（万 m^2）	其中住宅供热面积（万 m^2）		集中供热总面积（万 m^2）	其中住宅供热面积（万 m^2）
北京市	37203.3	23697.2	山东省	37053.8	27804.5
天津市	16907.9	12768.3	河南省	7041.5	5108.3
河北省	21934.3	15865.2	陕西省	6304.6	4141.3
山西省	17336.6	12031.6	甘肃省	7957	5865.3
内蒙古自治区	16109.9	10142.4	青海省	127.5	84.4
辽宁省	54118.1	41803.8	宁夏回族自治区	4807	3764.9
吉林省	22617.2	16652.7	新疆维吾尔自治区	14472.1	10132
黑龙江省	28966.5	20405.6			

（1）供热能力

截至 2007 年底，北方地区 15 个省、市、自治区的热水供热能力为 22.4 亿 MW，其中热电厂供热能力为 7.8 亿 MW、锅炉房供热能力为 14.7 亿 MW，分别占总热水供热能力的 35%、65%。蒸汽供热能力为 7.8 万 t/h，其中热电厂供热能力为 6.2 万 t/h、锅炉房供热能力为 1.5 万 t/h，分别占总蒸汽供热能力的 80%、20%。

（2）供热总量

截至 2007 年底，北方地区 15 个省、市、自治区的热水供热总量为 15 亿 GJ，其中热电厂供热总量为 5 亿 GJ、锅炉房供热总量为 10 亿 GJ。蒸汽供热总量为5 亿 GJ，其中热电厂供热总量为 4.2 亿 GJ、锅炉房供热总量为 0.8 亿 GJ。

（3）供热方式

北方地区供热方式主要有集中供热（包括热电联产、区域锅炉房供热）、分散小锅炉供热和自烧小锅炉供热三种。其中集中供热约占 41%，分散小锅炉约占 39%，自采暖约占 20%。集中供热中热电联产供热约占 46%、区域锅炉房供热约占 54%。

（4）供热管网

目前北方地区的 15 个省、市、自治区集中供热管网总长为 6.6 万 km，运行 15 年以上的管网长度为 1.7 万 km，占 26%。系统平均失水率为 2.8%，每公里平均温降为 2.9℃，均超设计指标。供热设施普遍年久失修，能耗高，浪费严重，如哈尔滨市供热管网 1654km，运行 15 年以上的管网总长度达到 772km，占总管网长度的 47%，负责供热的面积占总面积的 41%。超期服役的老管网失水率超过 3%，温降超过 2.7℃/km，管网能耗损失高达30%，事故发生率以10%的速度递增（见表5-7）。

2000～2007年全国城市集中供热情况表[①] **表5-7**

年份	蒸汽		热水		管道长度		供热面积（万 m^2）	住宅（万 m^2）
	供热能力（t/h）	供热总量（万GJ）	供热能力（MW）	供热总量（万GJ）	蒸汽（km）	热水（km）		
2000	74148	23828	97417	83321	7963	35819	110766	75823
2001	72242	37655	126249	100192	9183	43926	146329	95799
2002	83346	57438	148579	122728	10139	48601	155567	107975
2003	92590	59136	171472	128950	11939	58028	188956	131010
2004	98262	69447	174442	125194	12775	64263	216266	150837
2005	106723	71493	197976	139542	14772	71338	252056	175054
2006	95204	67794	217699	148011	14012	79943	265853	187545
2007	94009	66374	224660	158616	14116	88870	300591	212288

新建建筑的增长加速了北方采暖地区供热事业的发展，部分非法定集中供热面积发展迅速。全国城市集中供热面积由2000年11.1亿 m^2 增长到2007年的30.06亿 m^2，增加了1.7倍，但与之对应的是，供热能耗也由2000年的7287万吨标准煤增长到2006年的16205万吨标准煤，增长了1.2倍（见图5-7）。

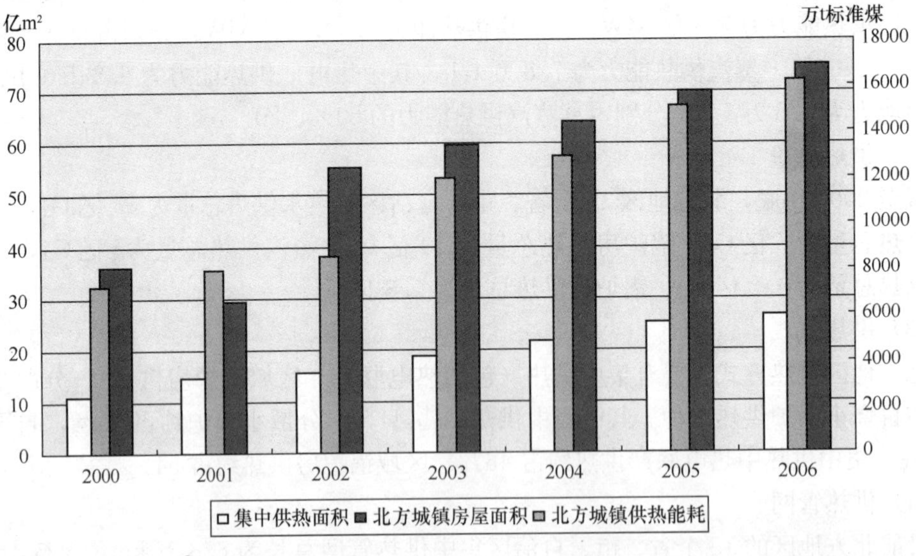

图5-7 2000～2006年全国集中供热和供热能耗统计图[②]

① 数据来源：《中国城市建设统计年报》。

② 数据来源：清华大学.《建筑节能年度发展研究报告2008》。

2000 年全国 663 个城市中有 294 个城市发展了集中供热，占城市总数的 44.34%，2005 年已发展到 350 个城市，占城市总数的 52.79%。2006 年我国社会总能耗 246270 万吨标准煤，建筑能耗 49544 万吨标准煤，北方城镇供热能耗 16205 万吨标准煤，占全国社会总能耗 6.58%，占建筑总能耗 32.7%。近年来，江苏、湖北等地也开始建设城市集中供热设施，而且这种扩展趋势还在继续向南方地区发展，预计供热面积、供热能耗总量和供热能耗占社会总能耗比例还将进一步增大。同时，在实施建筑节能标准之前，我国北方城镇建筑冬季采暖平均热指标在 30～50W/m^2，每年能耗约 1.4 亿吨标准煤，为北欧相同气候条件下建筑采暖能耗的 2～3 倍。目前北方城镇建筑近 60%采用不同规模的集中供热系统供热，随着人们生活水平的日益提高，对采暖的需求也不断增大。因此，北方城镇建筑采暖是我国建筑节能潜力、减排潜力最大的部分。

综上所述，我国供热能耗呈现出较快增长的趋势，其主要原因有：

（1）房屋建筑继续增加，近几年每年新增房屋建筑面积 16 亿～20 亿 m^2，平均每人 1.3～1.5m^2。人口也在不断的增加，每年增加约 900 万人，但平均每户人口减少，即户数逐步增加。

（2）城市化加快。大量农村人口向城市转移，城市供热需求不断增加。

（3）人们对建筑室内环境热舒适性的要求越来越高，冬季室温由 12℃、16℃提高到 18℃甚至 20℃等。

（4）采暖区向南扩展。人们生活水平的提高带来采暖需求线不断南移，新建建筑中将有 70 亿 m^2 以上需要采暖，10 亿 m^2 左右为大型公共建筑。按照目前建筑能耗水平，每年需要增加 1.4 亿吨标准煤用于采暖，每年增加 4000 亿～4500 亿 kWh 的用电量，这样将成为我国能源供应的巨大压力。

"十一五"期间，全国单位 GDP 能耗要从 2005 年的 1.22 吨标准煤/万元下降到 0.98 吨标准煤/万元，比"十五"期末降低 20%，实际上这是中央针对"十五"期间环保和能耗各项指标不降反升提出的硬性指标，说明了节能工作的极端重要性和国家的决心。

节能对于促进能源、资源节约和合理利用，缓解我国能源、资源供应与经济社会发展的矛盾，加快发展循环经济，实现经济社会的可持续发展，有着举足轻重的作用，也是保障国家能源安全，保护环境，提高人民群众生活质量、贯彻落实科学发展观的一项重要举措。按照国务院提出的国民经济发展计划，"十一五"期间全国要节约 2.4 亿吨标准煤，其中建筑节能要节约 1.01 亿吨标准煤，占到 40%；GDP 能耗降低 20%左右，平均年节能率为 4.4%。而采暖能耗约占建筑能耗的 35%～40%左右，也就是说占全社会终端能耗总量的 10%左右的采暖需要承担至少 1/3 的任务指标。目前全国集中采暖耗能全年约为 1.3 亿吨标准煤，假设供热行业年节能率为 5%，平均每年可节约标准煤 650 万 t 以上，五年累计节约标准煤 3500 万 t 左右，为采暖能耗的降低将作出巨大的贡献。

5.3.2.2　大型公共建筑能耗情况

公共建筑指非住宅类的民用建筑，包括办公楼、商场、宾馆、医院、学校、文化体育设施、交通枢纽等，其规模从几百平方米到几十万平方米不等。我国目前此类建筑总量约为 66 亿 $m^2$①，占城镇建筑总量的 35.5%。我国目前大型公共建筑总量约为一万座，总面积约为 5 亿多平方米，除采暖外能耗折合用电量为 500 亿 kWh/年。普通公共建筑几十万座，总面积约 61 亿 m^2，除采暖外能耗折合用电量为 2020 亿 kWh/年。比较二者可以看出：大型公共建筑能源消耗量大，管理集中，可能的节能潜力大，应作为建筑节能的重点之一。

一般来说，可把公共建筑大致分为两大类：单体规模大于 2 万 m^2、且采用中央空调的建筑，称大型公共建筑，大型公共建筑能耗密度高，除采暖外能耗折合用电量在 70～300kWh/(m^2 · a)；单体规模小于 2 万 m^2、并且没有采用中央空调的建筑，称普通公共建筑或一般公共建筑，除采暖外能耗在 30～60kWh/(m^2 · a)(除餐厅、计算机房等特殊功能建筑)。大型公共建筑用能的特点是单位面积耗能非常高，为 100～300kWh/(m^2 · a)，是城镇住宅的 10～15 倍，为一般办公建筑的 2～4 倍，与美国基本在同一水平，比日本城市高。节能水平远远低于西欧、北欧水平，存在 30%以上的节能潜力。虽然此类建筑目前仅有不到 6 亿 m^2，但是每年新增数量很大，约有 3000 万～5000 万 m^2，导致近几年我国大部分城镇夏季用电量急剧上升的主要原因。

通过对全国近 200 个面积在 1 万 m^2 以上的商业办公楼的能耗调研②，发现商业办公楼能耗强度差异非常大，其每年能耗范围在 10.05～324.31kWh/m^2 之间③，平均值为 90.52kWh/m^2，最高能耗水平为最低能耗水平的约 32 倍，如图 5-8 所示。

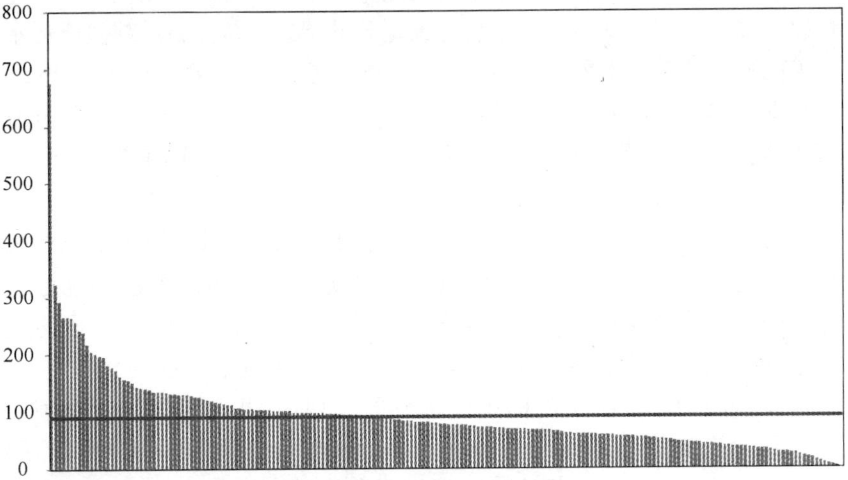

图 5-8 我国典型商业办公楼的能耗分布[kWh/(m^2 · a)]

通过对全国一百多个酒店能耗调研，得到的酒店能耗范围为 19.6～511.33 kWh/(m^2 · a)，平均值为 162.09kWh/(m^2 · a)，如图 5-9 所示，最高能耗水平为最低能耗水平的约 25 倍。

① 2008 年统计年鉴数据。

② 数据来源：1)清华大学历年各地的建筑能耗调查结果；2)能源基金会 2008 年在国内一些典型城市开展的能耗调研结果；3)国内外网站、期刊文章里的相关数据汇总，下同。

③ 除去个别最大值和最小值。

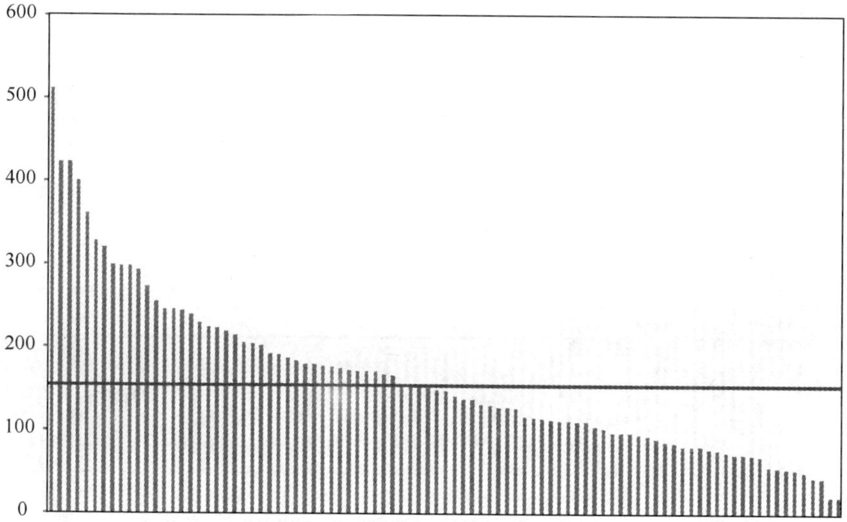

图 5-9　我国典型酒店的能耗分布[kWh/(m² · a)]

商场类建筑的样本总数为 106 个，能耗范围为 10.91～487.99kWh/(m² · a)，平均值为 161.06kWh/(m² · a)，与酒店能耗水平相当，最高能耗水平为最低能耗水平的约 50 倍，如图 5-10 所示。

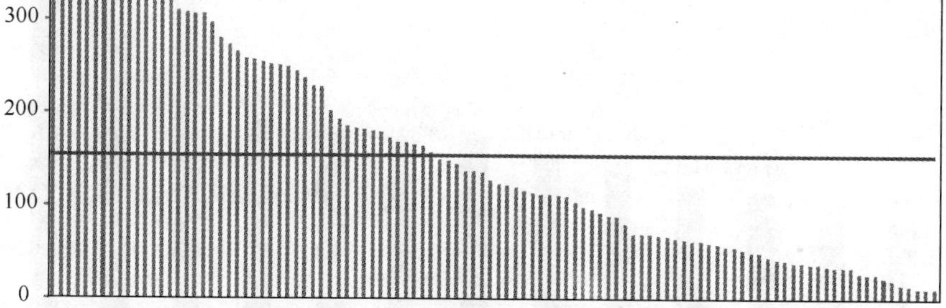

图 5-10　我国典型商场的能耗分布[kWh/(m² · a)]

调研得到的大型政府办公建筑的样本总数为 83 个，能耗范围为 23.48～281.86kWh/(m² · a)，平均值为 79.61kWh/(m² · a)，最高能耗水平为最低能耗水平的 10 倍，如图 5-11 所示。

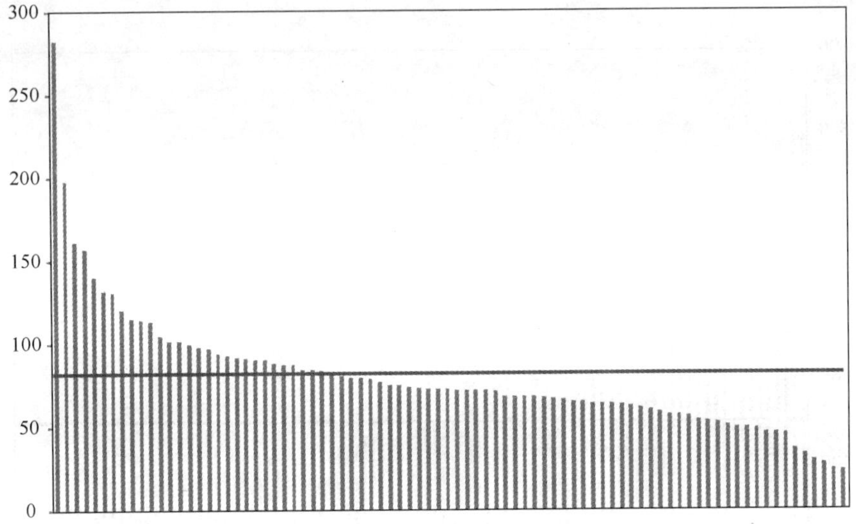

图 5-11 我国典型政府办公楼的能耗分布[kWh/(m² · a)]

上述数据的分析如表 5-8 所示。

对比以上数据综合分析表 表 5-8

建筑类型	样本数量	最大值[kWh/(m² · a)]	最小值[kWh/(m² · a)]	平均值]kWh/(m² · a)]
商业办公楼	185	324.31	10.05	90.52
酒店	91	511.33	19.6	162.09
商场	106	487.99	10.91	161.06
大型政府办公建筑	83	281.86	23.48	79.61

其中办公建筑能耗如果按照城市进行划分，结果如图 5-12 所示，包括美国、日本等地的办公建筑能耗水平在内。其中北京、西安地区办公建筑能耗不包括集中采暖能耗。

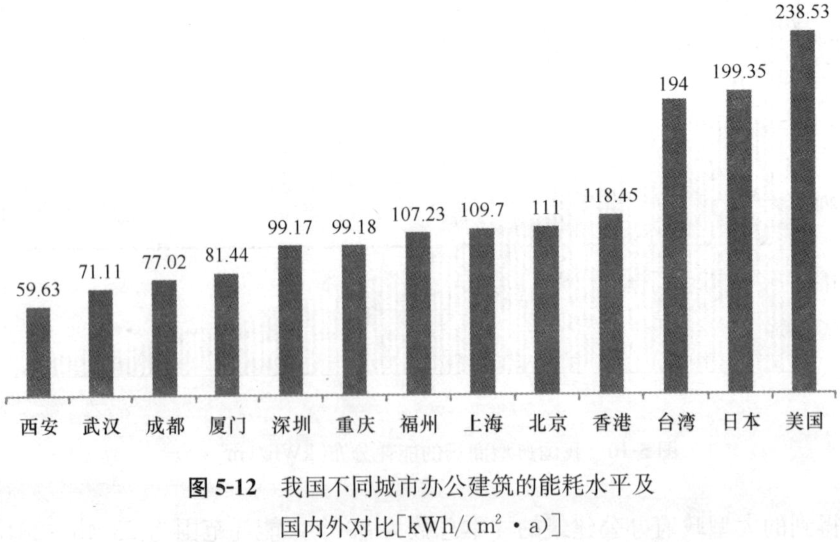

图 5-12 我国不同城市办公建筑的能耗水平及国内外对比[kWh/(m² · a)]

可以看出，我国一线城市(北京，上海，重庆，深圳等)能耗水平较高，接近或超过100kWh/(m² · a)，二线城市(省会城市)的办公楼能耗在 60～80kWh/(m² · a)之间；随着经济的发展，在二、三线城市中，如果不采取相关节能政策措施，办公楼能耗将发展至一线城市水平；我国各城市商业办公楼能耗总体平均水平依然低于美国和日本，大陆城市中，即使是能耗水平最高的北京，其平均值也只有日本的 55.7%，美国的 46.5%。

我国不同城市商场建筑的能耗水平及比较如图 5-13 所示。可以看出，我国包括北京、上海、深圳、武汉、大连等地的商场能耗都比较相近，在 210～230kWh/(m² · a)之间，基本接近发达国家水平的 70%，其他城市的能耗水平则约为发达国家的 40%～50%。

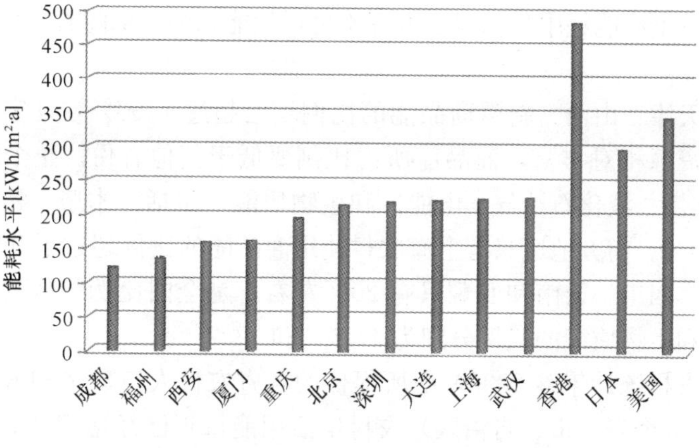

图 5-13　我国不同城市商场建筑的能耗水平及国内外对比

图 5-14 给出了不同城市政府办公建筑的能耗水平分布，但是采暖地区集中采暖能耗没有计算在内。总体看，政府办公建筑的耗电量在 40～80kWh/(m² · a)之间。

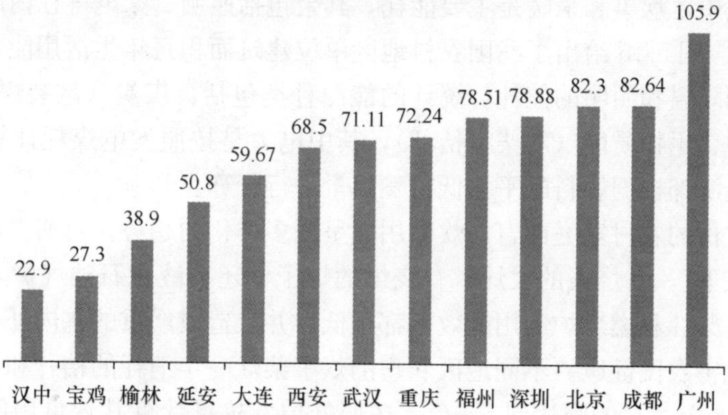

图 5-14　我国不同城市政府办公建筑的能耗水平[kWh/(m² · a)]

在办公建筑耗电量中，冷机耗电折合单位面积可达到 4～28kWh/(m² · a)，冷冻水循环泵耗电折合单位面积为 2～5kWh/(m² · a)，空调风机耗电折合单位面积在 1～8kWh/(m² · a)之间，冷却水循环泵耗电折合单位面积一般在 2～5kWh/(m² · a)。

需要注意的是，随着信息技术的发展和应用，信息中心(或称数据中心)的数量也越来越多。而且，信息中心内电耗密度特别大，可达 200～1500W/m²，而且这类设备一般全年 8760h 连续运行，耗电量可达 2000～10000kWh/(m² · a)，十分惊人，是各类公共建筑中能耗密度最高的，也是未来节能的重点之一。

5.3.2.3　农村建筑能耗现状

目前我国农村的民用建筑面积为234亿m^2，占全国总建筑面积的60%。人均农村建筑面积31.7m^2。到2010年，农村人均居住面积将达到30m^2，农村需新建住宅30多亿m^2。

清华大学杨旭东教授等①于2006～2007年组织的大规模农村调研，得到了24个省（市、自治区）农村生活用能的消费结构，结果发现北方地区各省商品能占生活用能的比例普遍较高。农村生活能耗中包括煤、电等不可再生能源的比例随着农民生活水平的提高已明显增大。

其中北京、天津、山西、新疆商品能的比例均已超过了90%，辽宁、吉林和黑龙江由于薪柴和秸秆资源相对丰富，商品能所占比例要低于其他省份。整个北方地区商品能（包括散煤、蜂窝煤、液化石油气、电能）和生物质能（包括：木柴、秸秆）的比例分别为71.2%和28.8%。南方地区只有上海农村使用商品能的比例超过了90%，其他各省相对较低，而安徽、四川、云南和西藏只有20%左右，是全国比例最低的几个省份。整个南方地区商品能和生物质能的比例分别为47.8%和52.2%。

采用《中国农村统计年鉴2006》中所提供的各省农村人口数量和人均居住面积进行推算，目前我国30个省（市、自治区）农村生活用能每年已经达到3.2亿吨标准煤，其中商品能煤炭为1.9亿t，液化石油气597万t，电1324.2亿kWh，生物质（包括薪柴和秸秆）总量为2.2亿t。从所调研的省（市、自治区）综合来看，目前商品能在整个农村地区生活用能中已经占到60%的分额，生物质能只占到40%。

在农村能耗中，炊事和采暖是主要能耗，其余包括照明、家电等在内的平均能耗低于3kWh/(m^2·a)。图5-15给出了我国农村地区单位建筑面积每年生活用能量情况，包括炊事、采暖、空调降温和照明的能耗，统计的能源种类包括：煤炭（散装煤、蜂窝煤）、液化石油气、电力、生物质能（木柴、秸秆），其中电力是按照发电煤耗计算法折合为标准煤，其他各类能源都根据燃料的平均低位发热量进行折算。

对大多数省份的农村家庭而言，炊事用能呈现多样化的趋势。目前农民厨房中的普遍现象是“三管齐下”，有烧柴的大灶，有烧煤的炉子，还有液化石油气炉具。液化石油气费用太高，而烧柴灶和燃煤炉的用能效率都很低，并且造成严重的室内外空气污染，部分地区已经严重危害农民健康。不同地区农户的炊事柴灶一年消耗的秸秆和薪柴量有很大差别，少的只有1～2t，多的则达到5～6t，按照低位发热量计算其炊事用能为城市居民户均水平的2倍以上。除城乡居民生活方式的差异外，这也反映出目前柴灶的能源利用效率非常低，低效的同时也造成对室内外环境的严重污染。但是由于生物质在农村是免费能源，尽管能源利用效率低下，仍然是农村尤其是北方地区的主要炊事用能方式。

由调研统计数据看出，商品能在农村炊事用能中的比例与当地的经济水平密切相关。在上海、浙江、江苏等经济较好的地区，液化气已经成为当地主要的炊事燃料。在南方其他省市，如湖南、湖北、四川、江西等生物质资源丰富的省份，生物质能作为农户炊事主要燃料的比例过半。另外从利用方式来看，随着近些年沼气技术在农村的大力推广，以直

① 本节内容选编自清华大学建筑节能研究中心编著《中国建筑年度发展研究报告2009》。

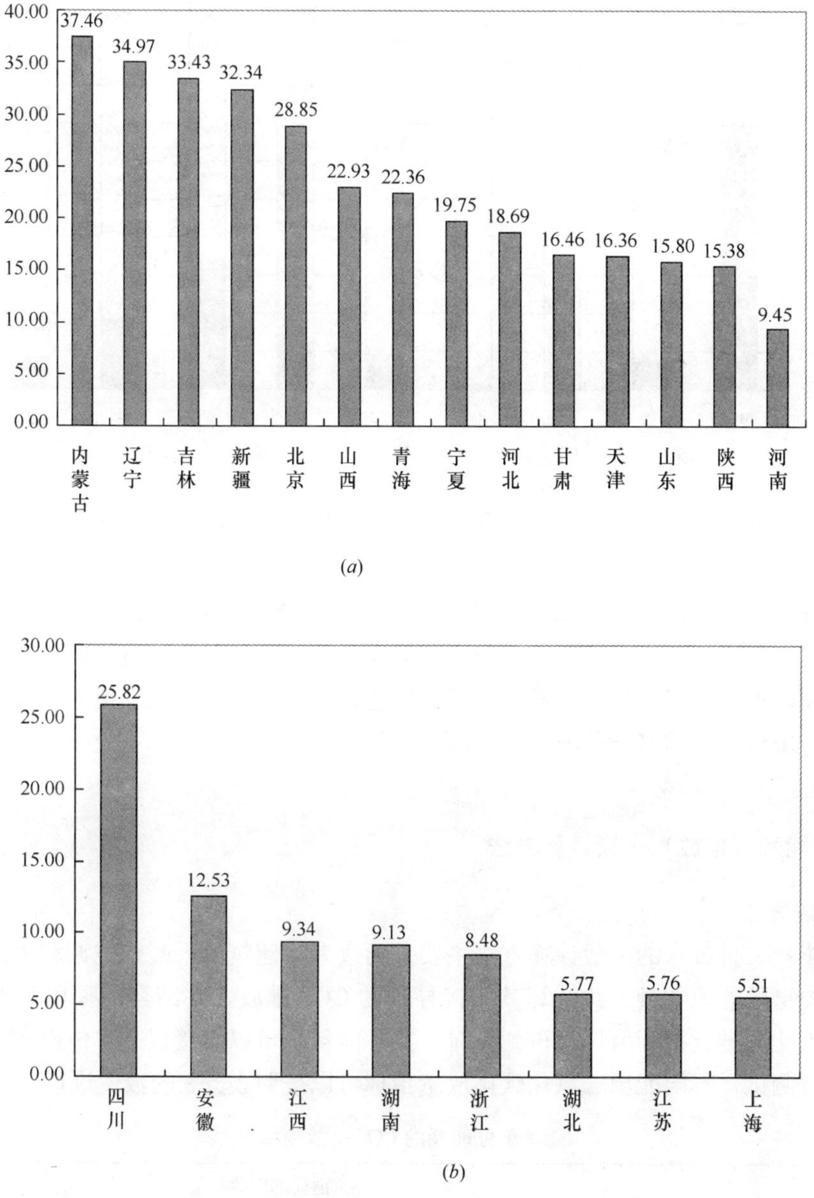

图 5-15　我国农村地区单位面积生活用能情况[单位：kg 标准煤/(m^2 · a)]

(a) 北方地区；(b) 南方地区

注：图中四川的数据是由四川和重庆两地综合得到的（下文同）

接秸秆燃烧为主要炊事用能的农户比例下降，而以沼气为主要用能的农户比例明显增大（见图 5-16）。

此外，清华大学通过对北京地区农村建筑和能源现状进行有针对性的调研和分析，得出了北方农村供暖能耗偏高的原因主要有以下三方面：一是农宅本身围护结构的热特性欠佳，97%以上的农宅围护结构均无保温层，且窗户、屋顶等密封性差；二是供热设备效率低下，超过 50%农户使用地炕和土暖气采暖，然而其热效率仅有 40%左右；三是农民节能意识薄弱。随着经济水平的提高，农民更加注重农宅的美观性，但对农宅功能及能源利

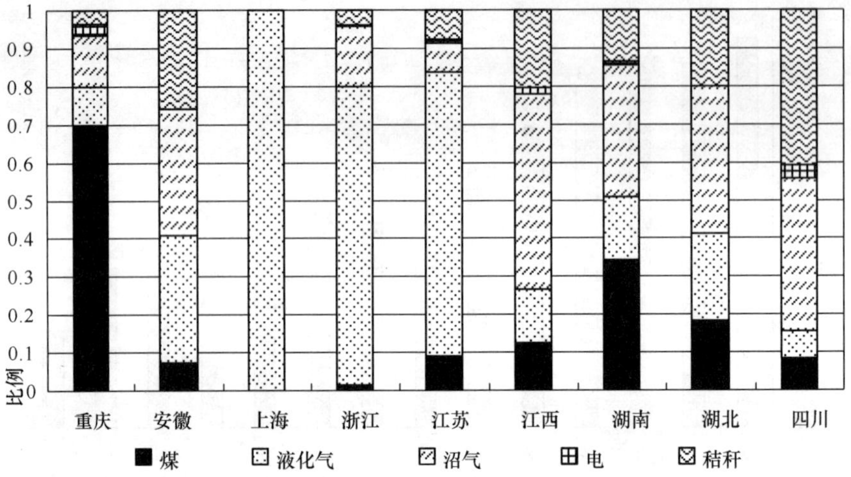

图 5-16　典型省份农村主要炊事用能种类的家庭数量比例分布

用效率考虑不多。

由于农宅存在大量的非清洁燃料的低效燃烧，加之在农村存在着一些不良的生活习惯，对农民的身体健康造成了极大的伤害。如煤炭、秸秆和薪柴的直接燃烧，房间功能布局的不合理，人员在室内吸烟、通风排烟措施的缺乏，以及家禽的随便散养等，使农村的室内环境与山清水秀的室外环境形成了鲜明的反差。

5.4　建筑能耗（排放）一般计算方法

5.4.1　一般方法

建筑能耗（排放）的一般计算方法主要是通过考察建筑的采暖、空调和生活热水等消耗的不同类型的能源数量，并计算其间接导致的 CO_2 排放，并结合其采用的能源种类所产生的二氧化碳排放指标值计算得到。对于实际能耗，可以直接以其单位面积每年消耗的总能耗进行测试，不同能源二氧化碳排放量指标可以按照表 5-9 的数值进行计算。

能源单位能耗的 CO_2 排放指标①　　表 5-9

	所消耗的能源种类			
	电	天然气	燃油	煤
CO_2 排放指标(kg/kWh)	0.95	0.1984	0.31	0.39

其中，不同能耗之间的转换系数可以按照表 5-10 进行换算。

能源计量单位换算表②　　表 5-10

燃料名称	低位发热量		折标准煤系数	
标准煤	29271200	J/kg	1.0000	kg 标准煤/kg
原煤	20908000	J/kg	0.7143	kg 标准煤/kg

① 数据来源：中华人民共和国环境保护行业标准 HJ/T 351—2007《环境标志产品技术要求生态住宅（住区）》。
② 数据来源：《中国建筑节能年度发展研究报告 2009》。

续表

燃料名称	低位发热量		折标准煤系数	
天然气	38930696	J/m^3	1.3300	kg 标准煤/m^3
原油	41816000	J/kg	1.4286	kg 标准煤/kg
液化石油气	50179200	J/kg	1.7143	kg 标准煤/kg
煤气	16726400	J/m^3	0.5714	kg 标准煤/m^3
热力	1000000	J/MJ	0.0342	kg 标准煤/MJ
木炭	26344080	J/kg	0.9000	kg 标准煤/kg
木柴	17562720	J/kg	0.6000	kg 标准煤/kg
秸秆	14635600	J/kg	0.5000	kg 标准煤/kg
电力（当量）	3600000	J/kWh	0.1230	kg 标准煤/kWh
电力（等价）	按当年火电发电标准煤耗计算			

实际建筑的能耗值需参考当地建筑能耗的平均值作为基准线进行计算，其具体数值可参考本书前面章节的结论，不同地区不同类型建筑的基准线能耗数据建议参考表 5-11～表 5-14 的数据。

北方集中采暖地区采暖能耗基准值①　表 5-11

采暖方式	单位面积采暖煤耗（kg 标准煤）
分散采暖	24.9
热电联产集中供热	12.7
区域锅炉房	19.9

住宅不同能耗全国平均值①　表 5-12

	单位面积采暖煤耗
空调	3.4kWh/(m^2·a)
照明	6.7kWh/(m^2·a)
家电	6.5kWh/(m^2·a)
生活热水	1.3kgce/(m^2.a)

典型城市住宅不同能耗平均值②　表 5-13

		单位	北京	上海	沈阳	苏州	武汉	银川
人均能耗	电耗	kg 标准煤/(ca·a)	73.6	214.7	79.6	331.7	275.4	67.8
	热耗	kg 标准煤/(ca·a)	33.3	105.4	35.1	123.4	79.7	35.5
	总能耗	kg 标准煤/(ca·a)	106.9	320.1	114.8	455.1	355.1	103.2
单位面积能耗	电耗	kg 标准煤/(m^2·a)	3.4	12.3	3.4	12.8	13.1	2.3
	热耗	kg 标准煤/(m^2·a)	1.6	6.6	1.4	4.9	4.0	1.3
	总能耗	kg 标准煤/(m^2·a)	5.0	18.8	4.8	17.6	17.1	3.6
户均能耗	电耗	kg 标准煤/(h·a)	212.8	661.2	234.9	947.4	968.5	188.4
	热耗	kg 标准煤/(h·a)	96.1	324.7	103.7	274.3	360.4	98.6
	总能耗	kg 标准煤/(h·a)	309.0	985.9	338.6	1221.7	1328.9	287.0

除了采暖之外的不同类型公共建筑耗电量平均值［kWh/m^2·a］③　表 5-14

	办公	酒店	商场	学校	医院	其他
严寒地区	40	41.5	46	37	49.5	37
寒冷地区	40	41.5	46	32.5	49.5	42
夏热冬冷地区	49.5	51	56	37.5	54.5	47
夏热冬暖地区	54.5	61	56	37.5	54.5	47
全国	45.9	48.0	51.6	35.9	52.3	44.1

① 数据来源：《中国建筑节能年度发展研究报告 2009》。

② 数据来源：2008～2009 年清华大学联合各地统计局抽样调查结果。

③ 数据来源：1）清华大学历年各地的建筑能耗调查结果；2）能源基金会支持下 2008 年在国内一些典型城市开展的能耗调研结果；3）国内外网站、期刊文章里的相关数据汇总。

需要说明的是，考虑到目前我国还是一个发展中国家，全国的城镇化水平还比较低，因此在进行 CDM 项目时，选择建筑基准线能耗指标的时候必须考虑目前绝大部分建筑的能耗值与发达国家的能耗相比都还属于比较低的实际情况（除了北方采暖地区采暖能耗和部分大型公共建筑如商场、宾馆的能耗水平）。这就是说，在选择基准线的时候需要对上面的数据参考国外的能耗数值进行一定的修正。但是迄今为止，尚无统一的方法。

5.4.2 计算举例

5.4.2.1 单体建筑二氧化碳排放的计算

对于北京某商场建筑，总建筑面积 4.5 万 m^2，采暖采用热电联产集中供热并提供生活热水，其他能耗均为电耗。经统计，其 2008 年的全年耗电量指标为 215kWh/m^2，热电联产集中供热能耗为 12.2kg 标准煤/(m^2·a)。

则根据表 5-9 和表 5-10 的数据，该商场每年二氧化碳排放量为：(215×0.95+12.2/0.124×0.39)×45000/1000=10917.9t/a

5.4.2.2 居住小区二氧化碳排放的计算

北京某住宅小区建筑面积 15 万 m^2，运行一年后的能耗组成如下：采暖、空调、照明、家用电器、炊事以及生活热水，其中采暖为集中采暖，生活热水为电热水器。住户炊事用的天然气用量按照表 5-15 中的数据概算。

天然气用量表 **表 5-15**

冬季（m^3/月）	夏季（m^3/月）	其他月份
28.2	21.2	20.2

简单起见，按照 26m^3/(月·户)(每户平均面积 120m^2)计算，则年消耗量为 2.6m^3/m^2·a)，折算为用电量约为 26kWh/(m^2·a)。

经统计，该小区不同面积的住户用电量如表 5-16 数据进行概算。

用电量表 **表 5-16**

面积范围(m^2)	kWh/(m^2·月)(冬季)	kWh/(m^2·月)(夏季)	其他月份
80～90	1.15	1.41	1.00
90～100	0.99	1.26	1.30
100～150	0.95	1.17	1.40
150～200	1.00	1.10	1.45

经统计，年耗电量为 12KWh/(m^2·a)，以上包含了空调能耗、照明能耗、家用电器能耗和生活热水能耗。

采暖为区域锅炉房，能耗为 19.9kg 标准煤/(m^2·a)。

计算得到本住宅小区污染物排放指标为：

CO_2 排放指标(kg/m^2·a)：12×0.95+26×0.1984+19.9/0.124×0.39=79.2kg/(m^2·a)，则总的二氧化碳排放量为 11878.3t/a。

5.5　我国建筑节能法律政策体系

5.5.1　法规体系

中国专门针对建筑节能的法律法规较少，建筑节能领域大体上作为工程质量的一个方面纳入到工程质量监督管理法律体系之中进行管理和规范。与建筑节能直接相关的法律法规、部门规章和规范性文件及其主要内容简介如表 5-17 所示。

部分与建筑节能有关的法律条例　　**表 5-17**

序号	标题	实施日期	效力级别
1	中华人民共和国节约能源法	2008 年 4 月 1 日	法律
2	中华人民共和国可再生能源法	2006 年 1 月 1 日	法律
3	中华人民共和国建筑法	1998 年 3 月 1 日	法律
4	民用建筑节能条例	2008 年 10 月 1 日	行政法规
5	公共机构节能条例	2008 年 10 月 1 日	行政法规
6	建设工程质量管理条例	2000 年 1 月 30 日	行政法规
7	建设工程勘察设计管理条例	2000 年 9 月 25 日	行政法规
8	国务院关于加强节能工作的决定	2006 年 8 月 6 日	规范性文件
9	国务院关于印发节能减排综合性工作方案的通知	2007 年 5 月 23 日	规范性文件
10	关于加强大型公共建筑工程建设管理的若干意见	2007 年 1 月 5 日	规范性文件

（1）法律

1）《中华人民共和国节约能源法》

经过修订后的《中华人民共和国节约能源法》已于 2008 年 4 月 1 日在全国范围内开始施行。它的颁布对实施节约能源战略，提高能源利用效率，建设资源节约型和环境友好型社会，实现“十一五”节能目标都将产生重大而深远的影响。

新的《节约能源法》由原来的 6 章 50 条增加为 7 章 87 条，内容包括总则、节能管理、合理使用与节约能源、节能技术进步、激励措施、法律责任和附则。《节约能源法》使节约资源成为我国的基本国策，进一步完善了我国的节能管理制度。它的主要特点可以概括为五个方面：

①为适应社会发展要求，结合实际国情，调整法律适用的范围，增加了建筑节能、交通运输节能、公共机构节能等内容，对加强这些领域的节能工作必将起到积极的促进作用。

②健全节能管理制度，设立了一系列节能管理制度，如节能目标责任评价考核制度、固定资产投资项目节能评估和审查制度、落后用能产品淘汰制度、重点用能单位节能管理制度、能效标识管理制度、节能奖励制度等。

③完善促进节能的经济政策，规定中央财政和省级地方财政要安排节能专项资金支持节能工作，如税收优惠、财政补贴、信贷支持等，从总体上构建了推动节能的政策框架。

④进一步明确节能管理和监督主体，规定了统一管理、分工协作、相互协调的节能管

理体制，理顺了节能主管部门与各相关部门在节能监督管理中的职责和义务。

⑤继续强化法律责任，规定了19项法律责任，并明确了相应的处罚措施，加大了处罚范围和力度，以期奖罚并重来促进节能工作。

新的《节约能源法》中重要的节能管理制度包括以下几点：一是节能目标责任制和节能考核评价制度；二是固定资产投资项目节能评估和审查制度；三是落后高耗能产品、设备和生产工艺淘汰制度；四是重点用能单位节能管理制度；五是能效标识管理制度；六是节能表彰奖励制度。

在建筑节能方面，《节约能源法》要求：

——编制本行政区域内的建筑节能规划；

——加强对在建建筑工程执行建筑节能标准情况的监督检查；

——明示所售房屋的节能措施、保温工程保修期等信息，在房屋买卖合同、质量保证书和使用说明书中载明；

——实行室内温度控制制度；

——实行供热分户计量、按照用热量收费的制度；

——使用新型墙体材料等节能建筑材料和节能设备，安装和使用太阳能等可再生能源利用系统。

2)《中华人民共和国可再生能源法》

为了促进可再生能源的开发利用，增加能源供应，改善能源结构，保障能源安全，保护气候环境，实现经济社会的可持续发展，国家制定了《中华人民共和国可再生能源法》。在《可再生能源法》中，可再生能源的应用范围、价格管理、税收优惠等都写进了法律。《可再生能源法》中对于建筑中应用可再生能源也有相应的规定，尤其是太阳能建筑应用，这为推广可再生能源在建筑中的规模化应用提供了政策依据和手段。与建筑节能相关的主要内容包括：

①国家鼓励和支持可再生能源并网发电。

②国家鼓励清洁、高效地开发利用生物质燃料，鼓励发展能源作物。

③国家鼓励单位和个人安装和使用太阳能热水系统、太阳能供热采暖和制冷系统、太阳能光伏发电系统等太阳能利用系统。国务院建设行政主管部门会同国务院有关部门制定太阳能利用系统与建筑结合的技术经济政策和技术规范。房地产开发企业应当根据前款规定的技术规范，在建筑物的设计和施工中，为太阳能利用提供必备条件。对已建成的建筑物，住户可以在不影响其质量与安全的前提下安装符合技术规范和产品标准的太阳能利用系统。

④国家鼓励和支持农村地区的可再生能源开发利用。县级以上地方人民政府管理能源工作的部门会同有关部门，根据当地经济社会发展、生态保护和卫生综合治理需要等实际情况，制定农村地区可再生能源发展规划，因地制宜地推广应用沼气等生物质资源转化、户用太阳能、小型风能、小型水能等技术。县级以上人民政府应当对农村地区的可再生能源利用项目提供财政支持。

⑤国家财政设立可再生能源发展专项资金，用于支持以下活动：可再生能源开发利用的科学技术研究、标准制定和示范工程；农村、牧区生活用能的可再生能源利用项目；偏远地区和海岛可再生能源独立电力系统建设；可再生能源的资源勘查、评价和相关信息系

统建设；促进可再生能源开发利用设备的本地化生产。

（2）行政法规

1)《民用建筑节能条例》

我国高度重视民用建筑节能工作，国家领导对民用建筑节能工作曾多次做出批示，要求研究制定节能规划、措施和制度。正是在节能的背景下，为了加强民用建筑节能管理，降低民用建筑使用过程中的能源消耗，提高能源利用效率，国务院颁布了《民用建筑节能条例》并于 2008 年 10 月 1 日起实施。《民用建筑节能条例》对新建建筑节能、既有建筑节能、建筑用能系统运行节能等方面做出了详细的规定。

针对新建建筑节能，《民用建筑节能条例》提出的主要内容包括：

①编制城市详细规划、镇详细规划，应当按照民用建筑节能的要求，确定建筑的布局、形状和朝向。对不符合民用建筑节能强制性标准的，不得颁发建设工程规划许可证。

②设计单位、施工单位、工程监理单位及其注册执业人员，应当按照民用建筑节能强制性标准进行设计、施工、监理。

③建设单位组织竣工验收，应当对民用建筑是否符合民用建筑节能强制性标准进行查验；对不符合民用建筑节能强制性标准的，不得出具竣工验收合格报告。

④国家机关办公建筑和大型公共建筑的所有权人应当对建筑的能源利用效率进行测评和标识，并按照国家有关规定将测评结果予以公示，接受社会监督。

以上规定涵盖了新建建筑从规划设计到竣工验收以及运行维护阶段，在不增加新的行政许可条件下，实现新建建筑全过程节能管理。

针对既有建筑节能，《民用建筑节能条例》提出：

①实施既有建筑节能改造，应当符合民用建筑节能强制性标准，优先采用遮阳、改善通风等低成本改造措施。既有建筑围护结构的改造和供热系统的改造，应当同步进行。

②对实行集中供热的建筑进行节能改造，应当安装供热系统调控装置和用热计量装置；对公共建筑进行节能改造，还应当安装室内温度调控装置和用电分项计量装置。

针对建筑用能系统运行节能，《民用建筑节能条例》提出：县级以上地方人民政府建设主管部门应当对本行政区域内国家机关办公建筑和公共建筑用电情况进行调查统计和评价分析。国家机关办公建筑和大型公共建筑采暖、制冷、照明的能源消耗情况应当依照法律、行政法规和国家其他有关规定向社会公布。

2)《公共机构节能条例》

为了推动公共机构节能，提高公共机构能源利用效率，发挥公共机构在全社会节能中的表率作用，国务院颁布了《公共机构节能条例》并于 2008 年 10 月 1 日起实施。《公共机构节能条例》对公共建筑的节能规划、节能管理、节能措施以及监督保障作出了明确的规定，现将主要条款摘录如下：

①国务院和县级以上地方各级人民政府管理机关事务工作的机构应当会同同级有关部门，根据本级人民政府节能中长期专项规划，制定本级公共机构节能规划。

②公共机构应当实行能源消费计量制度，区分用能种类、用能系统实行能源消费分户、分类、分项计量，并对能源消耗状况进行实时监测，及时发现、纠正用能浪费现象。

③公共机构应当按照规定进行能源审计，对本单位用能系统、设备的运行及使用能源

情况进行技术和经济性评价，根据审计结果采取提高能源利用效率的措施。

④公共机构可以采用合同能源管理方式，委托节能服务机构进行节能诊断、设计、融资、改造和运行管理。公共机构实施节能改造，应当进行能源审计和投资收益分析，明确节能指标，并在节能改造后采用计量方式对节能指标进行考核和综合评价。

（3）规范性文件

1）《国务院关于加强节能工作的决定》（国发［2006］28号）

《国务院关于加强节能工作的决定》指出，由于我国正处在工业化和城镇化加快发展阶段，能源消耗强度较高，消费规模不断扩大，特别是高投入、高消耗、高污染的粗放型经济增长方式，加剧了能源供求矛盾和环境污染状况，能源问题已经成为制约我国经济和社会发展的重要因素，要从战略和全局的高度，充分认识到做好能源工作的重要性，高度重视能源安全，实现能源的可持续发展。解决我国能源问题的根本出路是坚持开发与节约并举、节约优先的方针，大力推进节能降耗，提高能源利用效率。

《国务院关于加强节能工作的决定》提出要认真组织落实"十一五"规划纲要提出的燃煤工业锅炉（窑炉）改造、区域热电联产、余热余压利用、节约和替代石油、电机系统节能、能量系统优化、建筑节能、绿色照明、政府机构节能以及节能监测和技术服务体系建设等十大重点节能工程，明确了重点节能领域：强化工业节能、推进建筑节能、加强交通运输节能、引导商业和民用节能、抓好农村节能和推动政府机构节能。

《国务院关于加强节能工作的决定》明确指出，到"十一五"期末，万元国内生产总值（按2005年价格计算）能耗下降到0.98吨标准煤，比"十五"期末降低20%左右，平均年节能率为4.4%。重点行业主要产品单位能耗总体达到或接近本世纪初国际先进水平。其中与建筑节能相关的章节如下：

①推进建筑节能。大力发展节能省地型建筑，推动新建住宅和公共建筑严格实施节能50%的设计标准，直辖市及有条件的地区要率先实施节能65%的标准。推动既有建筑的节能改造。大力发展新型墙体材料。

②抓好农村节能。大力发展农村户用沼气和大中型畜禽养殖场沼气工程，推广省柴节煤灶，因地制宜发展小水电、风能、太阳能以及农作物秸秆气化集中供气系统。

③全面实施重点节能工程。认真组织落实"十一五"规划纲要提出的燃煤工业锅炉（窑炉）改造、区域热电联产、余热余压利用、节约和替代石油、电机系统节能、能量系统优化、建筑节能、绿色照明、政府机构节能以及节能监测和技术服务体系建设等十大重点节能工程。

④控制室内空调温度。所有公共建筑内的单位，包括国家机关、社会团体、企事业组织和个体工商户，除特定用途外，夏季室内空调温度设置不低于26℃，冬季室内空调温度设置不高于20℃。

⑤推进城镇供热体制改革。加快城镇供热商品化、货币化，将采暖补贴由"暗补"变"明补"，加强供热计量，推进按用热量计量收费制度。

⑥加强能源统计和计量管理。完善统计制度，改进统计方法，建立能够反映各地区能耗水平、节能目标责任和评价考核制度的节能统计体系。

2）《国务院关于印发节能减排综合性工作方案的通知》（国发［2007］15号）

《节能减排综合性工作方案》中进一步明确了节能减排的主要目标：到 2010 年，万元国内生产总值能耗由 2005 年的 1.22 吨标准煤下降到 1 吨标准煤以下，降低 20%左右；单位工业增加值用水量降低 30%。“十一五”期间，主要污染物排放总量减少 10%，到 2010 年，二氧化硫排放量由 2005 年的 2549 万 t 减少到 2295 万 t，化学需氧量（COD）由 1414 万 t 减少到 1273 万 t；全国设市城市污水处理率不低于 70%，工业固体废物综合利用率达到 60%以上。这是贯彻落实科学发展观，构建和谐社会的重大举措；是建设资源节约型，环境友好型社会的必然选择；是推进经济结构调整，转变增长方式的必由之路；是提高人民生活质量，维护中华民族长远利益的必然要求。

《节能减排综合性工作方案》提出要强化责任，加强节能减排管理，包括建立政府节能减排工作问责制，建立和完善节能减排指标体系、监测体系和考核体系，建立健全项目节能评估审查和环境影响评价制度，强化重点企业节能减排管理，加强节能环保发电调度和电力需求侧管理，严格建筑节能管理、强化交通运输节能减排管理，加大实施能效标识和节能节水产品认证管理力度，加强节能环保管理能力建设等九个方面的内容。

《节能减排综合性工作方案》中与建筑节能相关的主要部分包括：

①加快实施十大重点节能工程。着力抓好十大重点节能工程，“十一五”期间形成 2.4 亿 t 标准煤的节能能力；组织实施低能耗、绿色建筑示范项目 30 个，推动北方采暖区既有居住建筑供热计量及节能改造 1.5 亿 m^2，开展大型公共建筑节能运行管理与改造示范，启动 200 个可再生能源在建筑中规模化应用示范推广项目。

②加快建立节能技术服务体系。制订出台《关于加快发展节能服务产业的指导意见》，促进节能服务产业发展。培育节能服务市场，加快推行合同能源管理，重点支持专业化节能服务公司为企业以及党政机关办公楼、公共设施和学校实施节能改造提供诊断、设计、融资、改造、运行管理一条龙服务。

③严格建筑节能管理。大力推广节能省地环保型建筑。强化新建建筑执行能耗限额标准全过程监督管理，实施建筑能效专项测评，对达不到标准的建筑，不得办理开工和竣工验收备案手续，不准销售使用；从 2008 年起，所有新建商品房销售时在买卖合同等文件中要载明耗能量、节能措施等信息。建立并完善大型公共建筑节能运行监管体系。深化供热体制改革，实行供热计量收费。今年着力抓好新建建筑施工阶段执行能耗限额标准的监管工作，北方地区地级以上城市完成采暖费补贴“暗补”变“明补”改革，在 25 个示范省市建立大型公共建筑能耗统计、能源审计、能效公示、能耗定额制度，实现节能 1250 万 t 标准煤。

3）《关于加强大型公共建筑工程建设管理的若干意见》（建质［2007］1 号）

目前，我国大型公共建筑单位面积能耗较高的问题比较突出。据抽样调查，我国大型公共建筑面积占城镇建筑面积比例不到 4%，但消耗的电量却占 20%以上。因此，强化大型公共建筑节能管理，是今后一段时间建筑节能工作的重点。

对于大型公共建筑节能管理，从以下两个方面采取措施：

一是把能耗标准作为建设大型公共建筑项目核准和备案的强制性内容，遏制高能耗建筑的建设。同时，加大对新建大型公共建筑和政府办公建筑执行节能强制性标准的监管力度，实行强制性能耗检测并对其能耗指标进行标识，确保新建建筑符合节能强制性标准。

二是加强对既有大型公共建筑和政府办公建筑的节能管理，建立节能运行管理制度、能耗统计制度、能效审计和披露制度。重点开展部分试点省（市）既有大型公共建筑和政府办公建筑能效测评，逐步建立公共建筑能耗定额、超定额加价制度。

5.5.2 标准体系

为积极推进建筑节能前进步伐，促进建筑节能科技发展和技术进步，我国已建立起了建筑节能标准体系，包含了建筑从设计、施工到验收及运行评价的各个阶段，具体如表5-18所示。

部分与建筑节能有关的标准规范　　表5-18

序号	标　准　名　称	编　号	实施日期	级别	类别
1	民用建筑节能设计标准(采暖居住建筑部分)	JGJ 26—95	1996.07.01	行标	设计
2	夏热冬冷地区居住建筑节能设计标准	JGJ 134—2001	2001.10.01	行标	设计
3	夏热冬暖地区居住建筑节能设计标准	JGJ 75—2003	2003.10.01	行标	设计
4	公共建筑节能设计标准	GB 50189—2005	2005.07.01	国标	设计
5	建筑节能工程施工质量验收规范	GB 50411—2007	2007.10.1	国标	验收
6	住宅性能评定技术标准	GB/T 50362—2005	2006.3.1	国标	评价
7	绿色建筑评价标准	GB/T 50378—2006	2006.6.1	国标	评价

（1）建筑节能设计标准体系

建筑节能设计标准与气候关系密切。我国五个不同的建筑气候分区分别是：严寒地区、寒冷地区、夏热冬冷地区、夏热冬暖地区和温和地区。除温和地区外，我国大部分气候区域的建筑需要采取一定的技术措施来保证冬夏两季的室内热舒适环境，北方严寒地区和寒冷地区主要考虑冬季采暖，南方夏热冬暖地区主要考虑夏季空调，长江流域的夏热冬冷地区则要兼顾冬季采暖和夏季空调。因此，我国建筑节能设计标准体系包括《民用建筑节能设计标准（采暖居住建筑部分）》、《夏热冬冷地区居住建筑节能设计标准》、《夏热冬暖地区居住建筑节能设计标准》和《公共建筑节能设计标准》4部分，基本能够满足我国各气候区域的新建建筑节能设计的要求。

1)《民用建筑节能设计标准（采暖居住建筑部分）》对采暖地区的新改扩建居住建筑从围护结构和采暖系统两方面提出了明确的节能要求，在建筑围护结构方面对外墙、屋顶、窗户、地面提出了一定的保温性能要求，对建筑物的体形系数、窗墙比等也提出了明确的限值要求，对采暖系统提出了锅炉的运行效率及户外管网的输送要求。

2)《夏热冬冷地区居住建筑节能设计标准》主要内容包括三个方面：居住建筑室内热环境设计计算指标和建筑节能目标；建筑围护结构保温隔热性能要求；采暖空调和通风系统设计节能要求。

3)《夏热冬暖地区居住建筑节能设计标准》对住宅建筑的墙体和屋顶热工性能提出了较高的要求，另外对窗户遮阳要求比较高。

4)《公共建筑节能设计标准》适用于全国各个气候地区，但是针对不同的气候区域分别提出了节能措施和要求。除了对建筑围护结构的保温隔热性能做出规定外，重点提出了空调系统的节能设计。

（2）建筑节能验收标准

《建筑节能工程施工质量验收规范》的颁布和实施标志着我国建筑节能工作从设计、施工到竣工验收都有法可依。

《建筑节能工程施工质量验收规范》依据国家现行法律法规和相关标准，总结了近年来我国建筑工程中节能工程设计、施工、验收和运行管理方面的实践经验和研究成果，借鉴了国际先进经验和做法，充分考虑了我国现阶段建筑节能工程的实际情况，突出了验收中的基本要求和重点，是我国第一部涉及多专业、以达到建筑节能设计要求为目标的施工质量验收规范。

《建筑节能工程施工质量验收规范》具有五个明显的特征：一是强制性条文除涉及结构和人身安全、环保、节能性能、功能方面外，还涉及过程控制和建筑设备专业的调试和检测，这是建筑节能工程验收的重点；二是规定对进场材料和设备的质量证明文件进行核查；三是推出工程验收前对外墙节能构造现场实体检验、外窗气密性现场实体检验和建筑设备工程系统节能性能检测；四是将建筑节能工程作为一个完整的分部工程纳入建筑工程验收体系，使涉及建筑工程中节能的设计、施工、验收和管理等多个方面的技术要求有法可依，形成从设计到施工和验收的闭合循环，使建筑节能工程质量得到控制；五是突出了以实现功能和性能要求为基础，以过程控制为主导、以现场检验为辅助的原则，具有较强的科学性、完整性、协调性和可操作性，起到了对建筑节能工程质量控制和验收的作用，对推进建筑节能目标的实现将发挥重要作用。通过这五条特征，保证和加强了建筑节能设计文件的执行力度，节能建筑不节能的现象将得到有效遏制。

（3）建筑节能运行与检测标准

1）《住宅性能评定技术标准》GB/T 50362—2005

《住宅性能评定技术标准》是对住宅性能的评定提出了统一的指标和方法，对提高住宅质量、引导住宅开发和住房理性消费起到了重要的作用。《住宅性能评定技术标准》把住宅性能分解为适用性能、环境性能、经济性能、安全性能和耐久性能 5 个方面共 268 条具体指标，通过对各项指标的打分和综合评价，最终以总分高低作为基本依据确定住宅的综合性能等级。住宅性能评定原则上以单栋住宅为对象，也可以单套住宅或住区为对象进行评定，它将住宅综合性能按照得分的高低，划分为 A、B 两个级别：

A 级住宅——执行了现行国家标准且性能好的住宅；

B 级住宅——执行了现行国家强制性标准，但性能达不到 A 级的住宅。

其中 A 级住宅根据得分多少和能否达到规定的关键指标，又分为 1A、2A、3A 三个级别。

《住宅性能评定技术标准》的特点还在于以下几方面：

① 适用于城镇所有新建和改建住宅的性能评定，而不是单纯的评优标准；

② 住宅性能级别要根据得分高低和部分关键指标双控确定；

③ 实行第三方认证，认定过程做到科学、公平、公正；

④ 认定结果能反映住宅的综合性能水平，鼓励开发商提高住宅性能；

⑤ 体现节能、节地、节水、节材等产业技术政策，倡导一次装修；

⑥ 保证消费者对住宅性能状况的知情权，引导住宅开发和住房理性消费。

2）《绿色建筑评价标准》GB/T 50378—2006

《绿色建筑评价标准》是我国第一部从住宅和公共建筑全寿命周期出发，多目标、多层次对绿色建筑进行综合性评价的推荐性国家标准，其中将绿色建筑定义为：在建筑的全寿命周期内，最大限度地节约资源（节能、节地、节水、节材）、保护环境和减少污染，为人们提供健康、适用和高效的使用空间，与自然和谐共生的建筑。

《绿色建筑评价标准》中建立了适合于我国国情的绿色建筑评价体系，由节地与室外环境、节能与能源利用、节水与水资源利用、节材与材料资源、室内环境质量和运营管理六类指标组成，对积极引导和大力发展绿色建筑，促进节能省地型住宅和公共建筑的发展都具有十分重要的意义。

我国《绿色建筑评价标准》具有非常显著的特征：

① 科学性。根据绿色建筑评估的目标，通过定性定量的比较和研究，筛选出能反映绿色建筑目标本质和真实性的代表指标，保证绿色建筑评价的准确性和真实性。

② 综合集成性。《绿色建筑评价标准》集合了规划、建筑、环境保护、能源、水处理、运营管理等多种学科和交叉学科的知识和技术。这些知识和技术的有机融合是绿色建筑评价体系可靠性、完备性和实现相对优化的保障。

③ 易操作性。《绿色建筑评价标准》不仅能够用来对绿色建筑进行评判，还能用来指导绿色建筑的设计和施工，具有很强的实践性。标准的易操作性奠定了广泛使用的基础。

除以上提到的标准外，还有诸如《外墙外保温工程技术规程》JGJ 144—2004、《民用建筑太阳能热水系统应用技术规范》GB 50364—2005 等施工技术规范在建筑节能工程中得到广泛应用。地方相关机构根据当地实际情况也纷纷编制了地方标准规范，完善了建筑节能标准体系，为建筑节能更好地发展起到了规范和引导作用。

5.5.3 政策体系

我国历来十分重视建筑节能工作，将其作为国家节能减排工作中的重要组成部分，在节能规划、政策制定等方面统筹考虑，同步发展。总体而言，我国建筑节能政策方面主要包括《节能中长期专项规划》和《中华人民共和国国民经济和社会发展第十一个五年规划纲要》。

（1）节能中长期专项规划

2004 年 11 月，为推动全社会开展节能降耗，缓解能源瓶颈制约，建设节能型社会，促进经济社会可持续发展，国家发展和改革委员会发布了《节能中长期专项规划》，分为“十一五”和 2020 年，重点规划了到 2010 年节能的目标和发展重点，并提出了 2020 年的目标。《节能中长期专项规划》是我国能源中长期发展规划的重要组成部分，也是我国中长期节能工作的指导性文件和节能项目建设的依据。

《节能中长期专项规划》的节能目标：

1）宏观节能量指标。到 2010 年每万元 GDP 能耗由 2002 年的 2.68t 标准煤下降到 2.25t 标准煤，2003～2010 年年均节能率为 2.2%，形成的节能能力为 4 亿吨标准煤。2020 年每万元 GDP 能耗下降到 1.54t 标准煤，2003～2020 年年均节能率为 3%，形成的节能能力为 14 亿 t 标准煤，相当于同期规划新增能源生产总量 12.6 亿 t 标准煤的 111%，相当于减少二氧化硫排放量 2100 万 t。

2）主要产品单位能耗指标。2010 年总体达到或接近 20 世纪 90 年代初国际先进水平，其中大中型企业达到本世纪初国际先进水平；2020 年达到或接近国际先进水平。

3）主要耗能设备能效指标。2010 年新增主要耗能设备能源效率达到或接近国际先进水平，部分汽车、电动机、家用电器达到国际领先水平。

4）宏观管理目标。初步建立与社会主义市场经济体制相适应的比较完善的节能法规标准体系、政策支持体系、监督管理体系、技术服务体系。

《节能中长期专项规划》的重点领域包括工业节能、交通运输节能和建筑节能。在建筑节能领域，“十一五”期间，新建建筑严格实施节能 50％的设计标准，其中北京、天津等少数大城市率先实施节能 65％的标准。供热体制改革全面展开，居住及公共建筑集中采暖按热表计量收费在各大中城市普遍推行，在小城市试点。结合城市改建，开展既有居住和公共建筑节能改造，大城市完成改造面积 25％，中等城市达到 15％，小城市达到 10％。鼓励采用蓄冷、蓄热空调及热电冷联供技术，中央空调系统采用风机水泵变频调速技术，节能门窗、新型墙体材料等。加快太阳能、地热等可再生能源在建筑物的利用。推广高效节能的家用及办公电器，降低待机能耗，实施能效标准和标识，规范节能产品市场。推广节能高效的照明器具，实施照明产品能效标准，提高高效节能荧光灯使用比例。

《节能中长期专项规划》的重点工程：

1）十一五期间住宅建筑和公共建筑严格执行节能 50％的标准，加快供热体制改革，加大建筑节能技术和产品的推广力度等，可分别节能 5000 万 t 标准煤。与此同时，开展北方采暖地区既有建筑节能改造，加大既有宾馆、饭店的综合节能改造。

2）重点在公用设施、宾馆、商厦、写字楼、体育场馆、居民中推广高效节电照明系统；对高效照明电器产品生产装配线进行自动化改造。

3）开展政府机构节能，推进全社会节能工作的开展。“十一五”期间重点是对政府机构建筑物及采暖、空调、照明系统进行节能改造，按照建筑节能标准改造的政府机构建筑面积达到政府机构建筑总面积的 20％；推广使用高效节能产品，将节能产品纳入政府采购目录；中央国家机关率先试点，2010 年中央国家机关单位建筑面积能耗和人均能耗在 2002 年基础上降低 10％。

4）节能监测和技术服务体系建设工程。“十一五”期间通过更新监测设备、加强人员培训、推行合同能源管理等市场化服务新机制等措施，强化省级和主要耗能行业节能监测中心能力建设，依法开展节能执法和监测（监察）。

（2）《中华人民共和国国民经济和社会发展第十一个五年规划纲要》

《中华人民共和国国民经济和社会发展第十一个五年规划纲要》提出了“十一五”期间单位国内生产总值能耗降低 20％左右，主要污染物排放总量减少 10％的约束性指标。作为一个主要阐明国家战略意图，明确政府工作重点，引导市场主体行为的规划文件，建筑节能也有部分涉及。

为完成国家“十一五”规划目标与任务，到“十一五”期末，我国建筑节能要实现节约 1.1 亿吨标准煤的目标，分别落实到新建建筑节能、既有建筑节能改造和可再生能源规模化应用三大领域之中（见图 5-17）。主要工作包括：

1）通过加强监管，严格执行节能设计标准，推动直辖市及北方地区执行更高水平的节能标准。严寒地区新建居住建筑实现节能 2100 万 t 标准煤，夏热冬冷地区新建居住建筑实现节能 2400 万 t 标准煤，夏热冬暖地区新建居住建筑实现节能 220 万 t 标准煤，全国新建公共建筑实现节能 2280 万 t 标准煤，共实现节能 7000 万 t 标准煤。完成低能耗、超低能耗和绿色建筑示范工程，形成相关标准和技术体系，引导“十一五”期间建筑发展方向；新型墙材生产供应基本满足需求。

2）通过既有建筑节能改造，深化供热体制改革，加强政府办公建筑和大型公共建筑节能运行管理与改造，实现节能 3000 万 t 标准煤，大城市完成既有建筑节能改造的面积要占既有建筑总面积的 25%，中等城市要完成 15%，小城市要完成 10%。

3）通过推广应用节能型照明器具，实现节能 1040 万 t 标准煤。

4）加强可再生能源在建筑中的规模化应用，实现太阳能、浅层地能等可再生能源应

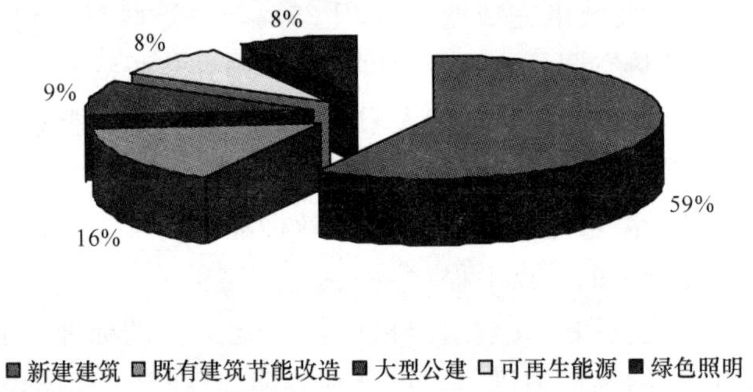

图 5-17 “十一五”节能目标分解

用面积占新建建筑面积比例达 25%以上。

5.6 我国建筑减排潜力

目前在降低建筑物能耗水平方面主要有四条技术路径：一是提高建筑物的保温隔热性能，降低或减少采暖空调能耗；二是提高能源系统效率；三是加强建筑物的用能管理；四是开发新能源在建筑中的应用。近年来，建筑节能工作得到了各级政府的重视和大力支持，继北方地区提出 50%甚至是 65%的节能目标后，南方地区也陆续制定了建筑节能 50%的标准技术体系，建筑节能工作在全国范围展开并逐步完善建筑节能管理制度。通过对新建建筑严格执行建筑节能标准、加大北方采暖地区既有建筑节能改造力度、大规模在建筑中应用可再生能源、加强公共建筑用能管理等，我们将在满足社会发展和人们生活水平不断提高的前提下，大幅降低建筑能耗水平，减慢建筑能耗增长速度，实现可持续发展战略。

1. 新建建筑节能潜力分析

预计到 2020 年底，全国房屋建筑面积将新增近 300 亿 m^2，其中城镇新增 130 亿 m^2。仅就城镇而言，如果这些建筑全部在现有基础上执行节能 50%的标准，则每年大约可节省 1.6 亿 t 标准煤，减少二氧化碳排放约 1 亿 t。

2. 既有建筑节能改造潜力分析

截至 2006 年底，全国城镇房屋建筑面积为 174.5 亿 m^2。其中，大部分建筑普遍存在

着围护结构保温隔热性能和气密性差、供热空调系统效率低下等问题，如果根据建筑的不同情况逐步推行既有建筑节能改造，节能潜力将十分巨大。

（1）住宅建筑节能潜力

截止到 2007 年底，全国城镇住宅建筑面积为 120 亿 m^2，占 64.5%。以采暖地区为例，到 2007 年底，我国集中供热面积达到 30.06 亿 m^2，大部分建筑平均能耗约为 25kg 标准煤/m^2，如果在现有的基础上实现 50%的节能，则一年大约可节约 0.38 亿 t 标准煤，0.25 亿 t 二氧化碳，节能效果和环境效益将十分明显。

空调是住宅能耗的另一个重要方面。随着人民生活水平的不断提高，住宅空调的使用量快速增长，目前每年增加约 1100 万台，空调能耗在建筑能耗中所占的比例迅速上升。根据预测，今后十年，我国城镇建成并投入使用的民用建筑至少为每年 8 亿 m^2，如果全部安装空调或采暖设备，则十年增加的用电设备负荷超过 1 亿 kW，约为我国 2000 年总发电能力的 1/3。如果我国新建建筑按节能标准建造并对既有建筑进行节能改造，则可使空调负荷降低 40%～70%，有些地区甚至不安装空调也可保证夏季几本处于舒适范围。如此不仅可以大大缓解我国电力紧张的局面，对能源的需求也将大大减少。

（2）公共建筑节能潜力

全国公共建筑面积大约为 45 亿 m^2 左右，其中采用中央空调的大型商厦、办公楼、宾馆为 5 亿～6 亿 m^2。据调查，一般情况下，商场、写字楼的能耗（包括空调、采暖、照明等）费用为 70～200 元/(m^2·a)；政府机构办公建筑的能耗费用在 100 元/(m^2·a) 左右（北方采暖地区、过度地区、南方炎热地区各部分能耗所占比例不同，但总能耗相差不大），其中采暖制冷的能耗约占 50%～60%。如果按节能 50%的标准进行改造，总的节能潜力约为 1.35 亿吨标准煤。

（3）建筑照明节能潜力

在公共设施、宾馆、商厦、写字楼、体育场馆、居民中推广高效照明系统和其高效照明电器产品，"十一五"期间将累计节电 290 亿 kWh，实现节电 10%的目标，提高电网削峰能力 380 万 kWh，相当于减少建设或推迟装机容量 500 万 kWh，节省电力建设投资 400 亿元。从环境效益角度出发，建筑照明系统将减排二氧化碳 380 万 t，减排二氧化硫 26 万 t，减排氮氧化物 22 万 t，创造巨大的环境效益和社会效益。

第3篇　建筑节能与CDM的关系

6　建筑领域实施CDM的意义

在建筑领域开展CDM或PCDM项目，对于全球温室气体减排，对于建筑节能减排工作都有着十分重要的意义。一方面是由于建筑领域的减排潜力较大，是世界温室气体减排工作所不能忽视的；另一方面是由于建筑领域与百姓生活关系密切，并且建筑物的生命周期很长，在建筑中实施CDM，对于促进全社会实现可持续发展也有着重要的意义。

6.1　可持续发展是建筑减排和CDM的重要共同点

可持续发展是指既满足现代人的需求又不损害后代人满足需求的能力。换句话说，就是指经济、社会、资源和环境保护协调发展，它们是一个密不可分的系统，既要达到发展经济的目的，又要保护好人类赖以生存的大气、淡水、海洋、土地和森林等自然资源和环境，使子孙后代能够永续发展和安居乐业。

6.1.1　建筑领域的可持续发展

我国能源短缺，人均煤炭储量只占世界人均储量的50%，人均原油储量只占世界人均储量的12%，人均天然气储量只占世界人均储量的6%。同时，我国又是耗能大国，建筑业是典型的资源能源大量消耗的产业，对环境产生极大的负面影响。在建筑物的全生命周期内消耗大约50%的能源、42%的水资源、50%的材料和48%的耕地。造成生态失衡，产生了全球24%的空气污染、50%的温室效应、40%的水源污染、20%的固体垃圾和50%的氯氟烃等。在我国建筑能耗已占社会总能耗的30%。与气候条件相近的发达国家相比，我国建筑单位面积的采暖能耗高于世界平均值2倍，节能减排的潜力非常大。随着我国社会经济的快速发展，建筑领域的能耗占全社会能耗的比例也会继续增加，最终达到或接近甚至超过发达国家的比例（40%）。因此，发展可持续建筑具有毋庸置疑的必要性和紧迫性，是我国可持续发展战略中的关键环节之一。

近几年，我国城乡建筑发展十分迅速，房屋建设规模日益扩大。住宅产业投资规模每年达到3000亿～4000亿元，每年新建建筑面积近18亿m^2，既有的建筑面积已超过360亿m^2。如此大面积的建筑规模，以及强大的市场需求，提供了发展可持续建筑的可能性。

从建筑的全生命周期看，建筑能耗是持续的和大量的。建筑物在其全生命周期内，建造能耗只占到全部能耗的约20%，而约80%的能源将消耗在建筑物的使用过程中。特别是对于长寿命的建筑，其使用能耗所占比例会更大。建筑物通常具有几十年乃至上百年的生命，在其漫长的生命周期内，如果建筑物是节能建筑，那么它节约的能源将是巨大的。

同理，如果建筑物是耗能的，那么其浪费的能源也是巨大的。

建筑领域的可持续发展，不单单是经济层面的意义，对于整个社会树立节约能源的观念、培养人们节约能源的习惯，帮助人们建立可持续发展的理念都有着十分重要的作用。建筑物是人类工作、生活、娱乐等活动的场所，对于一名办公室工作的人员而言，一天中有 20h 以上的时间会在建筑中度过。建筑物是否节能直接关系到人类社会对于节能问题的态度。很难想象一个讲求节约能源、致力于可持续发展的人类社会，其长期活动的建筑物本身是不节能的。

6.1.2　CDM 可持续发展

CDM 是在《京都议定书》中建立的一个国际合作机制。其目的是：为发达国家实现节能减排目标，发展中国家促进工业化国家政府以及商业组织对发展中国家的环境友好项目/技术的投资，从而帮助发展中国家实现可持续发展提供了重要的制度保障，实现发展中国家的可持续发展。可持续发展是包括 CDM 在内的各国际合作机制的最终目的，也是全世界发展的共识。

《公约》第八次缔约方会议产生的《德里宣言》首次明确提出应在可持续发展框架下应对气候变化问题。即采取应对气候变化的政策措施应符合可持续发展战略的相关原则，不应对国家的经济发展构成制约，从而形成双赢局面。清洁发展机制框架中，可从不同的角度涉及可持续发展的理念。

从 CDM 项目角度：每一个潜在的 CDM 项目都需要用一套衡量可持续发展的指标体系来进行评估；在项目涉及不同的利益相关方时，还需要建立一套公正、透明的决策体制。一些项目开放方已经开始用各种方式来定义其可持续发展评价标准，很多国家如印度、中国等都针对具体的 CDM 项目建立了一套可持续发展指标体系，评估项目所带来的可持续发展收益。可见，把可持续发展目标纳入到 CDM 项目的评价标准里，那么实施 CDM 项目可促进地方和国家的可持续发展。

从东道国角度：CDM 项目的东道国政府负责确定一套标准，评价 CDM 项目是否满足可持续发展的要求。一些东道国已经形成了判断标准，如实施 CDM 项目应该促进本国环境的改善，并支持本国优先发展战略；实施 CDM 项目应该能够增加本国居民收入，提高偏远地区居民的生活质量，实现技术转让和能力建设，并使 CDM 项目带来的负面影响最小化。

从国际开发机构的角度：CDM 项目的目标之一是能够促进发展中国家的可持续发展，所以国际开发机构很可能资助与 CDM 项目相关的某项活动，如能力建设和识别发展中国家潜在的 CDM 项目领域等活动。同时，与核证的减排量相比，参与 CDM 市场的某一方可能更加看重 CDM 项目所带来的可持续发展收益。

关注“可持续发展”是 CDM 和建筑领域共同关注的课题。建筑领域必然会走可持续发展之路，在建筑领域中的节能和减排是实现可持续发展的必要组成部分，而可持续发展是清洁发展机制实施的最主要目的。因此在发展中国家实现建筑的可持续发展，建筑节能与清洁发展机制具有重要的共同点。

6.2　实施 CDM 项目是运用市场机制为推动建筑节能的重要尝试

6.2.1　CDM 会进一步规范建筑节能项目的实施流程

在建筑项目中实施 CDM，会帮助建筑项目的设计、施工、运行等流程，特别是其中的节能工程、保温工程、控制工程、运行监测等流程，使其更科学化、标准化、程序化，为利用市场机制推进建筑节能打下了基础。

CDM 机制之所以能蓬勃发展，流程的规范化是必要条件之一。只有做到公开、公平、公正、规范、收费标准化、流程规范化，才能实现交易。通过应用方法学的办法，对项目的基准线、额外性、减排量的计算、监测方法都有比较详尽的规定。同时，规定了交易的一系列流程，虽然在一定程度上增加了交易成本，但是也确保了减排量的真实可靠。

在建筑项目中实施 CDM，相比于一般工业项目具有一定的困难，其中主要原因之一就是建筑项目的实施没有工业项目所具有的标准化和程序化的特性。工业项目大多处于市场竞争较为充分的制造业领域，其社会平均生产成本基本固定，项目的设计、实施运行也更具有标准化、程序化的特点。如果工艺相同，每一个工艺流程基本固定，能耗、排放也就基本明确。不同地区两个工艺基本相同的工程，其实施成本与其社会平均生产成本的比例基本固定。由于 CDM 项目要求温室气体的减排必须是“可测量、可报告和可验证”，因此标准化、程序化为 CDM 交易方案的制订提供了重要的基础，使工业项目具备了大规模推广 CDM 项目的可能。

但是从世界范围看，不同地区建筑项目的标准化和程序化程度差别很大，存在多个与能耗相关的环节，且总体上标准化程度不高，使得 CDM 在建筑项目中的推广受到了一定限制。不仅如此，建筑项目实施过程中较低的标准化和程序化，也为建筑的耗能量、减排量计算制造了障碍，为建筑节能项目引入其他市场机制，如建筑节能服务机制等，设置了一定的障碍。进一步实现建筑节能项目的标准化、程序化、科学化是建筑节能项目引入市场机制的必由之路。CDM 在基准线认定、减排量的计算有着世界公认的标准。在建筑领域实施 CDM 可以促进建筑项目实施的标准化、规范化，为利用市场机制推进建筑节能减排打下良好的基础。

6.2.2 CDM 会为建筑节能改造提供必要的资金

我国建筑节能主要侧重于如下几个方面：新建建筑、既有建筑、可再生能源建筑应用、大型公共建筑、农村建筑等。

当前，开展建筑节能主要手段是通过法律法规、标准规范、各地建筑节能监管部门进行检查处罚等措施，但利用市场机制推进建筑节能发展却不充分。CDM 机制是已经被市场证明了的，并取得成功的世界公认的交易机制，其在建筑节能领域的应用是利用市场机制促进建筑节能工作的重要尝试。

一方面 CDM 机制可以规范建筑节能服务的程序。CDM 所包含的基准线认定、减排量计算和监测的方法学，可以为建筑节能服务提供重要的保障。另一方面 CDM 也为建筑项目提供资金，即使对于大型建筑项目业主而言，其提供的资金不多，但是对于建筑节能服务公司而言，CDM 的资金可以成为其重要的利润来源，促进其发展。因此，CDM 的实施为建筑服务的发展提供了重要的保障和有益的尝试。

6.3 CDM 在建筑项目中实施更具有社会价值

当前，尽管 CDM 在一定范围内已经取得了成功，但是对于普通大众而言，“京都议定书”、“CDM”仍然是很陌生的名词。实施 CDM 项目的企业除了看重减排收益以外，CDM 的正面社会形象也会提升企业的社会公共形象和产品的品牌价值。但由于 CDM 的社会认知程度不高，一些看重社会价值的企业家，在其项目中实施 CDM 的积极性不高。

“CDM”、“京都议定书”等名词的社会影响小，品牌价值不大，这主要是因为 CDM 实施的项目主要为工业项目，距离百姓生活较远，百姓对“京都议定书”、“CDM”等名词比较陌生，这也降低了 CDM 的社会价值，没有形成一种“双赢”的局面。而大多数建筑业主更看重社会品牌对其项目正面形象的提升，“CDM”等名词不高的品牌价值，对于 CDM 在建筑项目中的发展推动力较弱。

建筑是良好的广告载体，特别是商业建筑具有巨大的广告效应，一座大型商业建筑，其周末的人流量是以几十万计的，并且一座好的建筑物可以存续几十年，乃至上百年。建筑物是教育公众增强对全球气候变化、降低二氧化碳排放的认识的良好媒介。由世界自然基金（WWF）所倡导的“地球一小时”活动（即每年 3 月 28 日晚 8：30 分熄灯一小时），展示公众对达成全球新的应对气候变化协议的支持。熄灯一小时也是主要由建筑物灯光的熄灭所展示的。

如果建筑物实施了 CDM 并在显著位置予以宣传，那么对于建筑物本身的公众形象、CDM 的社会价值将是巨大的提升。两者如果结合得好，可以实现“双赢”，一方面提升了“京都议定书”“CDM”的品牌价值，提高了社会影响，为全社会建立低碳的生活方式起到巨大的宣传作用，另一方面，建筑物也可以应用“京都议定书”“CDM”等名词的社会价值，提升自身的品牌价值，使其更具市场竞争力。

7　原因分析

虽然全球 CDM 项目发展迅速，规模不断壮大，但从整个行业的分布和 CDM 执行情况来看，将 CDM 机制应用到建筑节能还存在诸多局限性：（1）单个居住建筑应用 CDM 机制成本高、排放量小、投资风险大；（2）居住建筑 CDM 项目额外性论证不容易；（3）UNFCCC 批准的建筑类 CDM 项目方法学较少；（4）项目交易费用高、程序复杂，从而将潜力巨大、社会效益好的、小型的、分散的与终端用户相关的居住建筑项目排除在外等。清洁发展技术不仅应该在大型工业生产领域，同样需要在建筑、交通、服务以及农业生产领域广泛应用，才能最终实现全民参与温室气体减排行动和可持续发展。

目前，实施的 CDM 项目以行业分类大都集中在工业领域，即使是小型项目也集中于可再生能源并网发电领域。但在建筑节能减排领域，CDM 发展则相对滞后。究其根本原因在于工业领域、可再生能源并网发电等项目与建筑领域减排项目，在能源（或 CO_2）生产、运输、消耗的生命流程中所处的环节不同。

大多数工业领域项目和可再生能源并网发电等项目处于能源的生产加工端或初步处理端。大多数工业项目属于制造业，影响其减排的因素比较单一，能源的消耗量、CO_2 的排放量计算起来相对比较容易。但建筑节能项目处于能源的需求端，其能源使用、影响其减排的因素较多，依据 CDM 项目要求能够实现“可测量、可报告和可验证”的温室气体减排效益，建筑领域的温室气体减排量计算也较为困难。

相比于一般工业，建筑项目的能源投入和产出更为复杂，建筑项目能源消耗和排放受到的影响因素也较多。建筑项目的最主要目的是为人类提供一个工作、生活、生产、娱乐等活动的场所，人们生活的舒适程度、工作效率的高低等是建筑物的重要“产出”。温度、湿度、照明、空气新鲜程度是建筑物环境的主要衡量指标，但这些指标所受的影响因素较多。仅就关系建筑是否节能的因素就包括：建筑占地面积、朝向；能源供应源；业主对建筑物的外观效果的要求；建筑、结构、暖通、照明等设计师的设计理念；建筑物的功能设计；建筑物的入住率；用户使用习惯等多方面的因素的影响，很难进行标准化计量和计算。

建筑物的能源消耗也是多方面的，包括有电、燃气、煤、水，并且这些能源在建筑中可以部分实现相互替代。例如，生活用热水，可以使用电加热、燃气加热、太阳能加热等方式。这在某种程度上加大了计算建筑内分类能源消耗的难度。

建筑是否节能的判断也是比较困难的。因为建造一座建筑的目的是为人类提供一个工作、居住、生活、娱乐、购物等社会活动的场所。活动在此建筑中的人们的评价是建筑是否是一座好建筑的主要指标。只有当活动在此建筑中的人们对此建筑的基本功能达到基本满意时，即满足人体的舒适度时，才能讨论建筑花费了多少能源来达到这种满意度。而在一定程度上能源消耗和人们的满意度成反比，并且人们的满意程度是很难量化的指标。这也加大了对节能建筑的评判的难度。

因此，仅以CDM的现有机制来套用建筑节能项目与工业节能项目，判断其可实施性和可操作性，建筑节能项目具有先天的劣势。

下面，我们将从对于建筑项目业主的激励角度、建筑项目本身的实施的特点、以及按照CDM的现有机制衡量建筑项目的可操作性三个角度分析CDM在建筑领域发展滞后的主要原因。

7.1 对于业主的激励

CDM对于建筑项目业主的激励主要是CO_2减排量所带来的经济收益，也有部分业主看重CDM为其项目所带来的社会形象的提升，但最主要、最根本的还是经济上的激励。建筑节能相比于工业节能，单个项目的节能量较小、收益不高，注册程序复杂，相比于建筑类项目的巨大投资和收益，实施CDM项目的成本和收益不成比例，对建筑类项目业主的激励很小，影响到了建筑实施CDM减排工作。

目前建筑节能领域的CDM项目由于项目本身减排量少，或由于方法学的限制，只能采用小项目类型，而对于一个小项目，如果一个项目注册成功，第一年需要支付大约100万人民币的成本，而今后几年每年大约支付30万的成本，需要1个项目减排0.5万t左右的标准煤①，以每平方米每年节约5kg标准煤估算，需要100万m^2的建筑，这样的建筑项目是很少的为了注册成功一个CDM项目项目业主和咨询方所做的工作并没有减少。特别是建筑业是一个高资本型行业，每年几十万的收益对于一个投资上亿的建设项目而言

① 根据“2009年中国区域电网基准线排放因子”换算。

是很小的。因此，对于建筑业主而言，减排量收益的吸引力很小，对其激励作用很小。

除经济上的激励以外，CDM 对建筑项目业主的精神上激励也不是很高。这主要是因为公众对于“CDM”、“京都议定书”的认知程度不高，社会影响力不大，很多建筑项目业主认为实施 CDM 项目对其项目本身的社会价值、品牌价值提升贡献不大等原因造成的。

综上所述，在 CDM 在建筑领域中实施所带来的经济、精神上的激励，对于建筑项目的业主而言都不是很高。这就极大地限制了 CDM 在建筑领域的发展。

7.2　建筑项目本身的特点

建筑项目的特点不同于工业项目，有其特殊性，这也是导致在建筑领域开展 CDM 项目较为困难的原因之一。

1. 建筑项目周期长

由于单位面积建筑节能量较小，如果具备 CDM 开发潜质，建筑物的规模必须很大。但对于具有 CDM 项目开发潜质的大型住宅和商业地产项目。一个项目实施 3～4 年是较为普遍的情况。一个大型的建筑项目需要大量的资金进行运作，面临的风险也较大，在中国采取的方式一般是分期开发，先将此地块分为几个部分，分期开发。在整个项目开发期间，由于项目的建设时间长，面临的变化也较多，项目调整的可能性是存在的，能源的用量也可能发生的变化，这也为申报、监测带来一定的困难。

2. 入住率的影响

工业项目建成后，一般如无大的意外即可投产，并产生减排量。但建筑物节能项目的“投产”很大程度上取决于入住率，即人们是否使用该建筑。如果建筑物本身十分节能，但是入住率很低，其实际的减排量也会很有限。建筑物的入住率受到很多方面的影响，一个建筑项目，特别是大型的居住和公共建筑项目，达到一个较高的入住率一般需要几年的时间。即使业主购买了建筑，而不使用，其真实的减排量也不会产生。例如，休闲别墅类的项目，可能业主虽然购买但并不常年居住，每年的入住时间十分有限，其实际的减排量也会十分少。

3. 多种节能技术的综合

一个节能的建筑是由多种技术综合运用的产物。建筑物的体形系数、外墙围护结构的保温、房屋门窗保温，能源系统的设备、管理水平都影响着建筑物用能效果。

目前大多数节能建筑，其节能的实现也大多是由多种技术结合的结果，地源热泵、太阳能光电、太阳能光热、变频调节、呼吸式幕墙等几种或多种技术的结合才能实现最大限度的节能。但是由于 PCDM 机制的规定，一个项目只能应用一种方法学。这使得建筑节能项目失去了吸引力，也为建筑节能项目实施 PCDM 机制带来了障碍。

4. 多部门的协调配合

一幢节能建筑的建成需要多个部门的密切协调配合。建筑项目的开发商对节能的重视程度、设计师的设计思想、建筑材料合格与否、施工安装是否按规程进行、监理人员是否尽职尽责等多方面工作直接影响着建筑的节能效果。

多部门的配合为建筑节能项目的实施增大了风险。一般工业项目的实施牵涉的部门相对较少，而建筑项目的实施所牵涉的实施主体较多，且建筑项目很多为隐蔽工程，一旦建成，很难检验，或者说即使建筑的节能工程不合格，也很难拆掉重建。建筑项目的实施风险相对较大，给 CDM 项目咨询机构、DOE 带来很多其无法控制的风险。为了更好地控制风险，势必会增大交易成本。使得 CDM 机制在建筑节能项目中更难开展。

建筑节能的节能量也是由于多种节能技术综合应用下的结果，如居民空调用电量、采暖用热量的减少可能就是由于建筑物墙体保温效果好、窗户采用了中空断桥窗、空调采用了变频、采暖采用了变流量调节、热源采用了可再生能源等多种技术共同作用的结果。其中一个技术环节或施工过程中的失误，都有可能影响节能减排效果。

7.3 CDM 项目实施的困难

1. 基准线确定的困难

按照 CDM 机制的要求，有一套完整的二氧化碳当量减排量的计算方法，其主要涉及到：基准线、额外性、监测、项目边界和泄漏。其中涉及到建筑节能项目比较难处理的问题主要是基准线的确定问题。所谓基准线，是指在没有该 CDM 项目的情况下，为了提供同样的服务，最可能建设的其他项目（即基准线项目）所带来的温室气体排放量。

（1）受气候条件影响较大

相比于一般的工业项目，建筑项目为能源的最终用户，其用能情况和当地的气候条件关系密切。以中国华北地区采暖为例，在华北地区整个冬季居民采暖的用煤量约为 25 kg/m^2左右，而到了东北地区往往超过 $30kg/m^2$，这主要就是有东北地区冬季时间长、气温低。而对于工业项目来讲就不存在这类问题，在不同地区生产某一种产品，所用的能源应是近似的。这就给建筑类的项目基准线的确定、节能减排量的计算带来了一定的困难，增加了交易成本。

（2）节能标准制定初衷

当前，很多地方已经将建筑节能标准列为强制性标准，按照 CDM 规则的规定，只能以此标准或比此性能标准更高的标准作为基准线。但是，“全国按照民用建筑节能标准建造的民用建筑项目，2004 年仅为 20%，2007 年为 71%，仍有近 30%的新建建筑尚未达到民用建筑节能标准”①。也就是说，此节能标准已经是建筑节能的较高标准。2007 年全国有 29%的建筑未达到此标准，如果以此标准或更为严格的节能标准作为基线，那么建筑节能投入的经济收益比就很低。

建筑物的基准线确定可考虑以下思路：1）国家公布的建筑设计标准。2）普遍的情况。但是会遇到一些困难。国家公布的设计标准即为新建建筑应达到的标准，这就涉及到国家制定标准的初衷，国家制定标准一般会考虑到项目业主完成项目的经济、社会、环境的影响。一般而言，国家的标准会比较侧重于对社会、环境影响的考虑。这就使得国家制定的标准即为现有的社会经济条件下，达到节能效果较好的层次，而如果再想达到更好的

① 国务院法制办负责人就《民用建筑节能条例》答记者问，2008 年 8 月 15 日。

层次，其付出的代价会远超获得的收益。3）普遍的情况。由于建筑物是终端的用能单位，能耗统计，特别是对于居住建筑能耗的统计工作开展较为困难。居住建筑的用能有很多方面包括电、燃气、水，但是又和居民的生活习惯有很大的关系。因此普遍的情况较难确定。

（3）和行为节能密切相关

由于建筑能耗为社会的终端能耗，因此建筑物的能耗和其使用者的节能行为有很大的关系。这就为基准线的确定带来很大的困难。即使建筑为节能建筑，如果使用者的行为“不节能”（如：开启空调仍开窗，下班不关灯），整座建筑的节能量、减排量仍然会大打折扣。如果居民为婴儿或老人，其用能必然比成年人用能较多，而此用能又是必须的，因此，很难判断其基准线。

（4）每个建筑物都具有各自的特点

相比于一般的工业项目，建筑物更具有特殊性。工业项目由于长时间的市场竞争，其社会平均成本已较为接近，工艺的标准性也更为统一。而建筑物，由于建筑的销售和租赁受到地理位置、建筑外观等多方面影响，建筑的用能情况差异较大，很难找到两个完全一样的建筑。因此基准线的确定也比较困难。

2. CERs 分配的困难

与工业项目、造林项目相比，建筑项目的业主更加多样化，例如对于某些公共建筑如业主采用租赁的方式获得收益，其利益主体可以为单一，但是对于售卖方式获得利润的业主，建筑物的利益主体就十分分散。特别是对于居住建筑有可能会有很多的利益主体。按照一般原理，在实施 CDM 的建筑项目时，其购买房屋的支出中已经包含了“额外性”，即为更好的建筑围护结构、更好的采暖空调系统支付了成本，而利益主体的节能行为也是减排的重要组成部分。但是这就给 CDM 项目带来的一定的困难。采用何种方式公平的分配 CERs，确定每个业主减排量的多少，是十分困难的。

总之，CDM 机制在大多数的工业领域取得了成功，但是在建筑领域却发展较为缓慢，究其根本原因，是建筑与工业的产业模式不同，在能源的生命周期内所处的位置不同。建筑领域处于用能的需求端和使用端，有很多不可控因素影响着用能效果。由于其基准线的确定、二氧化碳当量减排量的计算、建筑业的具体特点的多个因素，使其很难达到 CDM 机制规定的“可测量、可报告和可核实”的减排要求。即使“感觉上”是实现了减排，但如果究其到底减排了多少，以及以何种标准为基准线视作减排时，则很难回答出具体的、实测的数据。

建筑领域的减排是“长时间的”和“具有可持续发展性的”，世界组织以及各国政府应当充分认识到该行业的“持久性”和“有助于实现可持续发展性”。因此，必须对现有的 CDM 机制以及建筑业的规则进行必要的改进，以使得这种在世界范围内取得成功的减排交易机制应用到建筑领域中，促进建筑领域的节能减排，并促进全社会的可持续发展。

第 4 篇　建筑节能 CDM 项目

8　CDM 方法学和案例分析

8.1　CDM 方法学在建筑领域的应用

8.1.1　应用整体情况

CDM 项目发展得十分迅速，但作为二氧化碳排放的重要领域，建筑虽然具有巨大的减排潜力，CDM 在建筑领域发展仍然很慢。建筑领域应用 CDM 机制的实例还非常少，截至目前，超过 3000 个 CDM 项目，而与建筑节能有关的仅仅为 6 个小规模项目①（见表 8-1）。

已注册项目按类型分类表　　**表 8-1**

序号	部门分类	注册成功的项目数
1	能源工业	1489
2	能源分布	0
3	能源需求	25
4	制造业	120
5	化学工业	64
6	建筑业	0
7	交通业	2
8	采矿和矿物生产业	26
9	金属加工	7
10	化石燃料排放	136
11	卤化碳合物和六氟化硫的省查和消费过程中的排放	22
12	溶剂的使用	0
13	废物处理和储藏	454
14	造林和再造林	13
15	农业	123

注：截止日期：2010 年 1 月 29 日。

---

① UNEP，The Kyoto Protocol，THE Clean Development Mechanism，AND THE Building AND Construction Sector，2009。

已认证的方法学按类型的分类　　表 8-2

序　号	部门分类	注册成功的项目数
1	能源工业	48
2	能源分布	2
3	能源需求	13
4	制造业	26
5	化学工业	17
6	建筑业	0
7	交通业	7
8	采矿和矿物生产业	1
9	金属加工	7
10	化石燃料排放	8
11	卤化碳合物和六氟化硫的省查和消费过程中的排放	8
12	溶剂的使用	0
13	废物处理和储藏	17
14	造林和再造林	16
15	农业	5

注：截止日期：2010 年 1 月 31 日。

从表 8-1 和表 8-2 中可以看出，到目前为止，建筑类的 CDM 项目没有注册成功，而已经批准的建筑类的常规方法学也没有。因此，建筑类的 CDM 项目发展十分缓慢，与建筑领域节能减排的潜力十分不相符。

8.1.2　建筑节能领域的案例

在已经申请成功或还在审定阶段的项目中，有很多具有建筑项目的特点，可以参考。通过项目总结可以看出，适合建筑领域开展 CDM 项目的方法学并不多，并且全部集中在小型项目的方法学上。截止到 2010 年 1 月，已经注册和正在公示阶段的与建筑节能有关的 CDM 项目如表 8-1 所示。

在已经申请成功或还在审定阶段的项目中，有很多具有建筑项目的特点，可以参考。通过项目总结可以看出，适合建筑领域开展 CDM 项目的方法学并不多，并且全部集中在小型项目的方法学上，如表 8-3 所示。下面结合部分已有的与建筑节能项目相关的 CDM 项目，分析 AMS-I. A. 、AMS-I. C. 、AMS-II. C. 、AMS-II. E. 等四个方法学在项目中的应用。

与建筑节能相关的CDM部分项目表

表 8-3

序号	项目名称	项目描述	基准线	方法学	额外性	减排量	监测数据	项目进展
1. 光伏类项目								
1	摩洛哥太阳能光伏项目(7.7MW)	太阳能光伏照明	用化石燃料发电满足日常需求	AMS-Ⅰ.A.	投资障碍，技术障碍，其他障碍	38637t CO_2/a	安装的太阳能光伏套件的数量，运行的太阳能光伏套件的数量	成功注册
2	印度农村教育发展联合会实施的太阳能光伏照明项目	在电网尚未覆盖的60000农村家庭和社区中心，安装300000个太阳能光伏照明灯，替代煤油灯	化石燃料的历史消耗量	AMS-Ⅰ.A.	投资障碍 技术障碍 普遍性障碍	46484t CO_2/a	煤油的消耗，照明灯的数量，煤油排放因子，家庭的数量，煤油的热值	审定阶段
2. 光热类项目								
3	中国宁夏红-汝河太阳能灶项目	安装了17000个太阳能灶为当地贫困地区的居民	做饭和烧水用的化石燃料排放	AMS-Ⅰ.C	投资障碍	35723t CO_2/a	项目中安装的太阳能炊具的数量。每个太阳能炊具的每月运行时间	成功注册
4	印尼亚齐省/沙璜岛屿太阳能取暖项目	可再生能源替代不可再生能源用在做饭，取暖，过滤水和保存食物	使用非可再生资源消耗的能源产生的排放	AMS-Ⅰ.C	自然灾害风险。缺少人们支持。投资障碍	3500t CO_2/a	项目位置的天气数据，太阳能灶的数量。太阳能灶的平均运行时间	成功注册
5	宁夏太阳能灶项目	此项目在农村的贫穷地区安装了17000个太阳能炊具。取代先前用的化石燃料为做饭和烧水	做饭和烧水消耗的化石燃料	AMS-Ⅰ.C	投资障碍	33482t CO_2/a	在此项目中安装的太阳能炊具的数量。每个太阳能炊具的每月运行时间	公示阶段
6	印度社区太阳能项目	在印度社区里建设太阳能设备代替化石燃料烧水和做饭	使用化石燃料烧水和做饭	AMS-Ⅰ.C	投资障碍，普遍性障碍	562t CO_2/a	太阳能蒸汽发电机的输入水量，备用蒸汽发电机的输入水量，备用蒸汽发电机的化石燃料消耗量	已注册

续表

3. 垃圾气体、沼气类项目

序号	项目名称	项目描述	基准线	方法学	额外性	减排量	监 测 数 据	项目进展
7	湖北生态农场沼气项目	利用猪粪作为原材料产生沼气，沼气被用作热能取代煤满足日常家庭的做饭和供热	来自于粪便管理的甲烷排放。来自于煤燃烧的 CO_2 排放	AMS-Ⅰ.C AMS-Ⅲ.R	投资障碍，技术障碍，普遍性障碍，其他障碍	58444t CO_2/a	沼气用户的数量。沼气池的年运行时间。项目地点的年平均气温。项目中一个家庭的猪的数量。一个家庭猪产生的挥发性固体的数量	成功注册
8	印度 Bagepalli 地区沼气项目	建立 5500 个 $2m^3$ 的利用牛粪做饭和烧水的沼气池，取代目前使用的木柴	使用木柴烧水和做饭	AMS-Ⅰ.C	投资障碍，普遍性障碍	19533t CO_2/a	抽样调查样本产生的能量，建立的 $2m^3$ 的沼气池的数量，正在运行的 $2m^3$ 的沼气池的数量，$2m^3$ 的沼气池的平均年运行时间	已注册
9	印度 Bagepalli Coolie Sangha 地区沼气项目	建立 18000 个 $2m^3$ 的沼气池，取代煤油和非可再生生物资源做饭和烧水	使用非可再生生物质和煤油烧水和做饭	AMS-Ⅰ.C AMS-Ⅰ.E	投资障碍，普遍性障碍，技术障碍，其他障碍	42855t CO_2/a	被替代的生物质的重量，被替代的煤油的体积，非可再生生物质占的比例，沼气池的容量，生物质和煤油的净热值，煤油排放因子，已经建立的沼气池数量，运行的沼气池的数量，替代的非可再生生物质，在无沼气池下，煤油和非可再生生物质的使用天数，沼气池每天的运行时间	申请注册
10	中国山西太原新沟垃圾填埋气回收和利用项目	此项目的部分垃圾填埋气经火炬点燃，一部分经锅炉燃烧供给当地公共浴室，澡堂和其他建筑物热水，减少化石燃料的消耗	生物质和其他有机质搁置在项目边界内产生甲烷排放到大气中；使用燃煤锅炉产热供给给公共浴室、澡堂和其他建筑物热水	AMS-Ⅰ.C AMS-Ⅲ.G	投资障碍	43419t CO_2/a	第 y 年常温常压下捕获的填埋气的总体积，第 y 年常温常压下输送给锅炉烧水的填埋气的总体积，第 y 年常温常压下点燃填埋气的总体积，废气燃烧的温度，填埋气甲烷占的比例，填埋气的温度，填埋气的压强，输出热水的质量，输出热水的温度，进入锅炉中水的平均温度，第 y 年由电网和项目活动提供的现场电力消耗，第 y 年由卡车运输热水消耗的柴油质量，锅炉的运行时间，火炬运行的参数，例如温度，火炬入口处的残气流速，过去 3 年每个用户燃料消耗和热水生产数据	已注册

续表

4. 供热锅炉和建筑节能

序号	项目名称	项目描述	基准线	方法学	额外性	减排量	监测数据	项目进展
11	摩尔多瓦节能和温室气体减排项目	针对公共建筑的节能措施，提高锅炉燃烧效率，燃料转换	使用旧的效率低的燃煤锅炉供热和烧水	AMS-Ⅱ.E. AMS-ⅡⅠ.B	投资障碍，技术障碍，普遍性障碍，其他障碍	11567t CO_2/a	天然气的消耗量，天然气的净热值，天然气排放因子，项目基准线下每年燃料消耗量，燃料净热值，燃料排放因子，锅炉输出的热量，锅炉的效率，燃煤排放因子，重油排放因子	成功注册
12	摩尔多瓦农村生物质供暖项目 No. 1	在农村地区的多个公共建筑中，安装新的供暖系统，并对建筑进行节能改造	使用老化的燃煤和天然气锅炉供热	AMS-Ⅱ.E. AMS-Ⅲ.B	投资障碍，技术障碍，其他障碍	17888t CO_2/a	燃煤消耗量，燃煤净热值，燃煤排放因子，天然气的消耗量，天然气净热值，天然气排放因子，秸秆消耗量，秸秆净热值，秸秆排放因子	成功注册
13	摩尔多瓦农村生物质供暖项目 No. 2	在农村地区的多个公共建筑中，安装新的供暖系统，对建筑进行节能改造	使用老化的燃煤和天然气锅炉供热	AMS-Ⅱ.E. AMS-Ⅲ.B	投资障碍，技术障碍，其他障碍	17888t CO_2/a	燃煤消耗量，燃煤净热值，燃煤排放因子，天然气的消耗，天然气净热值，天然气排放因子，秸秆消耗量，秸秆净热值，秸秆排放因子	成功注册

续表

序号	项目名称	项目描述	基准线	方法学	额外性	减排量	监测数据	项目进展
5. 空调系统改造和建筑节能								
14	印度西孟加拉邦的暖通空调技术改进项目	此项目的措施主要在暖气，空调，和通风系统。增加建筑的热阻，优化能源利用	现存设备下能源的使用和在此情况下建的新设备总共的能源产生的排放	AMS-Ⅱ.E.	投资障碍，普遍性障碍，其他障碍	8448tCO_2/a	项目活动下每年水冷机组消耗的电量、冷却塔和水泵机组消耗的电量，运行的小时数，柴油发电机发的总电量，来自东部地区电网的总电量	成功注册
6. 绿色照明								
15	印度维萨卡帕特南节能灯项目	在 700000 家庭中分配 450000～500000 节能灯 CFL，取代使用的白炽灯	使用白炽灯照明	AMS-Ⅱ.C	投资障碍	27427tCO_2/a	监测间隔 v 的开始日期。监测间隔 v 的结束日期。基准线开始调查的日期。基准线调查结束的日期。基准线下白炽灯的每天的运行时间。第一个监测计划结束时处理的报废的白炽灯。白炽灯 i 被节能灯 k 取代的日期。取代白炽灯 i 的节能灯 k 的功率。每个节能灯 k 的批号。抽查的家庭样本中通过有效的仪表在 d 天被分发的节能灯的运行时间。监测间隔 v 为 d 天提供有效数据仪表的数量。测期间 v 中交叉家庭交叉检查的日期。监测期间 v 交叉检查 CC 期间检查的节能灯的数量。交叉检查监测 v 期间被分配给交叉检查家庭的节能灯的数量。被取代前的白炽灯的额定功率	成功注册

续表

序号	项目名称	项目描述	基准线	方法学	额外性	减排量	监测数据	项目进展
6. 绿色照明								
16	印度 Yamunanagar & Sonipat 节能灯项目	在 Yamunanagar 和 Sonipat 地区分发 530000 个节能灯取代目前使用的白炽灯	用白炽灯照明	AMS-Ⅱ.C	投资障碍	40807tCO_2/a	采用抽查的方法：监测期的开始和结束日期，基准线调查期的开始日期，基准线调查期的结束日期，在所选基准线家庭的基准线调查期间在月份 q，通过有效测量仪器 r 测量的在 d 天白炽灯 i 的运行时间，在第一个监测期 v 结束时，家庭上交的报废的白炽灯的数量，在基准线调查期间为 d 天提供有效数据的监测仪器的数量，节能灯 k 取代的白炽灯 i 的日期，取代前白炽灯 i 的功率，取代白炽灯 i 的节能灯 k 的额定功率，每个节能灯 k 的生产批号，在抽样家庭中通过测量仪 m 测量的 d 天节能灯 k 的运行时间，在监测期 v 中为 d 天提供有效数据的监测仪器的数量，监测期 v 交叉检查家庭 c 的日期，监测期 v 交叉检查期间检查的节能灯的数量，监测期 v 交叉检查期间交叉检查家庭分发的节能灯的数量	已注册
17	印度 Pune 地区节能灯项目	在 Pune 农村地区分发 525000 个节能灯取代目前使用的白炽灯	用白炽灯照明	AMS-Ⅱ.C	投资障碍	29668tCO_2/a	监测期 v 的开始日期，监测期 v 的结束日期，基准线调查期的开始日期，基准线调查期的结束日期，在所选基准线家庭的基准线调查期间在月份 q，通过有效测量仪器 r 测量的在 d 天白炽灯 i 的运行时间，在第一个监测期 v 结束时，家庭上交的报废的白炽灯的数量，在基准线调查期间为 d 天提供有效数据的监测仪器的数量，节能灯 k 取代的白炽灯 i 的日期，取代前白炽灯 i 的功率，取代白炽灯 i 的节能灯 k 的额定功率，每个节能灯 k 的生产批号，在抽样家庭中通过测量仪 m 测量的 d 天节能灯 k 的运行时间，在监测期 v 中为 d 天提供有效数据的监测仪器的数量，监测期 v 交叉检查家庭 c 的日期，监测期 v 交叉检查期间检查的节能灯的数量，监测期 v 交叉检查期间交叉检查家庭分发的节能灯的数量	已注册

续表

6. 绿色照明

序号	项目名称	项目描述	基准线	方法学	额外性	减排量	监测数据	项目进展
18	印度北方邦瓦拉纳西区节能灯项目	在北方邦瓦拉纳西区，以一个和白炽灯同等价格出售节能灯，用节能灯代替白炽灯	用白炽灯照明	AMS-Ⅱ.J	投资障碍。	19589tCO_2/a	在项目活动下安装或分配的节能灯的数量；节能灯的故障率；白炽灯的额定功率。被节能灯取代的照明设备的平均日常运行时间。设备安装的地点的电网年间平均的年技术电网损失	公示阶段
19	印度奥利萨邦 Mayurbhanj 地区节能灯项目	在奥里萨邦北部供电公司，以一个和白炽灯同等价格出售节能灯，用节能灯代替白炽灯	用白炽灯照明	AMS-Ⅱ.J	投资障碍	18705tCO_2/a	在项目活动下安装或分配的节能灯的数量；节能灯的故障率；白炽灯的额定功率。被节能灯取代的照明设备的平均日常运行时间。设备安装的地点的电网年间平均的年技术电网损失	公示阶段
20	印度奥利萨邦 Ganjam 地区节能灯项目	在奥里萨邦南部供电公司，以一个和白炽灯同等价格出售节能灯，用节能灯代替白炽灯	用白炽灯照明	AMS-Ⅱ.J	投资障碍	11229 t CO_2/a	在项目活动下安装或分配的节能灯的数量；节能灯的故障率；白炽灯的额定功率。被节能灯取代的照明设备的平均日常运行时间。设备安装的地点的电网年间平均的年技术电网损失	公示阶段
21	印度奥利萨邦 Bargarh & Bargarh West 地区节能灯项目	在奥里萨邦西部供电公司，以一个和白炽灯同等价格出售节能灯，用节能灯代替白炽灯	用白炽灯照明	AMS-Ⅱ.J	投资障碍	12028tCO_2/a	在项目活动下安装或分配的节能灯的数量；节能灯的故障率；白炽灯的额定功率。被节能灯取代的照明设备的平均日常运行时间。设备安装的地点的电网年间平均的年技术电网损失	公示阶段
22	印度奥利萨邦 Bolangir & Titilagarh 地区节能灯项目	在奥里萨邦西部供电公司，以一个和白炽灯同等价格出售节能灯，用节能灯代替白炽灯	用白炽灯照明	AMS-Ⅱ.J	投资障碍	16370tCO_2/a	在项目活动下安装或分配的节能灯的数量；节能灯的故障率；白炽灯的额定功率。被节能灯取代的照明设备的平均日常运行时间。设备安装的地点的电网年间平均的年技术电网损失	公示阶段

续表

序号	项目名称	项目描述	基准线	方法学	额外性	减排量	监测数据	项目进展
6. 绿色照明								
23	印度奥利萨邦 Bhadrak 地区节能灯项目	在奥里萨邦北部供电公司，以一个和白炽灯同等价格出售节能灯，用节能灯代替白炽灯	用白炽灯照明	AMS-Ⅱ.J	投资障碍	$20188tCO_2/a$	在项目活动下安装或分配的节能灯的数量；节能灯的故障率；白炽灯的额定功率。被节能灯取代的照明设备的平均日常运行时间。设备安装的地点的电网年间平均的年技术电网损失	公示阶段
24	印度奥利萨邦 Bhanjanagar 地区节能灯项目	在奥里萨邦南部供电公司，以一个和白炽灯同等价格出售节能灯，用节能灯代替白炽灯	用白炽灯照明	AMS-Ⅱ.J	投资障碍	$17045tCO_2/a$	在项目活动下安装或分配的节能灯的数量；节能灯的故障率；白炽灯的额定功率。被节能灯取代的照明设备的平均日常运行时间。设备安装的地点的电网年间平均的年技术电网损失	公示阶段
7. 综合改造								
25	南非 Kuyasa 城市低成本住房节能改造	改善屋顶隔热性能、安装太阳能热水器和节能照明灯	使用化石燃料供热和白炽灯，没安装隔热顶棚	AMS-Ⅰ.C. AMS-Ⅱ.C AMS-Ⅲ.E	普遍性障碍，投资障碍，其他障碍	$6580tCO_2/a$	隔热顶棚，节能灯和太阳能热水器的数量。电网的排放因子	成功注册
26	韩国土地集团光伏发电技术和太阳能热水系统	为 3021281m^2 土地上居住的 12542 户居民引入太阳能光伏发电装置和太阳能热水系统	来自电网的排放	AMS-Ⅰ.C. AMSⅠ.D	投资障碍	$3568tCO_2/a$	取代电网的 CO_2 排放因子，运行边界排放因子，建设边界排放因子，在项目下供给电网的电量	成功注册

从案例项目中可以看出，在其中最具建筑节能特点，即建筑物的空调节能改造的只有一个，摩尔多瓦的 3 个项目也非常具有建筑节能的特点，可惜的是，这两类项目只有 4 个，其中 3 个还都是摩尔多瓦项目。这使我们不得不怀疑这类项目在 CDM 框架下的发展前景。项目最多的是节能灯替代白炽灯的项目，此类项目额外性突出，因此也较容易申请，但是对于建筑节能领域的 CDM 机制并无多大的研究意义。

案例项目一：Hotel Sonar Banglar

（1）年核准减排 CERs（t）：2987。

（2）核准年限：10 年。

（3）主要内容

该酒店是全球第一家注册成功的 CDM 项目的酒店，位于印度，2002 年开业，拥有客房 238 间。开业后通过第三方能耗审计，发现仍有节能空间，2004 年开始进行节能改造。主要改造的内容有在供应侧通过安装磁化器起到更充分的燃料雾化效果从而使燃油更充分地燃烧提高产能；回收锅炉余热用于锅炉供水余热，冷凝余热利用。在需求侧安装不同的变频驱动器，对现有热、通风、空调系统进行改造，通过安装 U 形传热管来减少预冷空气单元（PAU）中未保证的潮湿气体负载从而提高在 PAU 管道中热传递的效率并且降低冷机负载，泵节能改造，提高如污水处理（有机物）的效率，降低电力消耗，用太阳能热水装置代替电热。

（4）项目适用方法学

AMS-II. B 提高能效项目：供应侧能源效率提高——电力或者热力生产；

AMS-II. E. 提高能效项目：针对建筑的提高能效和燃料转换措施。

（5）项目效益

在社会效益上，该项目显著降低了电力消耗，使电力能够供应当地其他设施。由于电力供应紧张，因此该项目能够使电力更好地满足当地其他居民的用电需求，从而能在未来 10 年起到提高当地居民生活质量的作用。

在经济效益上，该项目的成功注册会鼓励其他的酒店进行节能改造投资，同样使更多的居民用电需求得到满足。

在环境效益上，该项目的实施减少了源自于由于人类活动引起的温室气体排放，并且直接和间接地减少了非可再生矿物燃料（比如柴油和煤）的使用，降低了由于提炼、加工和运输过程造成的污染。

在技术应用上，该项目的注册将鼓励类似酒店设施采用小型节能手段以达到节能减排的效果。

案例项目二：摩尔多瓦建筑节能和供热改造

（1）年核准减排 CERs（t）：11567。

（2）核准年限：10 年。

（3）主要内容

该项目是建立在世界银行摩尔多瓦能源二期项目提高供热能效部分的基础上，目前在摩尔多瓦共和国实施，项目对象为摩尔多瓦 27 座既有公共建筑，这些建筑供热系统老化严重，管网损失大，希望能够通过项目实施使得系统整体效率达到 90%，同时减少温室气体的排放量，具体内容主要包含两个方面：用清洁能源（如天然气等）替代现有化石燃料（煤炭和木材等）；对建筑物采取节能措施（如增加建筑外墙保温性能、更换门窗等）。

（4）项目使用方法学

AMS-II. E 提高能效项目：针对建筑的提高能效和燃料转换措施；

AMS-III. B 提高能效项目：针对化石燃料转换。

（5）项目效应

该项目有益于可持续发展，对公共建筑老化的供热系统实现优化升级和改造，并且项目实施后可以带来以下效应：通过提高能效措施减少能源消耗，减少能源费用，增加供热服务质量，减少温室气体和其他污染物的排放量。

案例项目三：南非 KUYAZA 居住地节能改造

（1）年核准减排 CERs（t）：6580。

（2）核准年限：7（可延续）。

（3）主要内容

该项目位于南非开普敦，该居住区共 2309 户家庭，以低收入家庭居多。项目内容：安装太阳能热水装置[节能 912kW/(户·年)]；改造隔热屋顶[节能 1494kW/(户·年)]；用节能灯取代白炽灯[节能 257kW/(户·年)]。

（4）项目使用方法学

AMS-Ⅰ.C. 可再生能源项目：用户使用的热能；

AMS-Ⅱ.C. 提高能效项目：针对特定技术的需求侧能源效率规则；

AMS-Ⅲ.E. 提高能效项目：针对建筑的提高能效和燃料转换措施。

（5）项目效应

终端能效的提高同时结合太阳能热水减少了可观的污染物排放以及能源消耗，缓解了能源紧张程度并且降低了每户支出。热性能的提高提升了室内舒适度。

8.2 CDM 方法学建筑适用分析

8.2.1 方法学的核心内容

1. 基准线

（1）基本原则

CDM 基准线是设定方法学的核心问题之一，是判断 CDM 项目是否具有额外性（在下文介绍）的重要依据之一，是判断 CDM 项目的减排效果的基础。CDM 项目基准线是指在没有该清洁发展机制项目的情况下，为了提供同样的服务，最可能建设的其他项目（即基准线项目）所带来的温室气体排放量，它是一种假设的情景。与基准线相比，清洁发展机制项目减少的温室气体排放量就是该项目的减排效益。CDM 项目活动基准线是合理地代表拟议项目活动时会出现的温室气体源认为排放量的情景，即在东道国内资源、财务、技术和法律法规政策条件下，可能出现的合理排放水平。

对于基准线方法的要求是：排放量的准确性和可靠性、低交易成本和可操作性，以便讲求效率、透明度和可追究的责任。

《马拉喀什协定》给出了三种基准线方法，项目开发者在确定一个项目的基准线时，应该根据项目的具体特点从其中选择最合适的一种，并且说明原因：

1）相关的现有实际减排量或历史排量。

2）在考虑投资障碍的情况下，一种有经济吸引力的主流技术所产生的排放。

3）在过去五年类似社会、经济、环境和技术状况下开展的、其性能在同一类别位居前 20%的类似项目活动的平均排放量。

CDM 项目基准线可以采用三种方法中最符合本项目的一个加以确定：

1）现有实际排放量或历史排放量，此种方法适用于节能改造、燃料替代和可再生能源并网发电项目。

2）在考虑了投资障碍的情况下，一种代表有经济吸引力的主流技术所产生的排放量，此种方法适用于新建项目。

3）过去 5 年在类似社会、经济、环境和技术状况下开展的、其效能在同一类别位居前 20%的类似项目活动的平均排放量，适用于基准线有较快的变化时。

基准线的基本分类：

1）项目级：项目基准线或多项目基准线，基准线的准确性较高，但交易成本较高。

2）技术级：代表某类技术的基准线，适用于一定的范围，交易成本较低。

3）部门级或国家级：部门众多，技术构成复杂，难以准确反映具体项目的基准线真实情况。

（2）建筑应用

在建筑节能项目中，如上述案例所示，一般出现几种情况：

1）天然气集中供热：一般选择的基准线为燃煤的集中或分散供热锅炉房。

2）节能灯项目：在节能灯项目中，一般基准线的选择即为用白炽灯照明。

3）可再生能源应用：可再生能源替代化石燃料项目，基准线的选择即为使用化石燃料、木材、燃烧动物粪便的等非可再生能源的历史排放量。对于建筑而言，基准线一般情况下即为在没有 CDM 项目时的电能、煤、燃气等能源的温室气体排放量。

2. 额外性

CDM 项目的额外性分析是 CDM 方法学中另一个十分重要的问题，通过项目的额外性分析指出 CDM 项目与基准线有哪些主要不同之处，而正是这些不同之处使之成为 CDM 项目。

额外性是指该清洁发展机制项目所带来的减排效益必须是额外的，即在没有该项目活动的情况下不会发生。如何评价一个项目是否具有额外性呢？就是对比基准线和清洁发展机制项目的排放，如果清洁发展机制项目的排放低于基准线水平，则该项目具有额外性。因此，额外性与基准线的确定具有非常密切的关系，可以说是对同一个问题的不同角度的说明。

一般而言，每一个方法学均有明确的额外性分析方法，绝大多数已批准的方法学都引用了“额外性论证和评估工具”。

对于小规模项目，已采用简化的额外性分析方法，只要论证存在投资障碍、技术障碍、常规做法障碍，其他障碍等四种中的任何一种障碍，则项目活动就具有额外性。

要证明一个项目的额外性，必须说明为什么该清洁发展机制项目所带来的温室气体减排效益在没有该项目的情况下不会发生，即存在什么样的障碍，使得该项目不能成为基准线项目。

根据执行理事会大会作出的决定，项目额外性的论证和评估由以下5个方面组成：

（1）识别其他可供选择的项目；

（2）投资分析，确定该提议的项目活动不是最具有经济或财政吸引力；

（3）障碍分析；

（4）常规实践分析；

（5）作为清洁发展机制项目活动注册的项目的影响。

在以上的案例中，额外性一般为投资性障碍，即实施提议的项目活动不是最具经济或财政吸引力的。在案例中，我们也可以看到一些普遍性障碍，例如在长江流域应用燃气锅炉进行供暖，由于气源限制很难施行，用燃煤锅炉由于环保要求也很难施行等。

3. 项目的边界和泄漏

为了定量计算清洁发展机制项目活动带来的净温室气体排放效益，必须设定合理的项目边界。项目边界设定的准确与否，将直接影响到基准线的确定、泄露以及数据采集的范围。对于建筑节能项目而言，项目边界可以设定为其物理/工程边界。

泄露是指审定项目边界之外的，可计量的和可归因于清洁发展机制项目活动的温室气体认为排放量的净变化。例如，用燃气锅炉替代燃煤锅炉，那么就应当注意燃煤锅炉是否仍被使用，如仍在某地使用则需要将泄漏从项目的减排量中减去。产生泄漏的可能性及其大小在一定程度上与项目边界的大小有关，项目边界越大，将所有可能影响因素考虑在内的几率就越大，因而泄漏产生的几率就越小。因此，减少泄漏的一个方法是设定一个可接受的较大的项目边界。

4. 监测方法学

《马拉喀什协定》规定，项目设计文件中应当包括监测计划。监测计划规定：

（1）收集和归档所有对计算或者测量项目边界内温室气体人为排放量所需要的相关数据；

（2）收集和归档所有对确定项目基准线所需要的相关数据；

（3）确定项目边界外数量可观和可合理归因于项目活动的所有温室气体人为排放量的增加，并收集和归档有关数据；

（4）收集和归档与项目环境影响评价有关的信息；

（5）监测工作的质量保证和控制程序；

（6）定期计算清洁发展机制项目活动温室气体减排量的步骤以及计算泄漏的步骤；

（7）上文所述计算涉及的一切步骤的文件记录。

监测是计算清洁发展机制项目本身排放的基础，也是计算项目减排量的必要步骤。对于建筑节能CDM项目，由于建筑用能类型较多，需要监测的数据较多，因此项目业主要科学制定监测计划，确保所需监测数据和文档的完整。

8.2.2 方法学举例

总结上文的建筑相关的CDM案例项目，涉及到了10个方法学，本书选取了4个较为适合建筑 CDM 项目的方法学做重点介绍，其余 6 个做简要介绍。

1. AMS-I. C. 用户利用可再生能源获得热能

该方法学适用于项目业主利用可再生能源替换化石燃料作为热能来源的项目。但规定项目的装机容量需小于 45MW。

（1）基准线

在没有该项目时，用于产生热的能源的消耗量。

（2）监测方法

需监测的参数包括：1）当基准线排放为能源消费量乘以排放因子时，那么监测系统中一定样本的能源消费量；2）当单个系统的排放量小于 5tCO_2/a 时，记录每年运行的系统数量和估算每个系统每年的平均工作时间；3）若为热电联产项目，则分别监测项目产生的热量和电量。

（3）方法学应用举例：印度 Bagepalli 地区太阳能热水器 CDM 项目

描述：该项目为社区和个人共装 25790 个太阳能热水器。屋顶适合安装的家庭安装了独立的太阳能热水器，住房不适合安装太阳能热水器的家庭直接连接到小区太阳能热水器。

基准线：当地大多数农村家庭都能用电，许多家庭都有电热器，用于洗澡、做饭和烧热水。在没有该 CDM 项目的情况下，这些家庭主要消化燃料化石能源的电网电力，产生温室气体排放。

额外性：太阳能热水系统在印度城市中的普及率很高，如今政府计划在乡村大力推广使用太阳能热水器。但供应商因为农村地区交易成本与维修成本很高，并且用户多不富裕，并不重视农村市场。

太阳能热水器不是最经济的选择，主要是由于太阳能热水器的价格偏高。而且在农村地区，太阳能热水器的服务和维修网络没有城市发达，安装和维修相对不是很容易，导致农村地区购买太阳能热水器的需求较弱。在没有该项目的条件下，农村地区的太阳能热水器应用会受到很大的限制，如果有该项目，协调机构会负责太阳能热水器的安装、维修、用户的培训，从而可以帮助克服技术障碍。

监测：使用热水器的数量和使用水量。

2. AMS-I. A. 用户利用可再生能源发电

（1）基准线

根据在没有实施该项目时使用的燃料或将要被使用的燃料的数量。

（2）监测方法

每年对所有发电机组或其中一个样本进行监测，确认处于正常运行状态。

（3）方法学应用举例：摩洛哥太阳能光伏项目

描述：该项目为 10 万摩洛哥农村用户安装了个人光伏发电机组和基本照明装置。每个光伏发电机组的平均容量为 757W，项目的总容量为 7.7MW。

基准线：安装光伏发电机组后，所获得的电量乘以最接近该地区电网的排放因子作为该地区基准线排放。

额外性：由于光伏发电机组的价格比较高，相对于未通电的地区的人们是一个较重的负担，所得 CER 可以很好地减轻一次性投资（计算显示可为用户减少 22%的总投资），从而可以促进该项目顺利地实施。

在该项目之前，该地区采用柴油发电技术发电。光伏发电作为一种新的技术，其运行维护、售后服务和可靠性均有待提高。有 CDM 项目的支持，会很大程度上改善这些方面的服务。

监测：连续记录已安装的光伏发电机组数量和运行中的发电机组数量。

3. AMS-Ⅱ.C. 需求方采用特定技术提高能效

（1）基准线

以替换前原有设备消耗的能量（平均功率与运行时间）作为基准线。

（2）监测方法

监测替代装置的运行时间和功率或者是能量消耗量。有两种监测方法备选：一是测量功率和使用时间（根据铭牌数据或者是根据测定样本的功率和运行时间记录安装照明灯具的功率，并监测样本的使用时间）；二是选取一定的样本量，监测其消耗的能源总量。对于上述两种监测方法，每年需要增加对一个样本之外的系统检查，确保除样本外的系统正常运行。

（3）方法学举例：Kuyasa 城市低成本住房节能改造

描述：该项目在南非 Kuyasa 地区，涉及房屋隔热、太阳能热水器和节能灯等三种对房屋进行节能改造的清洁技术的使用。项目也因此使用了三个方法学。其中节能灯替代白炽灯的项目，将每户家庭原来使用的两盏 60W 白炽灯，替换为 11W 和 16W 的节能灯，并依照方法学 AMS-Ⅱ.C. 完成项目开发。

基准线：白炽灯每天平均运行时间及年耗电量。

监测方法：通过销售记录监测节能灯在 Kuyasa 的销售数量；每季度检查 30 户家庭，记录运行中的节能灯数量。

该项目运用的其他方法学：1）AMS-Ⅱ.E. 计算房屋屋顶实施绝热改造后产生的减排量——基准线是没有绝热房顶的房屋用于室内加热耗热能所引起的排放；监测使用绝热屋顶后，加热一定体积的房屋到相同温度所需要的能源，两者之差即为减排量。2）AMS-Ⅰ.C. 计算安装太阳能热水器后所产生的减排量——基准线为电热水器加热等量热水耗电量所产生的排放。

4. AMS-Ⅱ.E. 建筑能效提高和燃料替换

（1）基准线

在没有该项目时，被替换设备或新增项目设施的能源使用情况。

（2）监测方法

如果是改建项目，监测需包括两部分：被替换设备的详细说明和计算使用新措施后节约的能源。如果是新建项目，监测需包括测量建筑物使用的能量和计算新建筑物的节能量。

（3）方法学应用举例：摩尔多瓦节能和温室气体减排项目

描述：该项目采用先进的锅炉替换原来的锅炉，将能效由 40%～60%提高到 80%～90%；改造原有老化的供热系统，加强了外部供热管道的绝热水平，降低了供热系统的能耗；并将锅炉从燃煤转变为燃烧天然气、生物质能。在建筑中采用能源保护措施，如将原有的门窗替换为绝热的窗户和门。项目设计 120 个公共建筑，遍布整个国家。项目共使用了 3 个方法学，AMS-Ⅱ.E. 是其中之一。

基准线：将项目中的建筑按能耗大小分为 75kW、150kW 和 262.5kW 三类，将燃料类型分为燃煤和天然气，相对应的 6 种情况构成了基准线情形。所需参数包括公共建筑的热需求量和消费量、燃料的消耗量、热量值和 CO_2 排放。

监测方法：需监测项目排放和基准线排放。对于项目排放，需要监测的数据有燃料的类型、燃料的使用量。

5. AMS-I. D. 利用可再生能源并网发电

用可再生能源发电机组供应电力来取代供配电系统中至少一种化石燃料燃烧发电机组产生的电力，如太阳能光伏发电、水力、潮汐/波浪能、风能、地热能和生物质能。热电联产系统不在此类别范围内。

（1）基准线

在垃圾填埋气，废气，废水处理及农产工业项目，回收甲烷排放量均有资格申请第三类别，如果回收的甲烷用于产热则有资格申请 AMS-Ⅰ.C.。对于所有发电机仅限于使用燃油和/或柴油燃料的系统，基准线是产生 1kWh 电所需要的可再生能源量乘以现代柴油发电机对应容量最佳荷载时的排放系数。

（2）泄漏

如果发电机组是由另一个项目转移过来的，或者现有设备被转移到另一个项目，则视为泄漏。

（3）监测方法

计量可再生能源利用技术产生的电力。监测只利用生物质能和利用生物质—化石燃料发电项目的生物质和化石燃料的投入量。

6. AMS-Ⅰ.E. 用户改变非可再生生物质热利用

指引入新型可再生能源终端技术的小型热利用取代非可再生生物质能的利用，这些终端用户技术包括沼气炉灶和太阳能炊具。

（1）基准线

基准情景为满足相同的热能需要的化石燃料量。

（2）泄漏

泄漏的潜在来源主要有：

1）使用非项目的可再生能源使用/转化而节约的非可再生能源。如果这种泄漏评估量化得到非项目活动中用户使用非可再生能源的增量，则被认为是泄漏量。

2）用作其他 CDM 项目基线，项目活动下非可再生能源的使用也是潜在的泄漏源。如果这种泄漏被评估量化了部分项目活动中用作其他 CDM 项目基线的非可再生能源量，则被认为是泄漏量。

3）增加项目边界外非可再生能源使用量来确定非可再生能源基线也是潜在泄漏源。如果这种泄漏被评估量化为项目边界外非可再生能源的增量，则被认为是泄漏量。

（3）监测方法

监测应包括对所有设备或具有代表性的样本进行年度检查，以确保正常运转。

7. AMS-Ⅱ.J. 需求侧高效照明技术

指电能的高效利用，主要手段是通过在住宅建筑中使用紧凑型荧光灯（节能灯）取代白炽灯。这项取代既有设备的高效技术必须是新设备，而不是从另一个项目转移过来。

监测主要包括：

1）事前基线调查；

2）灯具相关数据记录；

3）事后监测调查。

8. AMS-Ⅲ.B. 转换化石燃料

这一类别包括工业、住宅、商业、政府机关或发电厂的化石燃料的转换（如现有发电厂的燃料油燃油转换为天然气，或燃油锅炉被燃气锅炉取代）。

（1）基准线

基准线是当前设备的排放量，表示为单位输出的排放量。

（2）监测方法

监测内容应包括：监测化石燃料使用量和项目实施后的输出量，例如燃气使用和区域供热热输出，燃气使用和发电。

9. AMS-Ⅲ.G. 垃圾填埋场甲烷回收

（1）项目简要介绍

这一类别包括记录捕获的甲烷，其来自垃圾填埋场（如固体废弃物处理场）处理的残余物，包括市政，工业和其他含有有机物降解的固体废物的人类活动。

（2）基准线

基准线情景就是，在该项目活动的情况下，生物质能和其他有机物腐烂在项目边界内进行厌氧处理且将甲烷排放到大气中。基准排放量应排除甲烷排放量，以符合国家或当地安全规定或法律规定。

（3）泄漏

如果甲烷回收技术是从其他活动转移的设备或现有设备转移到另一个活动时，应考虑泄漏。

（4）监测方法

项目活动每年实现的减排量将通过直接测量充分燃烧的沼气总量进行评估分析。回收并充分利用的沼气总量将通过连续流量计进行监测。垃圾填满燃气中的沼气部分应通过连续分析，或交替定期测量确保在95%置信水平。垃圾填满气体的压力和温度用来测定甲烷的浓度。

10. AMS-Ⅲ.R. 家庭/小型农场中农业活动的甲烷回收

（1）项目简要介绍

这一类别主要指回收粪便和农业活动废物厌氧腐蚀产生的排放到大气中的甲烷。以下方法可防止甲烷排放：

1）在现有的甲烷排放源安装甲烷回收和燃烧系统；

2）改变的生物废料或原料的管理方法，以达到控制配有甲烷回收和燃烧系统厌氧消化。

（2）基准线

基准线情景就是，在该项目活动的情况下，生物质能和其他有机物腐烂在项目边界内进行厌氧处理且将甲烷排放到大气中。

（3）监测方法

监测应包括：

1）通过调查记录每年运行系统的数量；

2）通过调查方法估算一个系统平均年运作时间；

3）调查方法用来确定动物的年平均数量，农场产生的废物总数/动物粪肥输入该系统，例如沼气池（粪便直接输入到与系统的容量一致的沼气池）；

4）污泥的适当应用（而非导致甲烷排放）在抽样的基础上被核实。

8.3　中国开发的与建筑节能有关的部分 CDM 项目

8.3.1　南京某水源热泵集中供热项目

8.3.1.1　项目描述

该拟建项目位于长江流域，规划建设的产业园区内建筑采用了高效的围护结构节能技术，利用江水源热泵空调系统对整个园区进行集中供冷、供热，夏季利用地表水制冷，冬季直接吸取地表水中的热能为园区供热。通过区域供冷、供热系统的建设和运营，降低园区夏季电力和冬季天然气供应压力，减少园区空调制冷机房和锅炉房数量，从而降低园区空调所需的能源消耗和相应污染物排放，达到高效、节能、环保的目的。

水源热泵机组以水为载体，冬季采集来自江水的低品位热能，借助热泵系统，通过消耗部分电能，将所取得的能量供给室内取暖；在夏季把室内的热量取出，释放到水中，以达到夏季空调的目的。

江水源热泵的工作原理如图 8-1 所示。该项目的江水经引水渠引入沉淀池，经过过滤、沉淀等处理后，通过水泵直接送入热泵机组的蒸发器或冷凝器进行换热，热泵机组制取冷冻水或热水后送往各个建筑。

该项目第一期建筑面积 85.41 万 m^2，建一个能源站，空调冷负荷装机容量为 65.6MW，热负荷装机容量为 39.3MW。表 8-4 为能源站机组设备表，表 8-5 为系统能效计算表。项目节省的电力将取代从电网购买相同的电力，从而避免应用化石燃料发电而排放 CO_2。

8.3.1.2　项目基准线方法学描述

该项目活动归类为第 1 部分，部门范围为能源工业（可再生能源）。应用经批准的小项目基准线方法学监测方法学 AMS－I.C.（第 13 版）“为电力或非电力用户提供热能”。根据 AMS-Ⅰ.C. 的要求，利用“电力系统排放因子计算工具”（第 1 版）计算华东电网的排放因子。

因为该项目为新建园区，项目活动包括项目边界内的所有设备。项目边界的空间范围包括取水系统，水源热泵空调系统，输配管网系统，终端用户系统以及与华东电网物理连接的电厂。该项目活动的基准线情形是在现场建设风冷热泵中央空调系统。

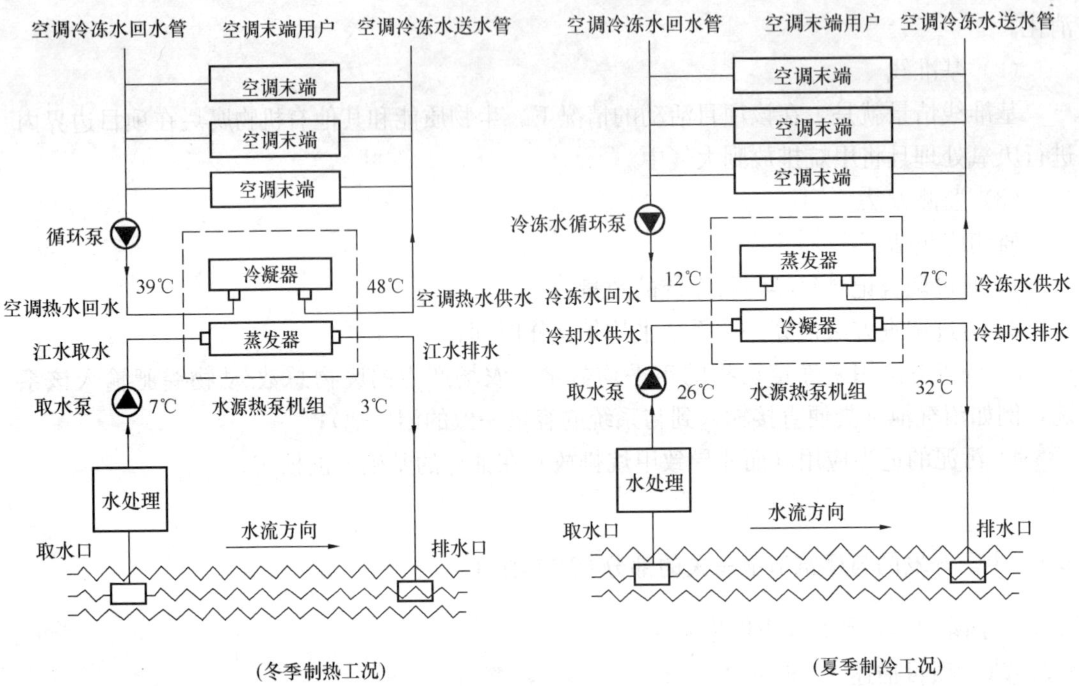

图 8-1 水源热泵系统原理图

能源站机组设备表 **表 8-4**

名称	型号	数量	工况	制热/冷量(kW)	输入功率(kW)	*COP*	蒸发器污垢系数 0.086 铜螺纹管 流量(L/s)	蒸发器污垢系数 0.086 铜螺纹管 进/出温度(℃)	冷凝器污垢系数 0.086 铜螺纹管 流量(L/s)	冷凝器污垢系数 0.086 铜螺纹管 进/出温度(℃)
离心式热泵机组	CYK287 3	3+1	制热	10100	2240	4.52	608.0	4/7	270.0	41/50
			制冷	9000	1600	5.65	270.0	12.5/4.5	320.0	29/37
螺杆式热泵机组	YSD640	1+1	制热	2250	560	4.02	127.0	4/7	60.7	41/50
			制冷	2032	388	5.23	60.7	12.5/4.5	75.4	29/37
离心双工况冷水机组	CYK2500	1+1	制冷	8792	1616	5.44	410.0	12.5/4.5	310.4	29/37
			制冰	5626	1635	3.44	410.0	−3/−6.5	310.4	29/34.7
离心式冷水机组	YK1000	1+1.	制冷	3516	660	5.32	105.0	12.5/4.5	127.0	29/37

系统的能耗可分为主机、输配系统、管网损耗三部分。当系统满负荷运行时，系统能效计算如表 8-5 所示。

8.3.1.3 项目减排量计算

1. 计算冬季采暖温室气体减排量

该项目的减排主要是由于减少了用于产热的电力的使用。项目节省的电力将取代从电网购买相同的电力，从而避免应用化石燃料发电而排放 CO_2。基准线排放是指使用基准线情景——风冷热泵机组消耗的电量产生的排放量，项目排放是指水源热泵机组消耗的电量产生的排放量。根据方法学 AMS-Ⅰ.C.（第 13 版），项目减排量＝基准线排放量－项目排放量－泄漏。

系统能效计算表　　**表 8-5**

夏季				
系统输入功率（kW）		系统制冷量（kW）		系统能效比
热泵机组	11728	机组制冷量	64680	
冷却水泵	1020	输配系统损耗	2587	
输送水泵	2470			
合计	15218	实际供冷量	62093	4.08
冬季				
系统输入功率（kW）		系统制热量（kW）		系统能效比
热泵机组	8960	机组制热量	40400	
冷却水泵	960	输配系统损耗	1212	
输送水泵	1181			
合计	11101	实际供热量	39188	3.53

（1）基准线排放量

拟议项目基准线排放量为风冷热泵机组消耗的电量产生的排放量，按照下面公式进行计算。

$$BE_y = EC_{B,y} \times EF_{grid,y} \qquad (8\text{-}1)$$

式中　BE_y——y 年份基准线情景的 CO_2 排放量，tCO_2；

$EC_{B,y}$——y 年份基准线情景的耗电量，MWh；

$EF_{grid,y}$——华东电网在 y 年份的 CO_2 排放因子，tCO_2/MWh。

y 年份基准线情景的耗电量计算公式如下：

$$EC_{b,y} = (1+9) \times Q_y \times D_{heat} \times 24/COP_b/1000 \qquad (8\text{-}2)$$

式中　$EC_{b,y}$——y 年冬季供热基准线情景的耗电量，MWh；

Q_y——y 年冬季拟议项目最不利状态下（天气最冷）供热负荷，kW；

D_{heat}——供暖天数；

COP_b——冬季供热风冷热泵的能效比。

中国发展和改革委员会气候变化对策协调小组办公室研究确定电网的基准线排放因子如表 8-6 所示。

中国华东区域电网基准线排放因子　　**表 8-6**

	EF_{OM}（tCO_2/MWh）	EF_{BM}（tCO_2/MWh）
华东区域电网	0.9540	0.8154

计算华东电网排放因子 EF_{grid}，即电量边际排放因子和容量边际排放因子的加权平均：

$$EF_{grid} = 0.5 \times 0.9540 + 0.5 \times 0.8154 = 0.8847 tCO_2e/MWh$$

经过计算，作为基准线情景，风冷热泵冬季采暖期 3 个月耗电量为 17216.1MWh，又由 EF_{grid} =0.8847tCO_2e/MWh 得出基准线情景的 CO_2 排放量 BE_y =17216.1×0.8847=15231.1tCO_2e。

（2）项目活动排放量

由于项目活动利用地球表面浅层水热资源，无燃烧和排烟，也就无温室气体被排放，因此项目活动排放量主要产生于热泵的耗电过程。对于电能产生的 CO_2 排放（PE_y）来说，其排放量为消耗的电量乘以适当的电网排放因子，计算公式如下：

$$PE_y = EC_{P,y} \times EF_{grid,y} \tag{8-3}$$

式中 PE_y —— y 年份项目活动的 CO_2 排放量，tCO_2；

$EC_{P,y}$ —— y 年份项目活动耗电量，MWh；

$EF_{grid,y}$ —— 华东电网在 y 年份的 CO_2 排放因子，tCO_2e/MWh。

y 年份项目活动的 CO_2 排放量计算公式如下：

$$EC_{p,y} = Q_y \times D_{heat} \times 24/COP_b/1000 \tag{8-4}$$

经过计算，作为 CDM 项目，江水源热泵冬季采暖期 3 个月耗电量为 9843.66MWh，又由 $EF_{grid}=0.8847tCO_2e/MWh$。可以求出基准线情景的 CO_2 排放量 BE_y 的数值。

（3）泄漏量

由于拟议项目为新建项目，来自于水热源和热泵无能量泄露，可不予以考虑，该项目泄漏量为零。即：

$$L_y = 0 \tag{8-5}$$

（4）减排量

项目减排量根据下面公式计算得出：

$$ER_y = BE_y - PE_y - L_y \tag{8-6}$$

式中 ER_y —— y 年份项目减排量，tCO_2e；

BE_y —— y 年份基准线排放量，tCO_2e；

PE_y —— y 年份项目活动排放量，tCO_2e；

L_y —— y 年份的泄漏量。

计算得出，第 y 温室气体减排量为：

$$ER_y = BE_y - PE_y - L_y$$

求得 10 年固定计入期内减排量为 65，224 t CO_2e。

2. 计算全年温室气体减排量

以上计算的只是冬季采暖期内的温室气体减排量，如果算入夏季 4 个月供冷期，计算温室气体减排量过程如下：

（1）基准线排放量

根据式（8-1）和式（8-2），作为基准线情景，风冷热泵夏季供冷期 4 个月和冬季采暖期 3 个月总共耗电量为 42918.4MWh，又由 $EF_{grid}=0.8847tCO_2e/MWh$，得出基准线情景的 CO_2 排放量 $BE_y=42918.4\times0.8847=37969.9tCO_2e$。

（2）项目排放量

根据式（8-3）和式（8-4），作为 CDM 项目，江水源热泵夏季供冷期 4 个月和冬季采暖期 3 个月总共耗电量为 27181.9MWh，又由 $EF_{grid}=0.8847tCO_2e/MWh$，得出基准线情景的 CO_2 排放量 $BE_y=27181.9\times0.8847=24047.9tCO_2e$。

（3）泄漏量 $L_y=0$

（4）减排量

根据式（8-6）计算得出，第 y 年温室气体减排量为：

$$ER_y = BE_y - PE_y - L_y = 37969.9 - 24047.9 - 0 = 13922\text{tCO}_2\text{e}。$$

在 10 年固定计入期内减排量为 139220tCO$_2$e。

8.3.1.4 项目的额外性分析

1. 投资障碍

该项目用基准分析法中的内部收益率判断项目是否有经济上的吸引力，根据“新建设项目的经济分析方法和参数”（见表 8-7），建筑行业投资项目的 FIRR 为 8%。

江水源热泵项目中用于经济分析的主要参数 **表 8-7**

参　数	单　位	数　值
总投资额	1000000 元	172.0
热负荷装机容量	MW	43
项目的寿命	年	20
项目的内部收益率（IRR）	%	7.5

在没有 CER 的收入时，项目的 FIRR 只有 7.5%，明显低于基准线 8%，证明此项目没有经济吸引力。如果没有 CER 的收入，该项目是没有吸引力的，项目的业主不会投资水源热泵设备。这表明该项目具有额外性。

2. 技术障碍

利用江水源供热在该地区是一个新生事物，由于江水的温度有变化，所以必须要专家设计特殊技术的江水源热泵。水源热泵技术需要大量的初投资，同样规模的供热规模，水源热泵的初投资为 172 百万元人民币，而风冷热泵只需要 83.7 百万元人民币①。水源热泵在技术上也存在障碍，压缩机、压缩机电机、微电脑控制器等主要的设备要从美国进口。因为采用国外的先进技术和设备，需要经过专门训练的技术人员且操作和维护成本很高，水源热泵的操作和维护人员不仅要求数量多还要求其技术含量高。所以该项目必须花几个月的时间集中培训项目负责人、工程师、操作工、维修人员和电工。另外，由于长江水源的温差有波动，所以要求水源热泵的性能要高于地下水源热泵。

3. 普遍性障碍

据 2005 中国的统计，用于供热的能源消费比例为：煤炭占 91.39%，重油占 4.11%，天然气占 3.94%，生物质能占 0.55%，而地热采暖占的比重微乎其微，是忽略不计的那部分②。

目前，太阳能、地热、风能等清洁可再生能源在中国的建筑业中利用率较低。近几年来，在政府的支持下，虽然一些省份和地区建立了包括地源热泵项目在内的可再生清洁能源示范项目，但这些项目所占的比例仍然很小。在长江流域，至今没有投产的水源热泵项目，因此，水源热泵采暖项目在我国目前仍属于不具备普及性的项目。

① 南京某产业园江水源热泵区域供冷供热可行性研究报告。

② IEA 2005. Electricity/Heat in China People Republic of in 2005. http://www.iea.org/Textbase/stats/electricitydata.asp? COUNTRY CODE=CN。

8.3.1.5 项目的监测数据

（1）水源热泵的净供热量（TJ/年）；

（2）水源热泵供热时自身的耗电量（MWh/年）。

8.3.2 山东烟台供热锅炉节能改造项目

8.3.2.1 项目描述

该项目活动包括开展能源优化诊断和在中国山东省烟台市的建筑物和工业设施中安装自动化控制技术。诊断工具和控制技术，锅炉运行支援系统（BOSS）和自动燃烧控制系统相结合将提高中小规模的燃煤锅炉的运行效率。该项目侧重于小型和中型的工业锅炉（每小时产生 6～40t 蒸汽当量的锅炉），这些锅炉产生的蒸汽用于工厂的工业加工，产生的热水主要用于建筑物的采暖。这些小锅炉在烟台市应用普遍，但是效率不高。锅炉运行支持系统和自动燃烧控制系统在 6 个设施中的 10 台锅炉中实施（见表 8-8），所带来的温室气体总排放的减排量属于一个小规模的 CDM 项目。增加的效率会降低锅炉的燃煤量，减少二氧化碳和其他污染物的排放，改善烟台市的空气质量。日本的 Idemitsu 公司将提供先期资金用来安装锅炉运行支持系统和自动燃烧控制系统，并将支持锅炉用户系统的运行操作，如图 8-2 和图 8-3 所示。所提议的项目在 10 个锅炉用户的实施带来的年度总排放量的减少约为 5566t 二氧化碳当量。随着二氧化碳的减少，该项目将通过减少煤炭燃烧所产生的污染物，如二氧化硫、氮氧化物、一氧化碳和烟尘等的排放来促进可持续发展。空气质量的改善将有助于减少烟雾，酸雨，和健康问题像哮喘和先天缺陷的疾病。

项目中 10 台旧锅炉的信息 **表 8-8**

锅炉类型	安装年份	用途
SZL10-1.25/A2	2000	蒸汽
SZL 6-1.25 /A2	2003	蒸汽
SZL 6-1.25/A2	2003	蒸汽
1. 20SHL20-25/400 /A2	1986	蒸汽
2. SHL20-25/400/A2	1986	蒸汽
3. SHL20-25/400/A2	1999	蒸汽
SZL 10-1.25/A2	2002	热水
SZL14-1.0/115/70-A2	2005	蒸汽
1. SZL 10-1.25/A2	2001	蒸汽
2. SZL 6-1.25/A2	2001	蒸汽

8.3.2.2 项目基准线方法学描述

该项目应用经批准的小项目基准线方法学监测方法学 II. D ver8 和Ⅱ. E ver8，考虑到设施或建筑物中更全面的节约能源的措施，包括该项目所提出的能源管理办法的改善。烟台项目的目标是建筑和工业设施，是作为一个“捆绑”提出的小规模项目。按照附录 B 小型清洁发展机制项目活动的简化模式和程序，这一项目总节能量将最大不超过每年 60 GWh，燃料投入方面每年最大节省量不超过 180 GWh。来自拟建项目 10 台锅炉的年总排放物的减少量约为 5731 万 t 二氧化碳当量，计入期为 10 年。基准线能耗为每个原有锅炉装置每单位蒸汽或者热水产量的能源消耗（煤耗）。

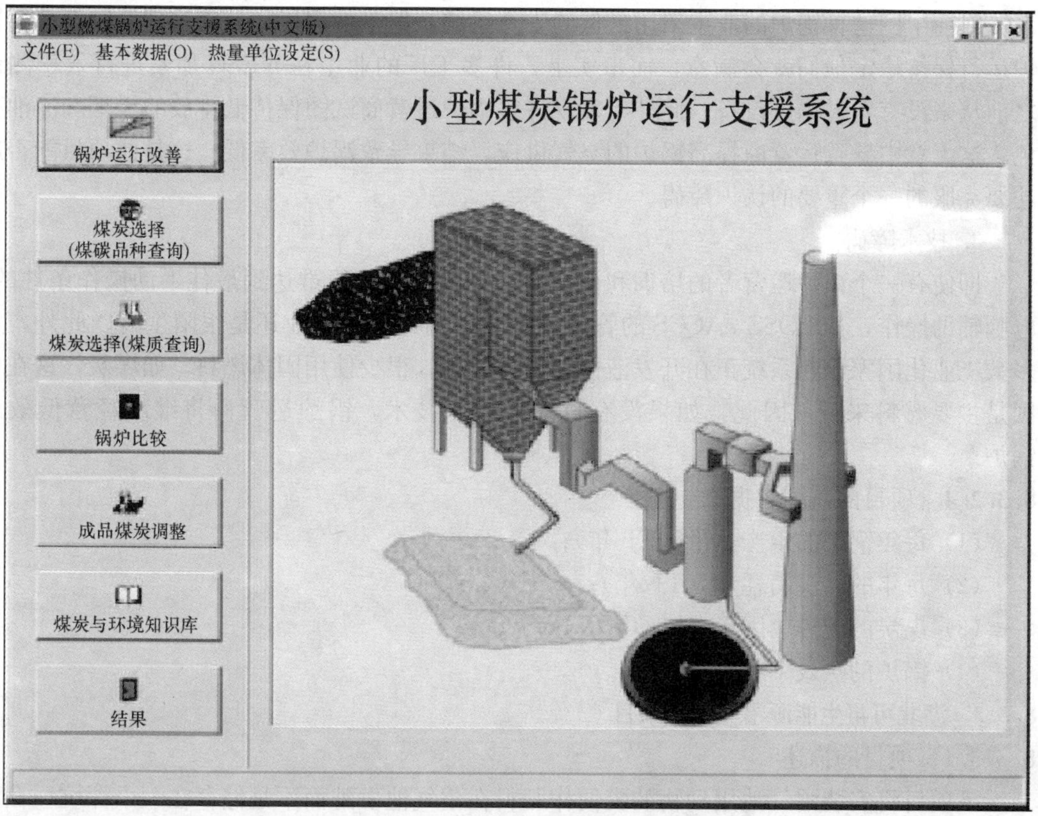

图 8-2 燃煤锅炉运行支援系统

基准排放量＝热需求(项目)/锅炉效率(基准)×二氧化碳排放因子(项目)

8.3.2.3 项目的额外性分析

1. 信息障碍

在中国大多数的小企业主不连续监测这种类型锅炉的实际运行效率。测量能源效率要求提供安装和维修的压力仪表、温度计、氧传感器和体积流量计，对这些锅炉来说和通常不一样。因此，业主不知道实际运行效率比额定效率将近低 5%～10%。发展资金和小企业发展性质的缺乏也导致了对分析和提高锅炉效率的方案的兴趣的缺乏。这个 BOSS /ACCS 系统将会更好地指导业主选择最佳煤炭类型，理解性能监控程序和锅炉经营者实际运行的锅炉效率。

2. 现行办法的障碍

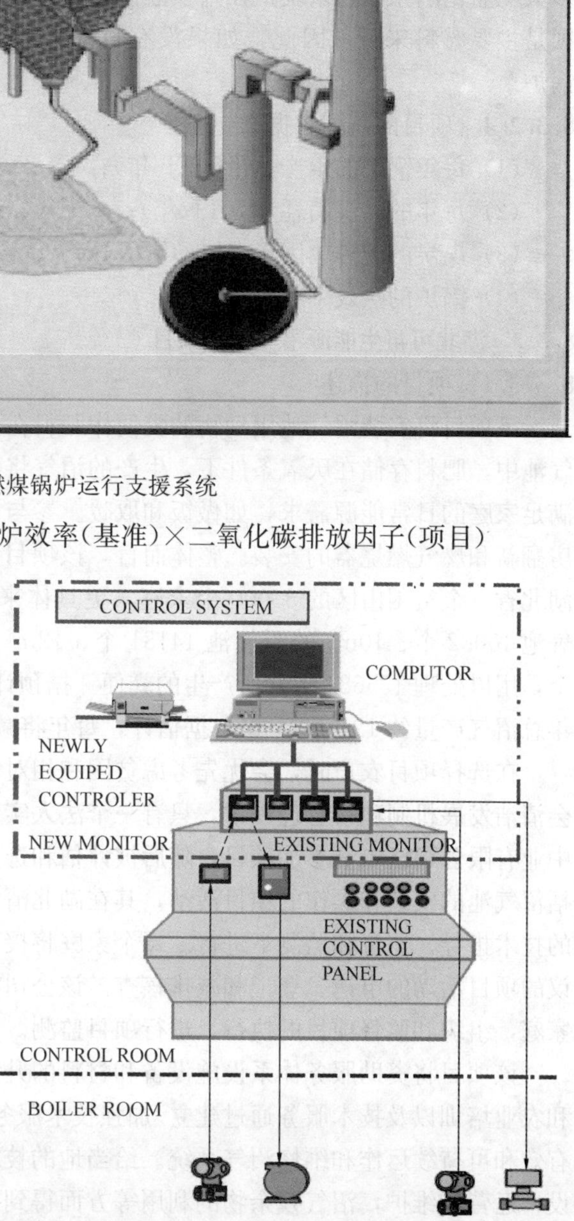

图 8-3 自动燃烧控制系统

目前中国这种锅炉的业主采用最低的安全系统，但不使用任何效率管理系统。只要锅炉运行保持稳定他们就会满意，而事实上，许多工厂的业主在 YESC 加紧进行效率测试之前从来没有看过锅炉设备。此外，发现许多锅炉运营商试图保持低排放的黑烟和渣油颜色。这无意中导致运营商提高锅炉的空气供应，结果导致锅炉效率低。这是此项目能否成功要克服的一个重要的认识障碍。

3. 技术障碍

即使有一个锅炉运营者的培训和认可的官方系统也是很难达到最佳手动操作条件的。电脑辅助操作，如 BOSS /ACCS 的管理系统对中国许多小企业还是很陌生的。此外，大多数工业化国家诊断系统正在开发液体和气体燃料，很少使用固体燃料，如煤炭，这在中国是主要燃料来源。因此，如果没有自动化控制技术，锅炉运营商将继续经营低效的锅炉。

8.3.2.4 项目的监测数据

（1）每年锅炉的生产热量（TJ/年）；

（2）每年的煤炭消耗量（TJ/年）；

（3）煤炭的碳排放因子（$kgCO_2$/TJ）；

（4）锅炉的热效率（%）。

8.3.3 湖北可再生能源沼气供热项目

8.3.3.1 项目的描述

该项目将安装沼气池用动物的粪便作肥料在沼气池发酵而不是储存在一个深坑，在沼气池中，肥料存储在厌氧条件下，生产的沼气将作为热能源来取代化石燃料（煤炭）用来满足家庭的日常能源需求，如做饭和取暖。参与该项目的每个家庭都要进行厕所改造，厨房翻新和燃气燃烧器的安装。整体而言，该项目计划安装“三个大的沼气池”，用于中国湖北省一个贫困山区的 33000 个家庭。更具体来说，该项目计划安装具有 $8m^3$ 规模的沼气池 10082 个、$10m^3$ 的沼气池 14181 个、$12m^3$ 的沼气池 4167 个、$15m^3$ 的沼气池 4570 个，用以处理 155684 头猪所产生的粪便。据预计，安装将于 2008 年 9 月底完成。预计每年总沼气产量约 12170 万 m^3。据估计，每年将减少排放 58444t 二氧化碳当量。

在选择项目农户时，会优先考虑贫困和相对贫困家庭。根据中国国家发展和改革委员会清洁发展机制项目管理规章，只有一个法人实体可以申请清洁发展机制项目。湖北清江中业有限公司已申请参加项目，随后被评估和选为项目业主。33000 个单独家庭将进行包括沼气池的安装和操作的项目活动，其在湖北清江中业公司与当地政府农村能源机构提供的技术指导、监督和监测下进行。每个家庭将授权湖北清江中业有限公司完成代表他们提议的项目活动的申请、登记和减排核查。该公司将密切与当地政府合作，提供技术服务到家庭，组织和监督项目的执行，进行项目监测。

该项目将资助服务体系设施设备和材料的升级，用于操作和维修农村沼气池的技术员和农业培训以及技术服务通过建立/加强技术服务网/站，这将提供基层服务给农民，确保有效和可持续运作和维修沼气系统。给当地的技术人员和农民提供培训，使其在沼气池建设，运营和维护，沼气残余物的利用等方面得到指导。

该项目活动将碳排放额度销售收入的很大一部分用于偿还农户的贷款、沼气池维修和生活的需要。该项目实体还将利用碳收入，支配湖北清江中业有限公司提供给农民的项目运营成本和技术服务，加强社区级的沼气服务站，以用于在农村项目中提供技术服务和农民培训；以及资助工程承包项目的管理和监督通过恩施自治州和项目县能源局成立的项目管理处升级。

项目的地理位置及沼气池的分布：项目活动将在 8 个县进行，包括恩施、利川、建始、巴东、宣恩、咸丰、来凤和鹤峰，这些县全部位于湖北省西南部贫困山区。

8.3.3.2　项目的基准线方法学描述

该项目适用于小规模方法学 AMS-Ⅰ.C. 和 AMS-Ⅲ.R.。AMS-Ⅰ.C. 为热源用于有或没有电力用户；AMS-Ⅲ.R. 为在农业活动的家庭/小农场的甲烷回收。回收废物的甲烷和粪肥销毁，防止厌氧腐烂的甲烷排放到大气中。甲烷排放的预防措施：安装甲烷回收和燃烧系统，或改变的生物废料或原料的管理方法，以达到控制厌氧消化，配备甲烷回收和燃烧系统。甲烷的回收系统其每年减少排放量小于或等于 5t 二氧化碳当量，每个系统都包括在里面。

该项目活动还具备的条件：污泥必须进行好氧处理。在污泥埋到土壤时，要确保没有甲烷的排放。应采用措施（如燃烧或用沼气做饭），保证在甲烷的回收装置报废之前，要将所有的甲烷收集干净。所有系统的年度减排总量应小于或等于 60 千吨二氧化碳当量。

该项目适用于 10 年固定计入期，10 年的减排量为 584440t 二氧化碳当量。

8.3.3.3　项目的额外性分析

1. 投资障碍

根据项目设计，3.3 万个沼气池将安装在项目区的单独家庭中。项目总投资成本，包括沼气池安装，操作和维修费用，是 16.99 百万美元。

投资障碍分析报告也显示，大多数农村家庭（超过 86%），尤其是中低收入户在地方商业银行、农村信用社和其他金融机构获得融资是很困难的。此外，目前，地方财政部门没有适合“非生产”的投资贷款。

2. 技术障碍

该项目是在乡村偏远地区，项目所在地区的农民缺乏大范围随时得到改进技术和管理方法的信息。现有的沼气池系统的很大一部分不能正常工作或不能正常运行，原因是沼气池性能不稳定，沼气的生产就不稳定。沼气池的维护和管理需要充分的技术服务和培训工作人员。

3. 普遍性障碍

对于个别农民，深基坑的方法是目前最有吸引力的选项粪便处理得方法，因为它只需要非常有限的投资和劳动投入。传统的烹饪燃料由煤，木柴提供，燃料炉成本只是沼气池的 1/10。

4. 其他障碍

包括缺乏认识改变传统的耕作和生活习惯和有限的信息交流，这阻碍了家庭吸收新技术，接受新的创新。

8.3.3.4　项目的监测数据

（1）安装沼气池的农户数量。建立一个数据库，包含每户农户的信息，如姓名、地址、安装日期、使用日期等。

(2) 每个沼气池的年工作小时数。

(3) 抽查个别农户拥有的猪数量。

(4) 个别农户每天干粪便的产生量。根据 IPCC 默认值，取值 0.3 公斤干物质/动物/天。

(5) 污泥的产量。

9 建筑节能 CDM 项目技术分析

前已述及，我国建筑不仅耗能高，而且能源利用效率很低，单位建筑能耗比同等气候条件下发达国家高出 2～3 倍。仅以建筑采暖为例，北京市在执行建筑节能设计标准前，一个采暖期的平均能耗为 30.1W/m^2，执行节能标准后，一个采暖期的平均能耗为 20.6 W/m^2，而相同气候条件下的瑞典、丹麦、芬兰等国家一个采暖期的平均能耗仅为 11 W/m^2。因建筑能耗高，仅北方采暖地区每年就多耗标准煤 1800 万 t，直接经济损失达 70 亿元。我国现阶段大力推进建筑节能处在关键时机。2001 年，世界银行在《中国促进建筑节能的契机》的报告中提出，从 2000～2015 年是中国民用建筑发展鼎盛期的中后期，预测到 2015 年民用建筑保有量的一半是 2000 年以后新建的。另据住房和城乡建设部科技司的分析，到 2020 年底，全国新增的 300 亿 m^2 房屋建筑面积中，城市新增 130 亿 m^2。如果这些建筑全部在现有基础上实现 50％的节能，则每年大约可节省 1.6 亿 t 标准煤。

在 400 多亿 m^2 的既有建筑中，城市建筑总面积约为 138 亿 m^2 左右，普遍存在着围护结构保温隔热性和气密性差供热空调系统效率低下等问题，节能潜力巨大。以占我国城市建筑总面积约 60％的住宅建筑为例，采暖地区城镇住宅面积约有 40 亿 m^2，2000 年的采暖季平均能耗约为 85kg 标准煤/m^2，如果在现有基础上实现 50％的节能，则每年大约可节省 0.5 亿 t 标准煤。空调是住宅能耗的另一个重要方面，我国住宅空调总量年增加约 1100 万台，空调电耗在建筑能耗中所占的比例迅速上升。根据预测，今后 10 年我国城镇建成并投入使用的民用建筑至少为每年 8 亿 m^2，如果全部安装空调或采暖设备，则 10 年增加的用电设备负荷将超过 1 亿 kW，约为我国 2000 年发电能力的 1/3。如果我国大部分新建建筑按节能标准建造并对既有建筑进行节能改造，则可使空调负荷降低 40％～70％，有些地区甚至不装空调也可保证夏季基本处于舒适范围。

公共建筑节能潜力也很大。目前全国公共建筑面积大约为 45 亿 m^2 左右，其中采用中央空调的大型商厦、办公楼、宾馆为 5 亿～6 亿 m^2。如果按节能 50％ 的标准进行改造，总的节能潜力约为 1.35 亿 t 标准煤。如果从现在起对新建建筑全面执行建筑节能设计标准，并对既有建筑有步骤地推行节能改造，则到 2020 年，我国建筑能耗可减少 3.5 亿 t 标准煤，空调高峰负荷可减少约 8000 万 kW（约相当于 4.5 个三峡电站的满负荷出力，减少电力投资 6000 亿元）。如果要求 2020 年建筑能耗达到发达国家 20 世纪末的水平，则节能效果将更为巨大。

与此同时，建筑节能不能以牺牲人的舒适和健康作为代价，否则便失去了建筑节能的意义。因此，建筑节能是贯彻可持续发展战略、实现国家节能规划目标、减排温室气体的重要措施，也符合全球发展的趋势。其解决途径主要有三方面，一是利用可再生能源，包括太阳能、热泵、生物质能等；二是减少建筑物内部能源能耗；三是提高能源系统的效率，从而降低低端能源使用量。

9.1　可再生能源技术

9.1.1　太阳能在建筑中的应用

我国国土面积广大，有着十分丰富的太阳能资源。据估算，我国陆地表面积每年接收的太阳辐射能约为 50×1015 MJ，全国各地太阳年辐射总量达 3349～8374 MJ/（m²·a），中值为 5860MJ/（m²·a）。按接收太阳能辐射量的大小，太阳辐射资源区划分为 4 个资源带，如图 9-1 所示。

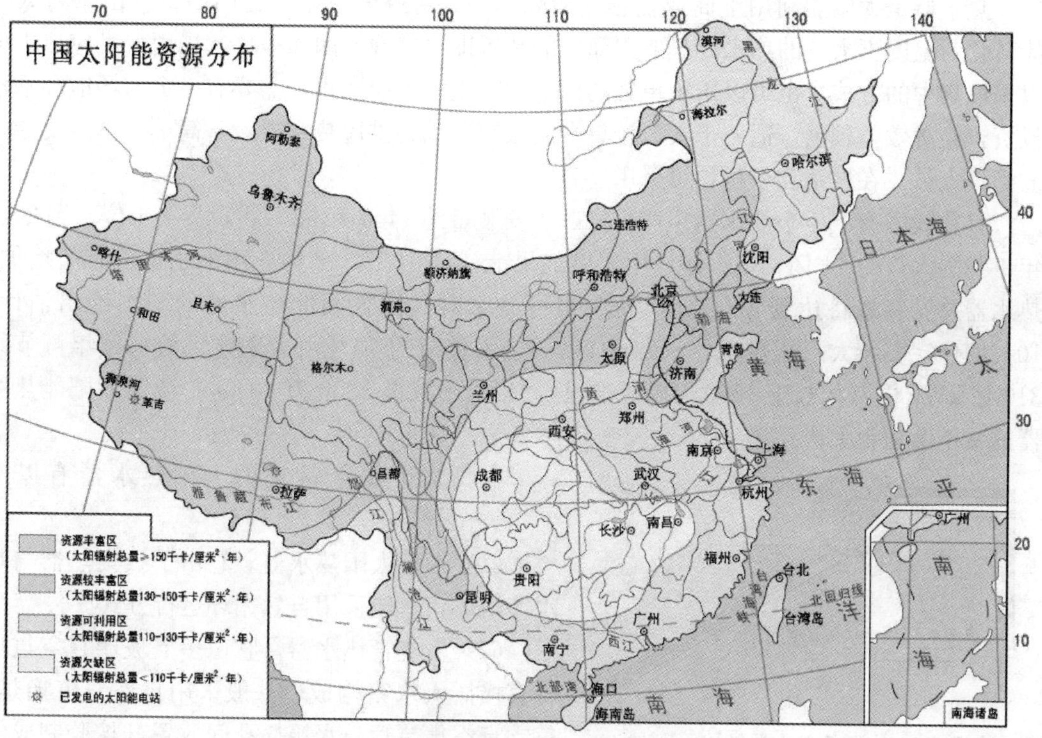

图 9-1　我国太阳能资源示意图

根据我国太阳能资源区划分可以看出，我国年太阳日照时数大于 2000h、太阳能辐射总量高于 5860MJ/（m²·a）的区域，是我国太阳能资源丰富或较丰富的地区，该地区面积较大，约占全国总面积的 2/3 以上，为我国太阳能建筑应用奠定了良好条件（见表 9-1）。

9.1.1.1　主动式太阳能建筑

主动式太阳能建筑是通过高效集热装置来收集获取太阳能，然后由热媒将热量送入建筑物内的建筑形式。它对太阳能的利用效率高，不仅可以供热、供热水，还可以供冷，而且室内温度稳定舒适，日波动小，在发达国家应用非常广泛。

中国太阳能资源区划　　表 9-1

类型	地区	年照时间数（h）	太阳辐照量 MJ/（m²·a）
1	西藏西部、新疆东南部、青海西部、甘肃西部	2800～3300	＞6700
2	西藏东南部、新疆南部、青海东部、宁夏南部、甘肃中部、内蒙古、山西北部、河北西北部	3000～3200	5400～6700
3	新疆北部、甘肃东南部、山西南部、山西北部、河北东南部、山东、河南、吉林、辽宁、云南、广东南部、福建南部、江苏北部、安徽北部	2200～3000	4200～5400
4	湖南、广西、江西、浙江、湖北、福建北部、广东北部、山西南部、江苏南部、安徽南部、黑龙江	1400～2200	＜4200

1. 太阳能热水器系统

热水器是太阳能利用中商业化程度最高、最为普遍的技术（见图 9-2）。由于将太阳能转化为温度不太高的热水，只要用简单的装置即可实现，因而被广泛采用。供应热水可以采取集中的方式，也可以用于单独的住宅中。集中供应热水，需要有一定的场地和基建投资，经济效益较高，适用于人口较集中的城镇。单独供应热水，设备简单，不需要专门的管理人员，在城镇和乡村均可采用。

目前我国有上千个热水器生产厂家，年安装量约 1400 万 m^2，占世界第 1 位。到 2010 年，我国人口约 14 亿，热水器户用比例如果能达到 10%，平均户用面积也将有所增加，热水器总安装量将达到 1 亿 m^2。亚太银行专家对我国太阳能热水器的利用给出估计：10%的住宅安装太阳能热水器（$2m^2$/户），热水负荷的 75%由太阳能供给，每年可节约 310 亿 kWh 电（相当于 1050 万吨标准煤），相当于减排 3850 万 t CO_2，说明太阳能热水器的减排潜力很大。

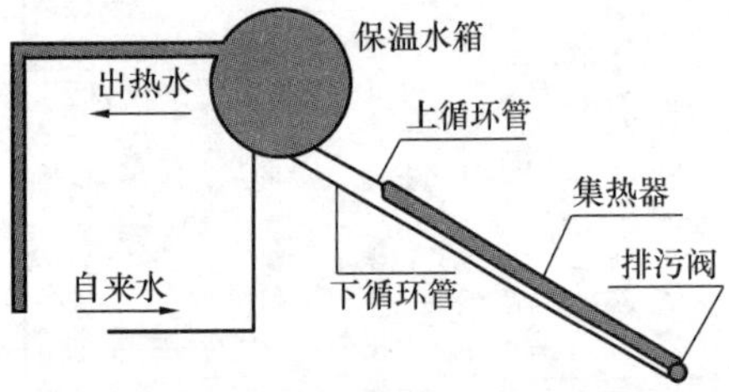

图 9-2　太阳能热水器结构原理图

在我国市场上常见的太阳热水器有以下几类：

（1）平板太阳热水器。它由平板集热器与热水箱组成，一般采用自然循环运行方式。

（2）真空管热水器。它由多支玻璃真空集热管直接插入水箱构成，一般采用自然对流换热；每支真空集热管与水箱插孔间放置硅橡胶制成的密封圈。真空集热管的热损系数小，用它做成的太阳热水器在冬季有较好的热性能，适合在北方地区使用。

（3）闷晒式热水器。它是集热与贮热合二为一的整体式热水器，一般由 2～3 个涂黑的圆筒组成，以结构简单、造价较低为特色，缺点是夜间散热大，热水不能过夜使用，在冬季也不能用。在农村有较大的推广面。

虽然我国太阳能热水器年安装量居世界第一位，但户用比例仅为 3%，与日本和以色列等国家相比，差距很大。主要原因在于：1）太阳能热水器对于普通中国家庭用户而言价格相比于电制热、燃气制热的热水器偏贵；2）在城镇中设计安装太阳能热水器还存在一定的问题，产生了诸如屋顶受损、屋顶面积过小等问题。

2. 太阳能热泵采暖系统

太阳能热泵采暖系统是利用集热器进行太阳能低温集热，然后通过热泵，将热量传递到温度为 35～50℃的采暖热媒中去。冬季太阳辐射量较小，环境温度很低，使用热泵则可以直接收集太阳能进行采暖。如图 9-3 所示，被太阳能加热的水进入集热器、集热水箱，经水泵 2 进入热泵，此部分热水作为热泵系统中的蒸发器，换热器则作为冷凝器，这样就可以得到温度较高的采暖热源，经水泵 3 加压至热水箱，一部分进入生活水箱供生活用热水，另一部分进入采暖系统作为采暖供水。采暖回水则回到热泵中继续循环。若有连续阴雨雪等极端天气发生，集热水箱温度不能满足要求时，在管路中可采用电辅助加热方式提为系统供采暖热水。

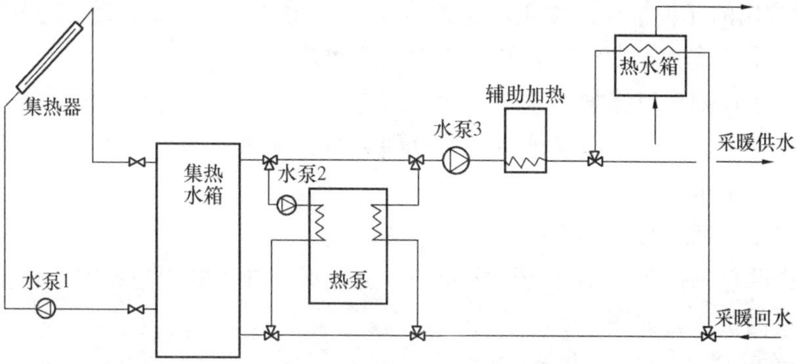

图 9-3　太阳能热泵采暖系统原理图

太阳能热泵采暖系统的主要特点是花费少量电能就可以得到几倍于电能的热量，同时可以有效地利用低温热源，减少集热面积，这是太阳能采暖的一种有效手段。若与夏季制冷相结合，应用于空调，它的优点更为突出。太阳能热泵采暖的主要问题是初投资较大，需要集热器的面积较大。因而在城市中，特别是寸土寸金的大城市中普及程度不高，而对于坐落在较为空旷场地的建筑太阳能热泵技术是较为可行的。

总之，太阳能光热利用项目在中国的城市中已经较为普遍，其技术也较为成熟。但是，在城市的郊区和农村地区，安装太阳能光热设施对当地居民仍然是一笔不小的投资，对于城市而言，其设计安装等也存在一定的问题，需要制定相应的制度进行规范，而目前我国大部分城市太阳能光热建筑一体化技术标准还不是十分成熟，因此具有额外性。这类项目的基准线相比于其他技术较为容易确定，即：如果没有太阳能光热设施，那么当地居民一般采用煤、木材等原料来加热，即为其项目的基准线。另外，此类项目在国际上也有成功的案例，可以参考“印度 Bagepalli 太阳能热水器 CDM 项目”等。

9.1.1.2　被动式太阳能建筑

1. 系统原理

被动式太阳能建筑是指太阳能向室内的传递不借助于机械动力，完全由自然的方式，即蓄热体进行的建筑形式。所谓蓄热体一般指可以储存热量的集热体，蓄热体相对于建筑物构造体有附属于或不附属于两种存在方式。若属于构造一部分，则一方面支撑建筑物，另一方面具有储热体的功能。不为构造体的蓄热体能很简单地设置于建筑物中，可灵活增减，配合季节调节室内温度。它不需要另外附加太阳能采暖机械设备系统（集热器、管道等），整个建筑物本身就是一个太阳能集热系统。

最简单最基本的工作原理是让阳光穿过建筑物的南向玻璃（集热面）进入室内，经储热体（如砖、土坯、石头等）吸收太阳能而转化为热量，并将建筑物主要房间妥善布置，紧靠南向集热面和储热体，从而使其被间接加热。这里，主要利用了“温室效应”的原理，即玻璃具有透过“短波太阳辐射”而不透过“长波红外热辐射”的特殊性质。一旦太阳能通过玻璃，并被材料所吸收，则由这些材料再次发出的热辐射，就不会再通过玻璃再返回到室外，而被限制在房间内部加以利用。因此，太阳能采暖建筑需三个方面就是集热、蓄热和保温。

2. 我国常用的几种被动式太阳能建筑

(1) 直接受益式——太阳窗式被动式太阳能建筑

直接受益是让阳光直接加热采暖房间。阳光透过宽大的南窗玻璃面。照射到起储热作用的内墙和地板上。夜晚，墙和地板内储存的热量又通过对流，辐射和传导被释放出来，使室温维持到一定水平。

(2) 集热蓄热墙式被动太阳能建筑

阳光首先照射到位于太阳与房屋之间的一道戴玻璃外罩的深色蓄热墙体上，然后通过两种途径向室内供热，如图 9-4 所示。

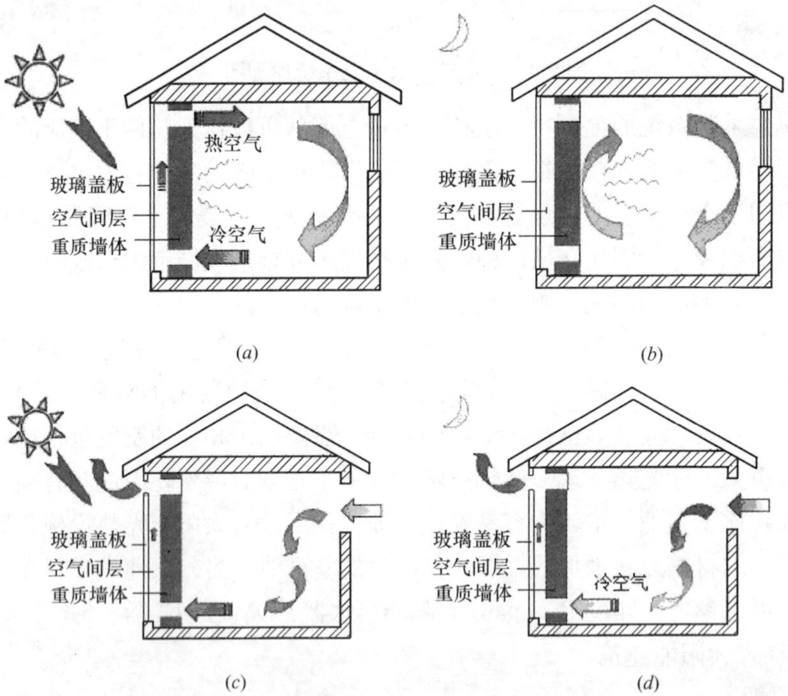

图 9-4 被动式太阳能建筑在不同季节工作示意图

(*a*) 冬季白天；(*b*) 冬季夜间；(*c*) 夏季白天；(*d*) 夏季夜间

1) 蓄热墙外表面吸收太阳辐射后，通过热传导把热量传送到墙的内表面，再以辐射和对流的方式和室内空气进行热交换，向室内供热。

2）玻璃罩与墙体间夹层内的空气被热墙体外表面加热后上升，通过墙体上部的通气孔进入室内；同时，室内冷空气通过墙体下部通气孔吸进夹层；如此形成向室内输送热风的对流循环。

（3）附加阳光间式被动太阳能建筑

它是集热蓄热墙形式的一种发展，即将玻璃与墙之间的空气夹层加宽，形成一个可以使用的空间——附加阳光间。附加阳光间与房间之间的关系比较灵活，既可设砖墙，也可设玻璃窗，或开设门窗的砖石墙。阳光间可用做生活空间，也可种花草。

总之，被动式太阳能建筑是通过建筑设计水平的提高来达到减少建筑物能源需求，从而降低温室气体排放的目的。但这种技术是蕴含在建筑设计整体技术之中的，一般而言，节能建筑多采用多种节能技术，而达到一个综合节能的效果（前文已论述），因此很难估算该单项技术所产生的减排量（除非再建一座参照建筑）。因此，目前在 CDM 或 PCDM 框架下该项技术还很难被应用于减排量交易中，除非建筑物整体减排量能够实现计量、交易。

9.1.1.3　太阳能在制冷方面的应用

一般来说，太阳能制冷有两种方式：一是通过太阳能集热器将太阳能转换成热能，驱动吸附式或吸收式制冷机；二是将太阳能由光电池转换成电能，驱动常规电冰箱制冷。比较以上两种方式，利用热能制冷具有造价低、系统运行费用低和结构简单的特点，特别适合发展中国家和偏远农村采用。该类系统的研究和利用得到了国际上的极大关注。

从空调系统讲，最常用的太阳能热驱动空调主要有吸附式、吸收式、除湿空调和喷射式制冷四大类，其中前三种研究应用最广。它们的工作原理具体如下。

1. 太阳能吸收式制冷

太阳能吸收式制冷用太阳能集热器收集太阳能来驱动吸收式制冷系统，是目前为止示范应用最多的太阳能空调方式。吸收式制冷是利用两种物质所组成的二元溶液作为工质来进行的。这两种物质在同一压强下有不同的沸点，其中高沸点的组分称为吸收剂，低沸点的组分称为制冷剂。

太阳能吸收式制冷机主要由发生器、冷凝、蒸发器和吸收器等几部分组成，如图 9-5 所示。在制冷循环中，太阳能集热器流出的热水作为制冷循环的热源而进入发生器以加热盐溶液。盐溶液被加热时水蒸发成水蒸气。水蒸气进入冷凝器冷凝成水，水经膨胀阀降压后进入蒸发器，吸收冷冻水的热量在低温低压下蒸发，冷冻水温度被降低而达到制冷的目的，而低温的制冷剂水蒸气则进入吸收器。在吸收循环中，溴化锂水稀溶液在发生器内由于不断蒸发出水蒸气而逐渐变浓，此溶液通过调节阀降压流入吸收器。流入吸收器的溴化锂水溶液在常温下能大量吸收来自蒸发器的低压投资剂水蒸气。同时在吸收器内需通冷却水以排队吸收过程放出的热量。溴化锂水溶液因吸收水分而浓度降低。此稀溶液再由溶液泵送返回发生器，重新提供使用。上述过程不断进行，便组成了溴化锂水溶液的循环，如图 9-5 所示。

2. 太阳能吸附式制冷

太阳能吸附式制冷系统是将太阳集热器与吸附器合二为一，也可以说是将太阳能系统与制冷机合二为一，结构比较简单。太阳能吸附式制冷系统多用于冰箱、冷藏箱等。

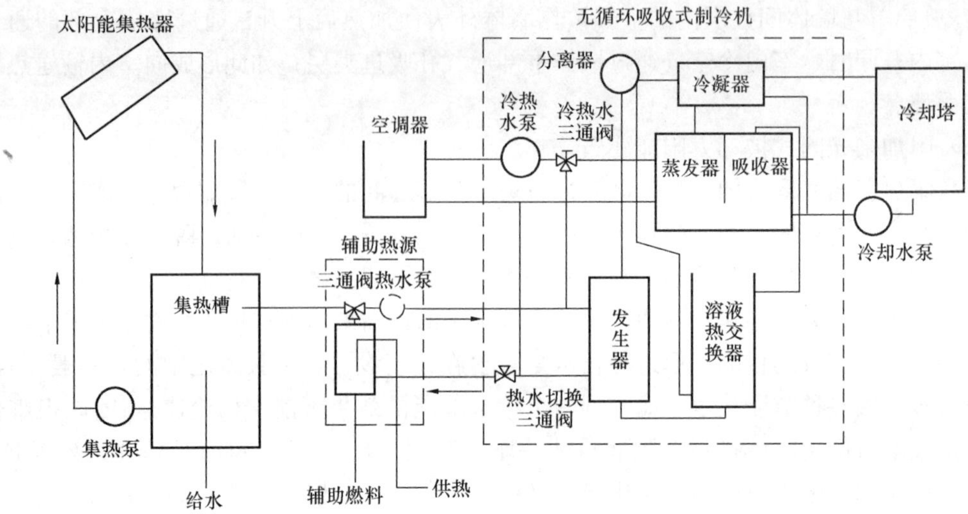

图 9-5 溴化锂太阳能吸收式制冷系统原理图

太阳能固体吸附式制冷原理：以某种具有多孔性的固体作为吸附剂，某种气体作为制冷剂，形成吸附制冷工质对，其中固体吸附剂是不流动的，而吸附介质是流动的。在固体吸附剂对气体吸附物吸附的同时，流体吸附物不断地蒸发成可供吸附的气体，蒸发过程对外界吸热实现制冷；吸附饱和后利用太阳能加热使其解吸。图 9-6 所示为太阳能吸附式制冷系统示意图，一个基本的太阳能吸附式制冷系统主要包括吸附床（集热器）、冷凝器、蒸发器和阀门。其基本工作过程由吸热解吸和吸附制冷组成。白天吸附床被太阳能加热，制冷工质开始脱附，当制冷工质压力达到饱和压力时，进入冷凝器冷凝，冷凝下来的液体进入蒸发器。晚上吸附床被冷却，压力下降到蒸发温度下的饱和压力。蒸发器中的液体因压力骤降而沸腾，开始蒸发制冷直到第二天早晨。

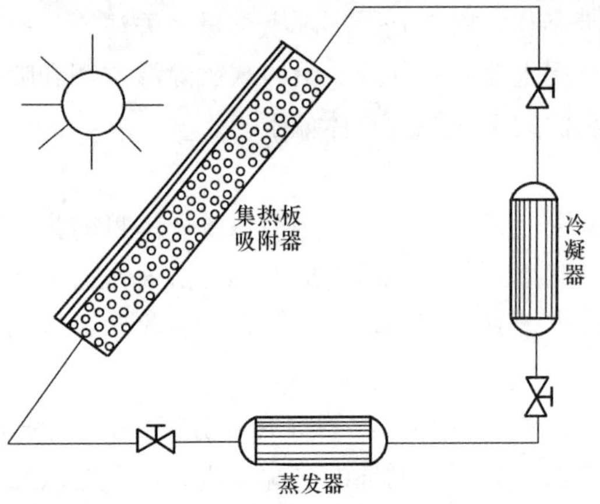

图 9-6 太阳能吸附式制冷

太阳能固体吸附式制冷技术较传统的压缩式制冷技术还不是很成熟，但由于节能和环保优势，决定了它具有广阔的应用前景。

3. 太阳能除湿空调系统

太阳能除湿空调系统是一种开放循环的吸附式制冷系统。基本特征是干燥剂除湿和蒸发冷却，也是一种适合于利用太阳能的空调系统。目前主要有两种吸附去湿方式，一种是固体交换轮去湿，一种是液体去湿，也有少量固体吸附去湿。

其流程为：溴化锂溶液吸收新风中的水分，降低其含湿量，然后利用冷水及回风去除显热（经过叉流板式换热器）；再经直膨蒸发器吸热，对空调空间送风。吸收水分的稀溴化锂溶液经再生器加热再生（太阳能再生器）。

由于液体除湿系统的可独立除湿（处理潜热）的能力，在空调系统中的应用将有广泛的领域。目前由于其体积大，溶液有腐蚀性等弱点，尚未得到大量的使用。

4. 太阳能蒸汽喷射式制冷

太阳能喷射式制冷是一种有潜力的制冷方式。具有结构简单紧凑、运行稳定性高、可以利用对环境友好的工质作为制冷剂等优点。工作流程如下：在发生器中，液态制冷剂吸热、沸腾，产生的高温、高压蒸汽进入喷射器。从喷嘴高速喷出时产生真空将蒸发器中产生的闪蒸气体一起引入冷凝器放热、液化，冷凝液分为两部分：一部分经节流阀减压后进入到蒸发器，另一部分经过循环泵加压后回到发生器。太阳能喷射式制冷循环与其他制冷方式相比，其 *COP* 值偏低。

5. 发展趋势

上述几种太阳能热能转换驱动的空调制冷方式中，目前为止太阳能溴化锂吸收式空调方式示范应用最多，以欧洲为主。另外，吸附式制冷方式由于驱动热源要求温度低，近年来在我国和欧洲发展很快。除湿空调技术以开放循环方式工作，系统可靠性高，在处理空调潜热负荷方面具有优势。

总之，太阳能制冷系统从原理上讲即用太阳能的热替代电能，且太阳能制冷系统技术高、投资大，存在额外性，但是目前还没有太阳能制冷系统的成功案例，对于制冷类项目，虽然也可实现温室气体的减排，但缺乏这类项目的方法学，开发这类 CDM 项目时，更应做好前期的准备工作。

9.1.1.4　太阳能发电系统

家庭太阳能发电系统与传统的太阳能系统的不同之处是引进了一个与传统太阳能系统相连接的测量系统，称之为计量箱。计量箱包括一个将太阳能模块发出的直流电转换为交流电再与电网连接的逆变器。测量装置测出太阳能系统的发电量，电力部门从用户消耗的总电量中扣除太阳能系统的发电量，电力部门也可以买进用户未用完的多余电量，如图 9-7 所示。

太阳能发电系统由太阳能电池组、太阳能控制器、蓄电池（组）组成，如输出电源为交流 220V 或 110V，还需要配置逆变器。

太阳能光伏建筑一体化 BIPV（Building Integrated Photovoltaic），是应用太阳能发电的一种新概念：在建筑为围护结构外表面铺设光伏阵列提供电力。可以说在众多可再生能源发电技术中，光伏发电是最绿色最环保也最值得期待的一项技术。

20 世纪 90 年代后期，随着常规能源的日益枯竭而引起的发电成本上升和人们环境意识的日益增强，一些国家纷纷开始实施、推广 BIPV 系统。光伏与建筑的结合有两种方式：一种是建筑与光伏系统相结合，另一种是建筑与光伏器件相结合。

1. 建筑与光伏系统相结合

把封装好的光伏组件（平板或曲面板）安装在居民住宅或建筑物的屋顶上，再与逆变器、蓄电池、控制器、负载等装置相连。光伏系统还可以通过一定的装置与公共电网连接。

2. 建筑与光伏器件相结合

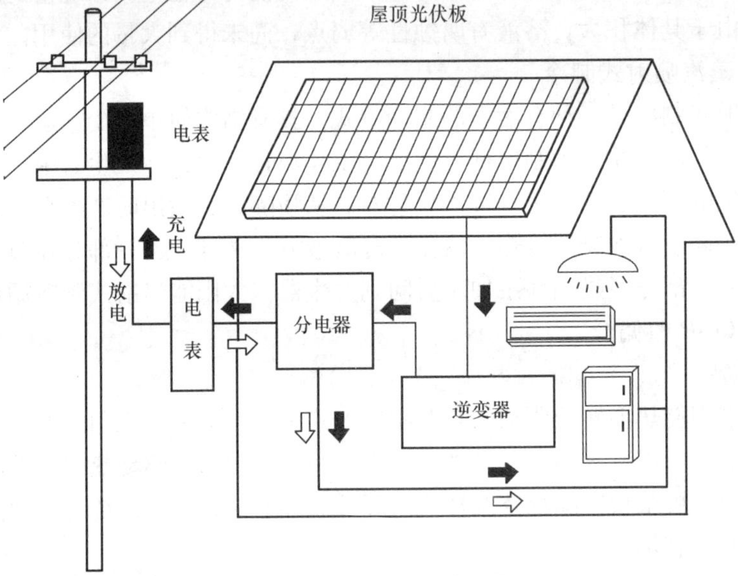

图 9-7　家庭太阳能发电系统

建筑与光伏的进一步结合是将光伏器件与建筑材料集成化。一般的建筑物外围护表面彩涂料、装饰瓷砖或幕墙玻璃，目的是为了保护和装饰建筑物。如果用光伏器件代替部分建材，即用光伏组件来做建筑物的屋顶、外墙和窗户，这样既可用作建材也可用以发电，可谓物尽其美。光伏与建筑结合的形式有：光电设备作屋面板、光电设备作建筑立面、玻璃窗与光电设备、光电设备与遮阳设备。

总之，我国太阳能资源丰富。太阳能发电系统具有良好的额外性，一方面太阳能发电系统造价成本较高，虽然近几年太阳能发电成本成下降趋势，但是仍远高于其他能源发电成本。另一方面我国光伏产业起步较晚，太阳能利用基础材料，特别是光伏材料与器件对进口的依赖程度较高，关键的生产设备和测量仪器也要依靠进口。并且太阳能光电系统建筑应用已有开发成功的 CDM 案例可以参考。但是太阳能光电系统建筑应用的 CDM 项目开发也有其不足，主要是单个建筑物的减排量较小，需要形成规模化应用。结合 PCDM 机制，太阳能建筑用发电系统非常适合 PCDM 项目的开发。

9.1.2　热泵技术

从供热角度而言，供热需要的是温度较低的低品位能源，直接燃烧矿物燃料的锅炉房供热方式是能源利用上很大的浪费，而热泵就是一种在技术和经济上都有较大优势的解决供热问题的替代手段。热泵将环境介质作为低温热源，其工作温度区明显高于制冷机。采用热泵为建筑供热可以大大降低一次能源的消耗（见表 9-2）。采用热泵热核为建筑物供热可大大降低供热的燃料消耗，也就是大大降低了燃烧矿物燃料而引起的 CO_2 排放。现在全世界约有 1.3 亿台热泵在运行，全年总供热量约为 4.7×10^{15} kJ，每年减少 CO_2 排放量约为 1.3 亿 t。如果在建筑供热中热泵所占的比例能增加到 30%，在采用现有先进技术的条件下可以使全世界每年 CO_2 排放量减少 13.2t，占全世界 CO_2 排放量的 6%。随着热泵技术的进一步改进和发电效率的进一步提高，采用热泵技术供热使全世界 CO_2 排放量减少 16%是有可能的。因此，它是节能和减少 CO_2 排放的关键技术之一。

热泵供热方式的一次能源利用率　　**表 9-2**

项目	发电及电效率	热电联产供热率	热泵性能系数	一次能源利用率
燃煤电站＋热泵	0.32		3.0～4.0	0.96～1.28
燃煤热电站＋热泵	0.20～0.30	0.50	3.0～4.0	1.1～1.70
燃天然气电站＋热泵	0.35		3.0～4.0	1.05～1.40
燃气蒸汽联合电站＋热泵	0.45～0.55		3.0～4.0	1.35～2.20

国际能源机构以及美国、荷兰和瑞士的研究报告都得出结论：热泵是减少 CO_2 排放量的最经济有效的技术。除了减少矿物燃料的消耗以外，由于在大型电站中集中燃烧矿物燃料发电有利于采用先进技术除去或减少燃料产物中的粉尘、SO_2 和 NO_x 等大气污染物，采用电动热泵供热与分散的锅炉房供热相比还可以大大减少燃煤产生的大气污染。

9.1.2.1　水源热泵

水源热泵是利用地球水体所储藏的太阳能资源作为冷热源，进行能量转换的采暖空调系统。其工作原理是根据卡诺循环原理，利用地下水、地表水，借助压缩机系统，通过消耗少量电能，不断将水中大量的低品位热能取出来变成少量的高品位热能，供给室内采暖。夏季机组水系统反向运行，把室内的余热取出来，再释放到地下或水中，以达到空调降温的目地，而且夏季可储藏能量，冬季释放，如图 9-8 所示。

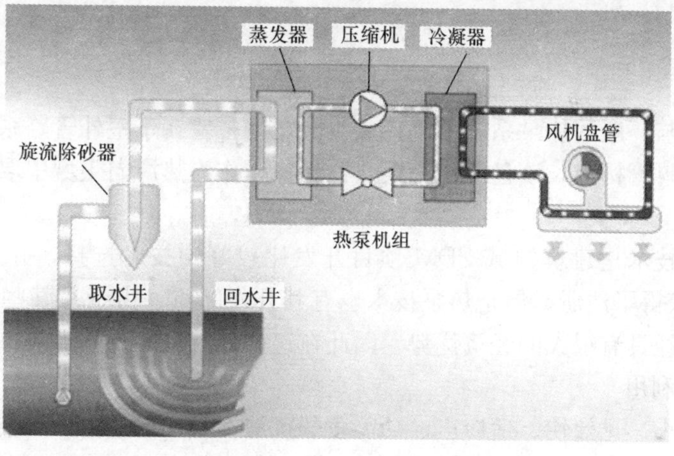

图 9-8　水源热泵原理图

9.1.2.2　地源热泵

地源热泵的工作原理与水源热泵基本相同，其区别在于低温热源获取形式不同。水源热泵是以地下水或地表水为载体，直接获取水中的能量。地源热泵则是通过埋入土壤里的耦合器，即 U 形盘管土壤换热器，间接获取土壤里的能量。夏季通过热泵将建筑内的热量转移到地下，对建筑进行降温；冬季通过热泵将大地中的低位热能提高品位对建筑供热，如图 9-9 所示。

土壤源热泵的构成主要包括三套管路系统：室外管路系统、热泵工质循环系统及室内

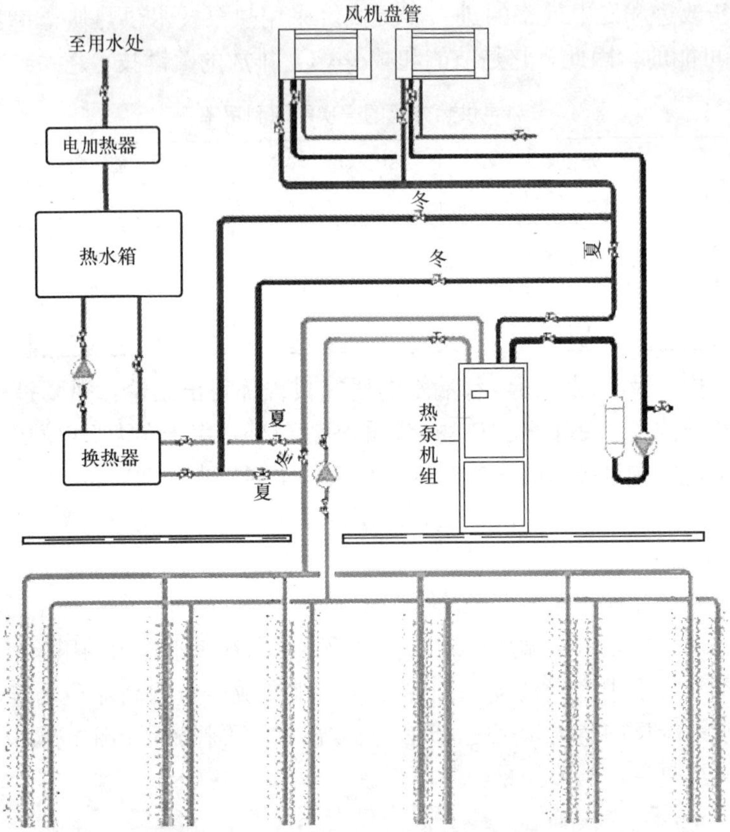

图 9-9 地源热泵原理图

空调管路系统。与一般的热泵系统相比，其不同之处主要在于室外管路系统是由埋设于土壤中的聚乙烯塑料管构成，该盘管作为换热器在冬季作为热源向土壤中取热，相当于常规空调的冷却塔。

总之，热泵技术是建筑领域 CDM 项目开发比较好的技术选择，并且也有相类似的 CDM 项目开发获得了注册。但是热泵技术也有其开发缺点，由于在某些地方热泵技术相比于传统技术已经具有很大的经济优势，因此在这些地方其额外性需要重点论述。

9.1.3 农村沼气利用

沼气以投资小、见效快、适应广、功能多的优势在我国迅速推广，秸秆沼气技术的突破又扩大了沼气使用范围，规模化养殖业的发展为沼气的集中利用创造了条件，因此，必须加快沼气建设步伐，同时要加大沼气物业化服务体系建设力度，确保沼气又好又快的发展。“十一五”期间，我国农村沼气进入了健康稳步快速发展阶段。其中，2007 年是历史上发展最快的一年，新增农村户用沼气用户 482.35 万户，全国沼气用户已累计近 2650 万户，年产沼气达 102 亿 m^2，比 2000 年的 848 万户增加了 1802 万户，年均增长速度为 17.7%。畜禽养殖场沼气工程发展加快，建成畜禽养殖场沼气工程约 2.66 万处，总池容 285 万 m^3，年产沼气达 3.56 亿 m^3。

我国农村沼气工程的工艺技术比较全面发展，几乎所有常规的和高效的厌氧消化工艺在中国都有示范工程应用，如：完全混合式厌氧反应器（CSTR）、厌氧接触反应器

(AC)、厌氧序批式反应器（ASBR）、厌氧挡板反应器（ABR）、厌氧复合反应器（UBF）、上流式厌氧污泥床（UASB）、升流式固体床（USR）、内循环厌氧反应器（IC）等。为了节约水资源，并减轻后续达标处理的负荷及难度，对规模畜禽养殖场提倡先采用人工干清粪，冲洗污水进入厌氧消化系统进行沼气发酵。这样，发酵原料浓度很低（TS1%～3%），厌氧消化过程基本没有升温（常温发酵），装置产气率也低，仅为 0.1～0.5 m^3/（m^3·d），工程运行效果受环境温度影响很大，因此上述诸多工艺的效率在工程应用上没有显著差异。尽管有少数畜禽场沼气工程采用 TS4%～6%的中温或近中温厌氧消化，但由于未有实施热电联用，所产生的沼气在冬季大部分用于发酵原料的增温和装置的保温，甚至有的工程出现能量入不敷出。因此，沼气工程常年运行稳定性差，经济效益低。

总体上讲，我国处理农业有机废弃物的沼气工程建造目前仍处于低效率、高成本和非标准化阶段，严重制约着沼气工程产业化的发展。解决问题的有效途径是，参照国外先进的做法，不但要认真研究沼气工程中每种专用设备和装备的制造技术，还要研发出各种设（装）备的工厂化生产技术，以及工程组装技术，并实行专业化、规模化生产。只有这样，才能推动沼气工程技术的进步，带动相关产业的发展，逐步实现沼气工程标准化建造和降低工程造价，减少项目实施企业的投资风险和不确定性，提高沼气及其发电工程的综合竞争能力，最终达到全面提升中国沼气工程整体技术水平和经济效益的目的。

总之，农村沼气利用是一项很好的 CDM 建筑类项目技术方式，具有成功案例。并且农村沼气利用也是 PCDM 项目开发的优选技术模式。农村沼气开发利用的 CDM 或 PCM 项目开发需要项目开发者具有较高的组织协调能力。

9.2　减少建筑内部能源需求

减少建筑物内部能源需求的措施主要包括采用建筑外围护结构节能技术、相变储能材料的应用、建筑外遮阳和热回收利用等。

9.2.1　外围护结构节能技术

我国北方寒冷地区的冬季采暖所用数量巨大的煤耗，夏季的南方地区以至全国夏季空调的电耗，大部分是由于围护结构与外界环境的热交换造成的。因此，建筑节能的重点是提高围护结构的热工性能，降低传热系数，减少热损耗，特别是在采暖、通风和空调节能技术潜力已近极限时，建筑节能的目标实现越来越依靠外围护结构热工性能的提高。

9.2.1.1　建筑外墙保温

建筑外墙外保温起源于 20 世纪 40 年代的德国。如今，建筑外墙外保温已经成为欧美等发达国家市场占有率最高的一种建筑节能技术。

近年来，在建筑围护结构保温技术不断发展的过程中，主要形成了外墙外保温和外墙内保温两种技术形式。外保温墙体是由两种或两种以上建筑材料构成，且起主要保温隔热作用的建筑材料放在室外一侧的复合墙体。目前我国北方地区在建筑节能设计标准和相关技术政策的引导下多采用此类技术。内保温墙体由两种或两种以上建筑材料构成，且起主要保温隔热作用的建筑材料放在室内一侧的复合墙体。对于间歇采暖且使用频率不高的建筑物可以采用此类墙体构造。

外墙外保温技术的主要优点在于：

（1）适用范围广，保护建筑主体结构，延长建筑物的使用寿命；

（2）基本消除热桥影响，改善墙体潮湿情况；

（3）提高墙体防水和气密性，有利于保持室温稳定，改善室内热环境质量；

（4）便于管理维护以及既有建筑节能改造的实施；

（5）减少保温材料用量，增加房屋使用面积等。

目前在我国技术比较成熟，应用范围比较广的外墙外保温系统主要有以下几种形式：

（1）粘贴保温板外保温系统；保温板材料主要为 EPS 板，XPS 板和 PU 板；

（2）胶粉聚苯颗粒保温浆料外保温系统；

（3）EPS 板现浇混凝土外保温系统；

（4）EPS 钢丝网架板现浇混凝土外保温系统；

（5）胶粉 EPS 颗粒浆料贴砌 EPS 板外保温系统；

（6）现场喷涂硬泡聚氨酯外保温系统；

（7）保温装饰板外保温系统。

部分无机保温砂浆（如珍珠岩保温砂浆）外保温系统也有应用。随着建筑安全性能要求的不断提高，尤其是建筑外保温防火问题成为热点问题之后，具备良好防火性能的新技术和新材料得到了推崇。外墙外保温技术的应用范围包括新建建筑和既有建筑节能改造等。

9.2.1.2 幕墙和门窗节能

作为影响建筑能耗围护结构的幕墙和门窗，一般是薄壁的轻质构件，是建筑保温、隔热、隔声的薄弱环节。尤以绝热性最差，它通过辐射、对流、热传导和空气渗透等 4 种形式导致建筑物能量流失，普通单层玻璃的能量损失约占建筑冬季保温和夏季降温能耗的 50%以上。因此，幕墙门窗作为建筑围护的重要组成部分，能否配合墙体起到良好的保温隔热作用，减少居室能源流失，在建筑节能减排中有着至关重要的作用。

1. 采用节能幕墙和门窗材料

幕墙和门窗是否节能，取决于两个方面，第一是门窗外框、门窗扇框（以下简称框体）是什么材料做的，是否隔热保温；第二是玻璃采用何种形式。建筑门窗无论什么形式、材质都要使用玻璃，它占窗户玻璃面积的 70%以上。因此，建筑门窗的节能应当首选考虑玻璃的因素，这是最基本的要求。

（1）节能玻璃

我国幕墙和门窗所用的节能玻璃，正经历着从普通白玻璃至较深颜色的吸热玻璃（即茶色玻璃）到浅绿色吸热玻璃及镀膜玻璃至中空玻璃再到 Low-E 玻璃至真空玻璃这样一个发展过程。其中 Low-E 玻璃在 2001 年引入中国市场，目前在中国市场方兴未艾，是近年来市场需求增长最快的节能玻璃，2005 年使用量约 500 万 m^2，2006 年约 1000 万 m^2，预计到 2010 年的需求量可以达到 5000 万 m^2 上。

节能玻璃的推广应用会产生巨大的经济效益和社会效益。根据欧洲平板玻璃协会 2005 年的报告，1991 年欧洲各国宣布于 1995 年强制采用 Low-E 中空玻璃后，Low-E 中空玻璃的市场占有率直线上升，1995 年当年就超过了 50%，1998 年接近 100%，使用量从当初不足 200 万 m^2 增加到 2004 年的 3600 万 m^2。到 2009 年西欧 Low-E 玻璃用量将达到 1.2 亿 m^2。2004 年美国的 Low-E 中空玻璃生产能力为 6000 万 m^2。Low-E 中空玻璃的节能效果十分明显。一条价值 800 万美元使用寿命为十年的 Low-E 玻璃镀膜生产线，每年至少可生产 370 万 m^2 住宅玻璃，这些玻璃仅在第一个 10 年间所节约的能源就相当于 3600 万桶石油（与普通中空玻璃相比的节能率），而要生产这些石油则需投资 3 亿美金建设一座寿命在十年以上的海上采油平台。而 Low-E 中空玻璃的环保效果更为明显，欧盟 25 个成员国平板玻璃行业每年排放二氧化碳约 460 万 t，而每年建筑能耗带来的温室气体排放量为 7.65 亿 t，如果全部建筑都采用 Low-E 中空玻璃，则每年可减少二氧化碳排放量 1.4 亿 t，减少 18.3%。我国作为节能玻璃原片的 Low-E 玻璃，2005 年产量约为 590 万 m^2，2006 年约为 920 万 m^2，不到美国 2004 年年产量的 1/6。所以，我国在节能玻璃的推广应用上与发达国家还有很大的差距。

（2）框材

门窗幕墙用型材约占外窗洞口面积的 15%～30%，是建筑门窗中能量流失的另一个关键环节。因此，门窗用型材的选用也是至关重要的。目前节能窗的框架类型很多，如断热铝材、断热钢材、塑料型材、玻璃钢材及复合材料（铝塑、铝木等）。其中，断热铝材节能效果比较好，使用比较广，它不仅保留了铝型材的优点，同时也大大降低了铝型材传热系数。

不同材料的窗框对外窗（含透明幕墙、采光顶）的传热系数影响较大，不容忽视，塑料窗框、木窗框等因材料本身的传热系数较小，对外窗的传热系数影响不大，铝合金窗框，钢窗框等材料本身的导热系数很大，形成的热桥对外窗的传热系数影响较大，必须采用断桥处理。

（3）组合利用

现阶段提高透明门窗和幕墙节能保温性能的主要措施是采用镀膜玻璃、Low-E 玻璃、热反射玻璃、中空玻璃及隔热断桥铝型材来降低结构传热系数，消除结构体系热桥，降低空气渗透热损失，减少开启窗扇面积，提高密封性等。

隔热断桥铝型材的隔热原理是基于产生一个连续的隔热区域，利用隔热条将铝合金型材分隔成 2 个部分。隔热条冷桥选用材料为聚酰胺尼龙 66，其导热系数为 0.3W/（m·K），远小于铝合金的导热系数，而其力学性能指标与铝合金相当。

此外值得一提的是，在节能隔热幕墙或门窗中，如果同时采用 6+12A+6 中空玻璃，那么其传热系数 K 值达到 3.0W/(m^2·K)左右，传热系数比单层玻璃幕墙低了 1/2，可以大大地降低能耗。因此，在保温性能要求比较高的情况下，如采用金玻集团 6+12A+6 中空玻璃，那么其传热系数 K 值达到 1.7W/(m^2·K)左右，传热系数比单层玻璃幕墙低了 4/5 中空玻璃，如果中空玻璃内充入惰性气体，其 K 值还可以降至更低，可达到 1.5W/(m^2·K)左右，节能效果优异明显。

2. 做好密封工作

通风换气是建筑门窗的主要功能之一，窗本身一般具有开启扇，打开时进行室内外空气对流，但在关闭时的开启缝隙不是绝对密闭的，另外型材的拼接缝隙、玻璃镶嵌缝隙等都会产生渗漏。当室内外温差很大时，建筑门窗的气密性能对空调负荷和室温的稳定有显著影响，当居室的空气换气次数由每小时 0.5 次增至 1.5 次时，设计日冷负荷大约增加 41%，运行负荷增加 27%。产生空气渗透导致能耗增加的原因可以归纳为缝隙、压力、温差三大要素。然而并非气密性能越高越好，至少应保证一定的换气量，否则将导致室内空气浑浊，影响工作效率，危害身体健康。另外从阻止沙尘进入，保持室内清洁的角度，同样要求气密性能越高越好。因此，在框架和玻璃都采取有效办法降低 K 值后，必须解决密封性能的问题，窗的密封构造设计除解决上述对流热损失问题外，还要考虑解决热传导的损失问题，因此密封条的设计除考虑密封性能外还需考虑多头密封空腔，形成多腔空间，以求得 K 值与其他部分配套。

3. 设计合理的窗墙比和朝向

一般来说，窗户的传热系数大于同朝向、同面积的外墙传热系数，因此，采暖耗能热量随着窗墙比例的增加而增加。在采光和通风允许的条件下，控制窗墙比例比设置保温窗帘和窗板更加有效，即窗墙面积比设计越小，热量损耗就越小，节能效果越佳。热量损耗还与外窗的朝向有关，南、北朝向的太阳辐射强度和日照率高，窗户所获得的太阳辐射热多。在《民用建筑节能设计标准（采暖居住建筑部分）》中，虽对窗墙面积比和朝向做了有选择性的规定，但还应结合各地的具体情况进行适当调整。有专家提出：考虑到起居室在北向时的采光需要，南、北向的窗墙面积比可取 0.3；考虑到目前一些塔式住宅的情况，东、西向的窗墙面积比可取 0.35；考虑到南向出现落地窗、凸窗的机会较多，南向的窗墙面积比可取 0.45。这样虽然增大了南向外窗的面积，但可充分利用太阳能的辐射热降低采暖能耗，达到既有宽敞明亮的视野又不浪费能源的目的。

4. 双层幕墙体系

双层幕墙体系是一种明显不同于传统幕墙的新型节能幕墙，又称热通道幕墙、通风式幕墙或呼吸式幕墙。它采用双层结构体系，在两层玻璃幕墙中间有一定宽度的空气层，空气层上下部设有进排风设施。当通风换气阀门关闭时，整个幕墙体系形成可靠的保温隔热屏。冬天减少室内热量的散失，可以降低建筑物的采暖能耗，夏天减少阳光辐射热量的侵入，减弱室外热量对室内环境的影响，从而减少空调负荷。

9.2.1.3 屋顶节能及屋顶绿化

据有关统计数字表明，一座城市的屋顶面积大约为整个居住面积的 20%，有专家称我国屋顶的热损失为加拿大的 4.2 倍，可见其节能潜力巨大。屋顶节能措施同墙体节能类似，同样采用复合保温形式。保温屋顶主要有单一保温屋顶、外保温屋顶、内保温屋顶和夹芯屋顶 4 种类型，目前绝大多数为外保温屋顶。

屋面保温隔热技术包括常规正置式保温屋面、倒置式保温屋面、通风屋面、绿化屋面、蓄水屋面、遮阳屋面等。屋面保温隔热材料一般分三类：一是松散型材料，如炉渣、矿渣、膨胀珍珠岩等；二是现场浇注型材料，如现场喷涂硬泡聚氨酯整体防水屋面、水泥炉渣、沥青膨胀珍珠岩等；三是板材型，如 EPS 板、XPS 板、PU 板、岩棉板、泡沫混凝土板、膨胀珍珠岩板等。

常见的正置式屋面保温隔热构造中，防水层位于保温层之上，起到保护保温层的作用。倒置式屋面就是将憎水性保温材料设置在防水层上的屋面。材料科学的发展为倒置式屋面的设计应用提供了基础。倒置式保温屋面与普通保温屋面相比较，构造简化、避免浪费；出色的抗湿性能使其具有长期稳定的保温隔热性能与抗压强度；防水层受到保护，避免热应力、紫外线以及其他因素对防水层的破坏；如采用有机塑料保温板等材料，能保持较长久的保温隔热功能，持久性与建筑物的寿命等同；日后屋面检修不损材料，方便简单。

同时，屋顶绿化也不失为一种既具经济效益又具环境保护功能的好方法。屋顶绿化技术主要是利用建筑屋顶面积植草栽花，甚至栽种灌木，堆砌假山，设置喷泉等，是一种生态型的节能屋面，它能减少建筑材料屋顶的辐射热，调节建筑室内环境，减弱城市热岛效应，具有良好的夏季隔热、冬季保温特性和热稳定性，在南方地区作为屋顶保温隔热技术已有一定的应用。屋顶绿化可分为坡屋面绿化和平屋面绿化，其构造主要由保温隔热层、防水层、排水层、过滤层、土壤层和植物层等组成。其中保温隔热层可采用憎水性有机塑料泡沫（如 EPS 板，XPS 板等）；防水层应避免出现渗漏现象，最好设计成复合防水层；排水层多用砾石、陶粒等材料，可与屋顶雨水管道相结合；种植层多采用人工配置土壤，以便减轻屋顶荷重，保证结构安全。被绿化的屋顶除了在夏天对室外环境具有十分明显的降温和增湿作用外，还可以大大降低屋顶外表面的平均辐射温度（一般可降低 10～20℃），从而进一步改善城市的热环境；屋顶的绿色植物具有滞尘、杀菌和吸收低浓度污染物及增加空气中负离子的作用，具有很强的空气净化能力；屋顶的绿色植物还有降低城市噪声的作用，最大减噪量可达 10dB。所以增加屋顶的绿化面积，对改善城市的生态环境和增加城市整体美感意义重大。

以北京市为例，在规划的市区内，有数千万平方米的建筑平屋顶未被利用，如果将其中的一半实施屋顶绿化，即可增加近 500 万 m^2 的绿化面积，相当于新建 3 个龙潭湖公园而不占一寸土地。据科学测定，667m^2 绿色植物一年能产生氧气 14.4t，吸收二氧化碳 21.6t，一个城市如果把屋顶都利用起来进行绿化，那么这个城市中的二氧化碳较之没有绿化前要少 85%（平均值为减少 70%）。为此，日本的东京市议会于 2000 年 4 月通过一项议案，要求东京市内的所有面积在 1000m^2 以上的建筑必须进行屋顶绿化，目前东京市的屋顶绿化率已达 41%。

绿色植物调节气温的作用十分明显，其根系从土壤中吸收水分，通过蒸发作用向空气中释放水分，提高空气的湿度，空气的气温高达 35℃时，树荫下的气温却只有 22℃左右。而照在浓密绿色植物表面的太阳光有 70%左右被绿叶吸收，20%左右被绿叶反射回去，通过绿叶的透射光只有 10%左右，被绿化的屋顶在夏天的降温和增湿作用十分明显。

另据有关测定数据显示，建筑物的屋顶绿化对降低建筑物周围环境气温的作用十分明显，气温降低的幅度可达 0.5～4℃，而建筑物周围环境的气温每降低 1℃，建筑物内部的空调容量可降低 6%。对大面积的低层建筑物（特别是一些工业厂房建筑），由于屋面面积比壁面面积大，夏季从屋面进入室内的热量往往占总围护结构热量的 70%以上。夏季实测的结果表明，绿化的屋顶外表面最高温度比不绿化的屋顶外表面最高温度（可达 60℃以上）可低 20℃以上，从而使从屋面传入室内的热量减少到 25%左右。绿化屋顶不仅可以在夏季对室内环境隔热保凉，而且可以在冬季对室内环境隔冷保暖，在极端天气时对缓冲和削减极端温度起着突出的作用。屋顶绿化对建筑设备节能和改善顶层房屋室内热舒适环境（顶层屋面内表面平均辐射温度 MRT 不会太高或太低）也具有重大意义。

9.2.2 相变储热材料PCM（Phase Change Material）在外围护结构中的应用

相变储能建筑材料的研究始于1982年，由美国能源部太阳能司发起，经过几十年的研究和试验，在20世纪90年代已经成功地应用于建筑领域。相变材料用作建筑材料，例如墙体或涂料中可以添加PCM材料。PCM建筑材料即可以对室温进行有效调节，增强室内舒适感，同时又降低能量的消耗。西方某些发达国家已将相变材料用作建材，通过自然通风和相变材料相结合，减少或免除了空调，实现了利用早晚的温差自然调节室内温度，制成若干个可自动调节室内环境温度的示范城镇。

相变材料在相变过程中要从环境中吸收热量（冷量），反之，向环境中放热（冷量）。在物理状态发生变化时，可储存或者释放能量，材料自身的温度在相变过程完成前几乎保持不变。大量的相变热在转移时就产生了一个很宽的温度平台，该温度平台的出现，体现了恒温时间的延长，同时，相变材料在热量的传递过程中将能量储存起来，就像热阻一样，将延长能量传输的时间，使温度梯度减小。相变材料是利用材料自身相变过程中，吸热或放热来进行潜热储能的物质。相变潜热储能材料与传统的建筑材料复合，从生产、施工尤其是节能方面都有很大的优越性。

目前，开发应用的PCM自调温相变节能墙体保温材料（外墙外、外墙内、屋面、顶棚、隔墙等）可自动调节室内温度，节省了材料，提高了住宅舒适度。目前已经在我国的北京、河北、山东、内蒙古等地区等建筑节能领域推广应用了100万m^2，并取得良好的经济效益。

利用相变调温机理，可减少能源浪费，相变材料可将能源二次利用，收集多余热量，适时平衡释放，梯度变化小，有效降低损耗量，室温可趋于稳定。同时可以促进用电负荷削峰平谷，充分利用低谷电价，降低住户用能成绩。（经实际检测，比原节能50%的国家标准节省达到35%）。

9.2.3 建筑外遮阳

在现代建筑中，从墙面到屋顶越来越多地采用玻璃，玻璃的通透性能使人们充分感受到自然景观、自然光线和自然空间，但它同时带来采暖和制冷上能耗提高的隐患，又是与生态建筑这一历史发展趋势相抵触的。传统的节能技术（建筑遮阳）能防止有害的直射阳光，减少传入室内的太阳辐射热量，是消防或防止夏季室内过热的有效措施之一。

为了防止夏季太阳辐射直接或间接进入室内，减少室内得热量，可以采用有效遮阳的方式。通过遮阳技术能够满足夏季室内舒适环境要求，降低空调能耗。特别是在住宅建筑窗墙比越来越大的情况下，建筑遮阳技术的发展和应用更加重要和必要。外遮阳技术具有三个优势：第一，节能效果好；第二，经济效果优；第三，艺术性强。

建筑遮阳形式比较复杂，包括建筑外遮阳、窗遮阳设施、玻璃遮阳、建筑内遮阳等。这些遮阳措施都可以有很好的效果，均可以满足遮阳的需要。建筑外遮阳可以是固定式的建筑遮阳构造，如遮阳板、遮阳挡板、屋檐等；也可以是可拆卸活动式的，如百叶、活动挡板、花格等。这些遮阳构造在传统建筑中使用是很普遍的。

总结国外遮阳实践，归纳如下：

（1）遮阳设计应结合地区气候特点，建筑群布置和房间的使用要求。另外，要合理选择建筑的朝向，处理好建筑的立面，尽量避免夏季太阳光直射室内。

（2）在总平面布置中，利用建筑互相造影以形成遮挡方法，形成建筑互遮阳。通过建筑构件本身，特别是窗户部分的缩紧形成阴影区，形成自遮阳。

（3）建筑遮阳构件多种多样，不同部位的遮阳设计也有针对性。遮阳构件既可以是建筑的一部分，也可以是附加的遮阳构件。

当前，国内的外遮阳市场发展还处于起步阶段，大多数人对外遮阳作用的认知度不够，生产外遮阳产品的国内企业也不多，产品可选机会较少，造价相对较高，品质保障不足，以致开发企业望而却步。这些问题迫切需要设计和生产外遮阳设备的企业提高认识、加强实践，同时，政府有关部门也要对此情况加强重视并给予支持。

总之，以上几种技术可以有效地减少建筑物内部能源需求，降低建筑物能源供给，从而降低温室气体排放。但是，在 CDM 框架中，减少建筑物内部能源需求的技术还很难被应用，主要原因就是很难分辨出每种技术产生的真正减排量是多少，这就又涉及到之前提出的问题——建筑物的节能是整体的综合技术下的节能。只有实现了建筑物整体减排量的交易，以上几种技术产生的减排量才能被交易。

9.2.4　采光照明节能技术

9.2.4.1　采光中的天然光利用

20 世纪 70 年代能源危机以后，能源和环境问题引起全世界的关注，建筑物如何充分利用天然光，节能照明用电，引起国际建筑和照明界的高度重视。善用天然光不但可为建筑物节省能源，而且能使室内有更舒适的光度。若与人工照明系统配合得宜，使用天然光可以大大地减少人工照明系统的用电量。另一方面，由于减少使用人工照明系统亦减少来自它们的热量，所以空调系统的负荷也相应降低。而除了节能之外，采用天然光还可为用户创造一个舒适的视觉环境，从而增加他们的生产力。

近年来国内外建筑采光工作者提出了不少利用天然光的采光方法和设想，起来主要有两类：直接利用法和间接利用法。

天然光直接利用法主要有六种：

（1）使用平面反光镜的一次反射法；

（2）导光管法；

（3）棱镜组多次反射法；

（4）光导纤维法；

（5）卫星反射镜法；

（6）高空聚光法。

天然光间接应用法主要有三种：

（1）光一热一电一光转换法；

（2）光电效应法；

（3）太阳能高空发电法。

9.2.4.2　建筑照明节能技术

1. 节能灯

当前，我国的照明用电占全国用电量的 12％左右，在终端耗能中仅次于电动机，节能光源的利用则可以节省 60％～80％的能源。

节能灯是现在节能减排形势下普通白炽灯的理想替代品，不但节能省钱，其使用时寿命更是白炽灯的好几倍。节能灯又叫紧凑型荧光灯，它是1978年国外厂家首先发明的，由于它具有光效高，节能效果明显、寿命长、体积小、使用方便等优点，受到世界各国的重视和欢迎。

一般来说，在同一瓦数下，一盏节能灯比白炽灯节能80%，平均寿命长8倍。热辐射仅为20%。非严格的情况下，一盏5W的节能灯光照可视为等于25W的白炽灯，7W的节能灯光照约等于40W的，9W的约等于60W的。

表9-3所示为节能灯与普通白炽灯在光输出量相同时所用功率对比。

节能灯与普通白炽灯对比　　表9-3

光输出量相同		光输出量相同	
节能灯	普通白炽灯	节能灯	普通白炽灯
8～10W	40W	18～20W	75W
11～15W	60W	20～25W	100W

按照一天一个60W的白炽灯照明5h来计算，每度电如以4角2分钱计（各地电费不同），全年用电110kWh，所需要的电费为46元2角，再加上两个灯泡2元6角，全年的费用为48元8角。如果使用优质节能灯，只需要一个11W的灯泡，全年用电只有20kWh，电费为8元4角，加上灯泡本身的15元，全年的费用仅有23元4角。

2008年底，国务院新闻办发布的《中国应对气候变化的政策与行动》白皮书已经明确指出，中国将在近三年内采用财政补贴的方式，推广使用节能灯1.5亿只以上，以逐步淘汰低效能照明产品。

2. LED照明

尽管紧凑型荧光灯的电能利用效率高于白炽灯泡，但它也只能将15%的电能转换成光，这一比例最高只能达到30%。相比较而言，目前LED灯泡的电能利用效率已经达到30%，从理论上讲最高可以达到70%。LED灯研制的权威人士、剑桥大学的科林·哈姆费瑞斯指出："最初将是利用紧凑型荧光灯替代白炽灯泡，但最终LED灯泡将会成为未来的主角"。

LED（Light Emitting Diode）发光二极管，为通电时可发光的电子组件，是半导体材料制成的发光组件，材料使用III-V族化学元素（如：磷化镓（GaP）、砷化镓（GaAs）等），发光原理是将电能转换为光，也就是对化合物半导体施加电流，透过电子与电洞的结合，过剩的能量会以光的形式释出，达成发光的效果，属于冷性发光，寿命长达10万h以上。LED最大的特点在于：无需暖灯时间（idling time）、反应速度很快（约在9～10s）、体积小、用电少、污染低、适合量产，具高可靠度，容易配合应用上的需要制成极小或数组式的组件，适用范围颇广，如汽车、通信产业、计算机、交通标志、显示器等。LED灯是冷光源，省电而且亮度也高，是新型的理想照明方案LED显示屏是集光电子技术、微电子技术、计算机技术和视频技术为一体的高科技产品，它的发光部分由LED（即光发二极管）拼装组成的，可以适用于家庭、商场、宾馆及其他各种公共场所长时间照明。与白炽灯管或低压荧光灯管相比，LED的稳定性和长寿命是明显优势：白炽灯的连续工作时间很少可以超过 1000h，采用电子驱动器的荧光灯管的连续工作时间可超过 8000h，但 LED 能够无故障工作 50000h 以上。由于 LED 具有节能、环保、寿命长、体积小等优点，专家们称其为人类照明史上继白炽灯和荧光灯之后的又一次飞跃。

室内装饰灯市场是 LED 的新兴市场。通过电流的控制，LED 可以实现几百种甚至上千种颜色的变化。在现阶段讲究个性化的时代中，LED 颜色多样化有助于 LED 装饰灯市场的发展。LED 已经开始做成小型装饰灯，装饰幕墙应用在酒店、居室中。2005 年室内装饰灯市场规模达到 1.58 亿元。专家认为，无论 LED 何时能够真正替代白炽灯泡，耗能高的白炽灯泡最终将退出历史舞台。

总之，节能灯和 LED 灯在建筑中的大规模应用，南非已有成功的案例。但应当注意的是南非项目的对象是较为贫困的居民，他们无力购买节能灯具，因此具有额外性，而对于我国的大型公共建筑、学校、医院等建筑，这一额外性会显得很弱。在我国的农村推广节能灯，还是一个比较好的项目。

9.2.5　热回收

所谓热回收系统即是回收建筑物内外的余热（冷）或废热（冷）并把回收的热（冷）量作为供热（冷）或其他加热设备的热源而加以利用的系统。主要包括排风热回收和制冷机组冷凝热回收。

9.2.5.1　排风热回收

据调查，空调工程中处理新风的能耗大致要占到总能耗的 25%～30%，对于高级宾馆和办公建筑可高达 40%。可见，空调处理新风所消耗的能量是十分可观的。而空调房间排风中所含的能量更是相当可观，若加以回收利用可以取得很好的节能效益和环境效益，尤其是在冬季采用，效益更为明显。但在实际工程中，业主及业内人士往往单纯地从经济效益方面来权衡热回收装置的设置与否，而忽略了热回收装置带来的节能效益和环境效益。为了真正意义的节能，我国在 2005 年 4 月发布的《公共建筑节能设计标准》中，明确提出了在技术经济分析合理时应优先考虑采用排风能量的热回收，并强制规定了一些必须采用热回收装置的系统。

1. 各种热回收设备

常见的热回收设备有转轮式和板翅式全热换热器以及热管式和中间冷媒式显热换热器。

所谓全热换热器是用具有吸湿作用的材料制作的，它既能传热又能传湿，可同时回收显热和潜热。显热换热器用没有含吸湿作用的材料制作，只有传热，没有传湿能力，只能回收显热。

2. 全热回收装置

(1) 转轮换热器

转轮换热器是通过排风与新风交替逆向流过转轮来传递热量的（见图 9-10），转

图 9-10　转轮换热器

轮中的转芯是用喷涂氯化锂溶液的铝箔或浸渍过氯化锂溶液的特殊纸张或合成纤维制作而成的。排风由转轮一侧的入口吸入，将所含的部分冷量（或热量）传递给转轮；而新风从的另一侧吸入，转轮以 15～20r/min 的速度旋转，将积蓄在转轮上的冷量（或热量）传递给新风。转轮中间有清洗扇，其对转轮有自净作用，对转速控制，能适应不同的室外空气参数，而且能使效率达到 70%～80%以上。但是转轮式换热器是两种介质交替转换，不能完全避免交叉污染，因此流过的气体必须是无害物质，另外设备装置较大，占有较多面积和空间，接管固定，带传动设备，消耗一定的动能。

（2）板翅式全热换热器

板翅式全热换热器的原理与一般的板翅式换热器原理一样，不同之处在于全热型的采用了经特殊加工的纸张作为基材，并对其表面进行特殊处理后制成单元体粘结在隔板上。当隔板两侧的气流之间存在温度差和水蒸气分压力差时，两股气流之间将产生传热和传湿过程，从而进行全热交换（见图 9-11）。板翅式换热器结构简单，运行安全、可靠，无传动设备，不消耗动力，无温差损失，设备费用较低。但是设备体积大，需占用较大建筑空间，接管位置固定，缺乏灵活性，传热效率较低。

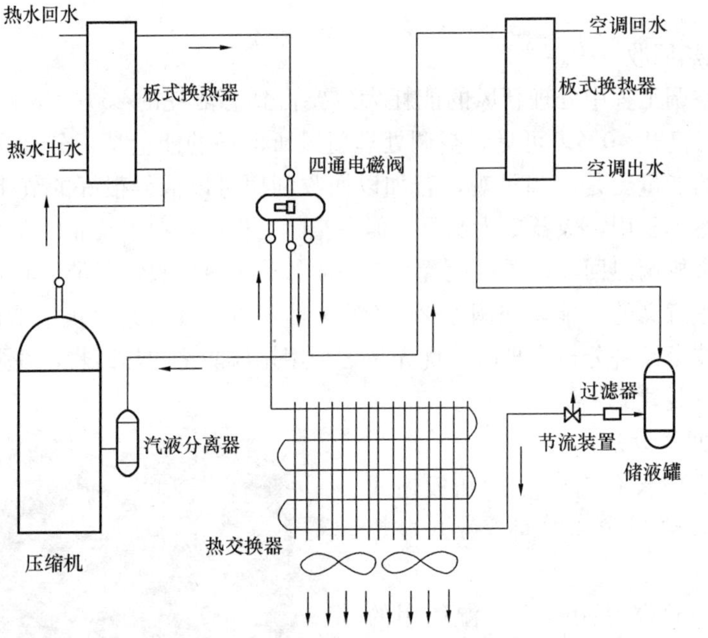

图 9-11 板式换热器工作原理图

3. 显热回收装置

（1）热管换热器

热管是利用某种工作流体在管内产生相态变化和吸液芯多孔材料的毛细作用而进行热量传递的一种传热元件。热管一端为蒸发端，另一端为冷凝端，热管一端受热时，液体迅速蒸发，蒸汽在微小压力差作用下流向另一端，并且快速释放热量，而后重新凝结成液体，液体再沿多孔材料靠毛细作用流回蒸发端。如此循环，热量可以源源不断地传递。热管式换热器无需动力消耗，借助另一介质的相变来传递热量传递效率较低。

（2）中间冷媒换热器

在新风和排风侧，分别使用一个气液换热器，排风侧的空气流过时，对系统中的液体进行加热或冷却；而在新风侧被加热或冷却的冷媒再将热量或冷量传递给进入的新风，液体在泵的作用下不断地循环。新风与排风不会产生交叉污染，供热侧与得热侧之间通过管道连接，管道可以延长，布置灵活方便，但是须配备循环泵，存在动力消耗，通过中间液体输送，温差损失大，换热效率较低，一般在 40％～50％之间。

4. 各种热回收器节能特点分析

当采用不同形式的热回收器时，经济分析如表 9-4 所示。

各种热回收器节能性能比较　　　　**表 9-4**

热回收设备类型	初投资（元/年）	机组效率（％）	风机运转电费（元/年）	年维护费用（元/年）	年节省费用（元/年）	回收年限（年）
板翅式	2040000	60	0	0	884460	2.31
转轮式	3315000	70	120000	8000	1370106	2.51
热管式	2142000	65	0	0	952381	2.25

从节能方面来考虑，转轮式热回收器效率最高，且为全热回收，对夏季湿负荷大的地区效果更明显，但因体积大，初投资高，运行维护费用高，回收年限长等缺点，显得不十分经济。从节能和经济两方面综合考虑，热管的初投资、运行和维护费用及回收年限等因素都较为合理，但据市场反馈的信息得知热管的使用寿命短，一般为 10 年左右，远不及其他类型。板翅式热回收器是工程上较为常用的类型，而且由于技术比较成熟，价格低廉而深受广大消费者的青睐。

从卫生角度来考虑，在中国经历了“非典”的恐惧后，人们对空气品质的要求越来越严格，虽然全热回收更有利于节能，但交叉污染，空气质量很难保证，这也是影响全热热回收器发展的重要障碍。以上三种热回收装置中，除转轮式为全热交换，其他均有显热交换，均可保证卫生要求。

从结构上看，热管式和板翅式的结构紧凑，接管灵活且体积小；而转轮式体积庞大，需占较大的空间，不利于安装。中间冷媒式热回收设备因为效率低（低于 50％）且消耗动力能源比较大在实际工程中应用的比较少，这里不做分析。

9.2.5.2　冷凝热回收

使用普通的集中空调系统总是有相当多的冷凝热直接排入大气，白白散失掉，造成较大的能源浪费，并且存在对周围环境的热污染。从节能的角度看，对于高层建筑来说，建筑物又需要大量的生活热水供应，如果能将冷凝热全部或部分回收来加热生活热水，不但可以减少冷凝热对环境造成的污染，而且还可以节省不少的能源。空调热回收机组就可以实现这一功能。但过去的水冷热回收机组由于冷凝温度低，回收的生活热水应用受限制，而风冷热回收机组由于冷凝温度较高，可以得到较高的回收水温，因此，其适用性较广。

风冷热回收机组由风冷热泵系统与冷凝段热回收系统组成。夏季使用时，机组制冷系统提供 5～15℃的冷冻循环水，同时热回收系统利用制冷机排出的废热加热生活热水，机组的总能效比达到 5.0 以上（机组制冷量＋机组回收热量与输入电功率的比值），其工作原理与常规的制冷原理相同。

在实际工程应用中，由于水系统管路及储能水箱保温效果差等将导致一定程度的温降，舒适性较差。而提高生活用水水温可以采取以下措施：如果生活用水热负荷小于空调侧热负荷，则采用部分热回收来制取生活用水，压缩机的排气温度可高达 65～90℃，这时生活用水出水高达 55～65℃；如果生活用水热负荷与空调侧热负荷相当，则采用全部热回收来制取生活用水，一般情况下，风冷热泵机组冷凝温度 50～55℃，生活用水水温可达到 45～50℃。

9.3 提高采暖系统效率

我国北方采暖地区面积约占国土面积的 70%，另据相关数据显示，该地区 70%以上的既有居住建筑为高能耗建筑，冬季采暖平均能耗为每平方米 14～25kg 标准煤，是同纬度发达国家建筑能耗的 1.5～3 倍，因此，对该地区既有居住建筑建筑进行节能改造尤为重要。北方城镇既有居住采暖面积约有 65 亿 m^2，大部分建筑采暖季平均能耗约为 25kg 标准煤/m^2，如果在现有基础上实现节能 50%，则一年大约可节省 0.82 亿吨标准煤，能实现减排 CO_2 1.72 亿 t，$SO_2$180 万 t，NOx80 万 t，烟尘 140 万 t。同时，对既有居住建筑进行节能改造还能为社会创造较多的就业机会，带动能源服务业的发展，从整体上提高社会资源利用效率。

9.3.1 采暖系统节能降耗措施

9.3.1.1 采暖锅炉节能

锅炉本身效率低：以北京市为例，燃煤工业锅炉平均运行效率为 55%～60%，比国际先进水平低 20～25 个百分点；燃气锅炉的平均运行效率 80%，比国际先进水平低 10～15 个百分点。北京市供热系统采取节能措施的不到 20%。

1. 合理选择锅炉

应根据建筑内对热源的多种要求和负荷变化，合理确定锅炉台数和单台锅炉容量的配置，在低于设计用热负荷条件下，单台锅炉的负荷率：燃煤锅炉不应低于 50%，燃油、燃气锅炉不应低于 80%，以确保在最大负荷和变负荷工况下尽可能高效率运行。

2. 改造燃煤锅炉

燃气锅炉比传统的燃煤锅炉具有更大的优势，使用燃气锅炉既安全又方便。相对于燃煤锅炉而言，燃气锅炉主要存在以下优点：燃气锅炉比燃煤锅炉辅助设备少，所需工作人员少，负担工资及福利费用要少得多。节省锅炉生产用电费用。燃气锅炉燃料输送设备少，费用较省。燃煤锅炉在煤的输送、除渣过程中都需要相当多的人力，而燃气锅炉则仅仅需要较少的人力。燃气锅炉的布置灵活，产生的噪声低。同时，燃煤锅炉运行时会有大量烟尘产生，而天然气为清洁能源，对于环境的影响较小，燃煤锅炉大多数热效率也较低，甚至有些中小锅炉热效率仅为 30%～60%，而燃气锅炉的热效率一般都在 80% 以上。煤改燃气锅炉的改造后可以实现燃气锅炉负压燃烧分体控制，在不降低原有锅炉性能的前提下可以解决回火、脱火、燃烧器稳定性和提高热效率等燃烧技术。

以北京为例，在《锅炉污染物综合排放标准》规定，中心城区 20t 以下锅炉禁用燃煤。中心城区 1.6 万台 20t 以下燃煤锅炉将全部改用清洁能源（燃气、电、地热余热等），或把分散的小吨量锅炉集中成大的改造，减少了二氧化硫和可吸入颗粒物的排放，年削减燃煤 600 万吨。北京采暖季的达标天数从过去的 50%以下增加到 70%左右，空气质量明显提高。

9.3.1.2 提高室外管网输送效率

节能标准皆要求室外管网输送效率达到 90%，但实际达标情况很差，目前仅为 70%。与国外室外管网输送效率为 90%～92%相比，相差 20 个百分点。差距如此之大，主要是因为国外室外管网输送效率基本上是保温效率，而国内却是由三部分组成：一是保温效率；二是输热效率（指设备泄漏和用户放水）；三是平衡效率。尤其是其中平衡效率低所造成的损失最大，而此问题由来已久却长期得不到解决。

1985 年至今，尽管外网水力平衡调节技术在推行的过程中不断有进步，调节阀、平衡阀和各种自力式流量控制阀等产品质量不断改进，调节方法也日趋成热和更简便易行，但总的来讲，此项技术的推广工作仍很不到位。具体表现在：运行单位因缺乏更换老旧阀门的资金而不能实施调节；施工单位的安装费中含有调试费，但从来没有负责过室外管网的初调节；设计单位至今还普遍存在不经过计算就按管径选择平衡阀的现象等。此外，半通行沟内二次管线的失修失养、保温脱落、管沟泡水等，更是随处可见，这些都大大地增加了保温和泄漏热损失。

因此，热力网管道地下敷设时，应优先采用直埋管，但产品和施工质量要求过硬，能够经久耐用。保温层设计应优先采用经济保温厚度，阀门、法兰等部位宜采用可拆卸式保温结构。

9.3.1.3 实行分时控制

在一个采暖系统中，不仅有居民楼还有机关、学校、医院、商业设施等其他建筑，不同性质的建筑物对采暖需求不一致。如机关、学校仅白天办公、学习，夜间就会停止不用，而夜间耗热量更大。只要白天保证正常供热，夜间可以将流量降到正常值的 40%～60%，保持值班温度即可。如以室外温度−5℃为例，白天室温一般 20～22℃，晚间和假期只需 5～10℃即可，室内外温差由 25℃减为 12℃，流量可减少一半左右，故采用电动阀分时控制，采暖季大半时间开度减为 40%～60%左右，对于此类楼宇可节能约 25%～40%。

当室内无人时，一般要求值班采暖，此时室温在 6～8℃之间。外墙和屋顶中的各种接缝和混凝土或金属嵌入体构成的热桥，在建筑构造中往往难以避免，故在中寒期的值班温度应依据测算升高一些，否则这些部位可能会出现结露和长霉。

针对值班人员可采用加大暖气片、使用电暖器等方式解决，针对加班人员考虑其规律控制，需要节能管理员更加认真负责。具体由楼前控制器精确驱动电动阀，并且本着不破坏水力平衡、按需供热的原则，在不同时段，对不同区域、不同性质的用户调整供热量，从而最大限度地节约能源。

当住宅楼与办公楼混供时，晚上办公楼负荷下降，住宅楼负荷增加，有助于全天热负荷平衡，热源设备可据此进行很好的调配。

9.3.1.4 变频调速

按照新的节能要求，采用水/水或汽/水热交换器间接供冷供热循环水系统、二次泵空气调节水系统，负荷侧的二次水循环泵应采用自动变速控制方式，这比采用控制水泵台数的方法更节能。设计过程中水泵或风机的电机容量是根据系统最大设计热负荷选定的，并有一定的设计余量。实际运行中系统满负荷运行时间很少，90%的时间都工作在部分负荷的状态下，并且系统阻力等实际参数与设备额定参数不相等。如果电动机总处在工频状态下全速运行，造成能量的大量浪费。通过变频控制设备对供电频率进行调整，进而改变风机或水泵转速，达到节电目的。

如果单台变频器对应单台循环水泵，那么初投资比较大，但现在可以实现单台变频器控制多台循环水泵的运行，这样，价格就会明显降低，一般其成本当年即可回收。对于多台泵并联的循环水泵，可采用其中的一台循环泵实行变频调速，其他各台循环泵都为定流量运行，此时，变频调速泵起着峰荷的调节作用。当单台循环水泵功率大于75kW时，设置降压启动装置；当单台循环水泵功率小于55kW时，无需降压启动，可由变频器直接控制实现软启动。变频一定要结合水力平衡才能真正发挥作用，否则至少失去一半作用。一次水循环泵也应加变频控制装置。此外，风机变频对解决燃料不完全燃烧和空气过量造成排烟损失也有一定帮助。变频调速还可降低风机、水泵等设备噪声。

实行变频调速节能技术，可节电30%～50%。一般锅炉房耗电量合计建筑面积为2～5元/m^2左右，燃煤锅炉较高，燃气锅炉较低。如燃气锅炉一、二次水循环泵占耗电量70%～80%左右，通过这一改进至少可节能约0.5元/m^2。

9.3.1.5 烟气回收

燃煤锅炉常用省煤器对烟气热量加以回收，产生蒸汽的锅炉往往还使用空气预热器对进风空气加以预热，从而达到节能效果。然而燃煤锅炉与燃气锅炉相比，烟气中的水蒸气分额并不大，这部分水蒸气凝结后释放的热量不能使热效率提高多少。但燃气锅炉应利用这一点对烟气热量加以回收，因为气体燃料的高位发热量与低位发热量相差最大，液体燃料次之，固体燃料最小。

燃烧1m^3天然气大约要产生1.6kg的水蒸气，烟气中1kg水蒸气所携带的热量达2500kJ，包括物理显热和汽化潜热，其中汽化潜热居多。燃烧1m^3天然气产生的水蒸气要带走热量约4000kJ，占总热量的10%以上，即天然气的高位发热量与低位发热量之差约为4000 kJ/m^3。1t锅炉每小时排出烟气所产生的水蒸气约30～40kg。

通过加装烟气回收装置，可节能约3%～7%。其中，回水温度越低，烟气中水蒸气越易冷凝，从热回收装置中得到的热量就越多。烟气的露点温度因燃料不同而不同，由高到低依次为城市煤气、天然气、泥煤、液体燃料、褐煤、烟煤、无烟煤。

国外常用冷凝式锅炉，即锅炉和热回收装置一体，对解决上述问题更加有效，从而更有利于节能。例如普通高效锅炉燃烧天然气时，如果在无过量空气的条件下运行，锅炉热效率按燃料低位发热量计算即90%；使用冷凝式锅炉后，排烟温度降低到30℃，效率则会提高到107.6%。

总之，改燃煤锅炉为燃气锅炉，采用技术方式提高采暖系统效率，降低采暖系统温室气体排放，是个很好的 CDM 技术方向，之前已有几个成功的案例。该种技术产生的减排量大、额外性充分，基准线也比较容易指定，因此，如果要从建筑实施 CDM 项目中寻找突破口，那么该种技术就是一个很好的选择。

9.3.2　供热分户计量

长期以来，我国采暖大都按面积收费，耗能多少与用户利益无关，用户一般不进行节能调节，当室温较高时，就出现了用户开窗散热的情况，造成采暖耗能普遍较高。按热表计量收费能够将用户的自身利益与节能消耗结合起来，从根本上转变居民的用热观念，促进公民节能意识的提高，推动节能工作的开展。根据一些发达国家的经验，采取供热计量收费措施可节能 20%～30%。

随着我国热计量产品不断成熟，技术不断完善，经验不断积累，该方式将逐渐在国内推广。同时，热计量的缴费方式对于提高热用户的节能意识也至关重要。热计量收费一般采用二部制计费法，即热费由固定热费和计量热费两部分组成，其中固定热费部分占全部热费的 30%～50%。固定热费一般按面积计费方式计算，计量热费按热量表的计量热量计算。

新房一步到位，凡采用集中供热方式的城镇新建公共建筑和居民住宅，都必须设计安装具有分户计量及室温调控功能的采暖系统，并执行按用热量分户计量收费。现有居民住宅分步实施，先按住宅面积缴纳热费，然后结合计量及温控装置技术改造的实施，逐步实现按用热量分户计量收费。

到 2008 年，北方地区供热计量试点面积达到 1.98 亿 m^2，比 2007 年增加 1.5 亿 m^2，其中已经实现按用热量计量收费的面积达到 4600 万 m^2，比 2007 年增加 1800 万 m^2。华北某地区实行供热计量收费以后，用户的退费率达到了 60%以上，退费额在 8%～18%，供热系统实现节能 11%，多数用户实现了节能节费。

此方式适合新建项目和旧有双管系统改造项目，包括以下几种：

（1）散热器加温控阀

通过在各个房间散热器上加装温控阀，用户可根据需求调节室温，实现行为节能。

（2）采用双管循环系统

与单管系统相比，双管系统不易造成热用户垂直失调，调节性能较好，配套的温控阀更易接近线性特性，而使室温调节更到位。

（3）每户加锁闭过滤调节阀

实际运行中，经常会出现实际流量比设计流量偏大的现象。此时实际供回水温差必然减少，进而导致供水温度下降，回水温度上升。

另外，在分户计量系统中普遍安装散热器温控阀的同时，如果系统流量过大或过小，超出温控阀运行的工况，则散热器温控阀不能起到良好的控制功能。实现分户计量收费以后，为了减少采暖费支出，上班后一部分居民会关闭采暖阀门，下班后再开启，造成上下班同时开启率大，使系统运行工况极不稳定。这种不稳定的工况对有利环路影响小，而不利环路 3～5h 才热，使居民住宅采暖品质下降。

而在双管系统、分户计量、散热器加温控阀等基础上，再在每户入口加装锁闭过滤调节阀，通过水力平衡对系统量化管理，有效控制系统循环水量，实现小流量、大温差的节能方式，以提高锅炉运行效率和水泵输送效率，进而实现节能率20%～30%。

由于计量供热在我国的供热领域是刚刚兴起的技术革命，尽管国外有许多成功的经验可以借鉴，但是由于国情的不同使在理论和实践方面仍然面临着许多问题需要解决，尤其是符合我国国情的问题不是照搬国外的现成技术就可以解决了的，因此我国的科技界将开展诸多的研究工作来完善和改进已有的国外技术，如一户一表式计量供热系统和按面积进行热分配式的计量供热系统的性能；热入口和热网的必要的配置；热交换站及供热锅炉的调节；制定计量供热系统新的设计，施工和运行管理规范；系统中配套的计量仪表和设备的研制等等。这些课题的研究具有较高的学术水平和现实的实际意义，必将在国内供热技术领域产生极大的影响，将为供热计量事业发展提供科学依据，使在今后工作中避免在技术上造成停滞或不必要的经济损失；也将使我市供热计量及收费事业得到科学稳固的发展，产生巨大的节能效果并将带动相关产业的发展。

总之，进行供热分户计量改造实现节能是一项比较好的建筑CDM项目应用技术活方案。且有比较好的额外性和基准线制定的方法，利益分配也较好实现，只需由供热企业获得减排收益，同时采取降低热价的方式实现。

10　CDM在建筑领域的应用总结

10.1　项目选择

一个典型的CDM项目需要经历如下8个步骤：项目识别；项目设计；参与国批准；项目审定；项目注册；项目实施、监测与报告；减排量的核查与核证和CERs的签发。建筑节能CDM项目在实施的过程中，部分步骤与其他CDM项目基本相同，而由于其自身的特点，在一些步骤中应给予特别的关注。

基本相同的流程一般为程序性流程，如：参与国的批准、项目审定、项目注册、项目实施、监测与报告、减排量的核查与核证、CERs的签发。

应给予特别关注的流程有：项目识别、项目设计。

项目识别，简单而言就是什么样的建筑节能项目适合开发成为CDM项目。项目识别对于成功申请建筑节能类的CDM项目十分重要。在上述的研究的基础上，建筑节能类的CDM项目应具备以下几个特点：

1. 业主尽可能地少

一般工业领域的CDM项目，其投资建设方往往就是该项目的使用方，其减排收益分配也较为简单，受益者即为投资建设方（使用方），其所生产出的产品在市场竞争的条件下，会按照市场价格出售，减排成本则由投资方（使用方）承担，减排收益自然应归于投资方（使用方）。而在建筑项目中，投资方和使用方往往是分离的，且往往又有多个使用方（如住宅等一栋建筑分部分买个不同业主）。如果使用方承担了较高的成本购买了节能建筑中的一部分面积，那么建筑节能产生的减排收益也应分一杯羹。但是由于建筑物的整体性，收益分配的成本就会上升，甚至无法进行分配。

因此，在建筑节能 CDM 项目的识别上，首先应选择那些，目前并且将来业主少的项目，这样降低了分配收益的成本，并且也有利于中介服务公司与建筑项目的业主进行沟通和交流，有利于项目的申请和今后的监测。

一般而言此类型的典型代表即为商用写字楼项目、学校、工业园区等。投资方负责项目的建设，并且项目建成后并不对外出售，而是采取租赁的方式来获得收益。

2. 业主的积极性高

如前所述，建筑节能项目对业主的经济激励不强，所获减排收益与其项目投资、项目收益而言非常有限。同时由于建筑项目本身的特殊性，需要项目业主与中介公司、DOE 等进行充分沟通，因此应选择那些更重视环境问题，对经济利益不是十分苛求项目业主。这样在建筑 CDM 项目的实施的过程中会比较顺利。

3. 能源系统简单

建筑类的项目能源系统比较复杂，为了方便监测，减少监测成本。应选择能源系统相对简单的建筑项目。例如：一个项目只有一个能源入口。

10.2　技术总结

CDM 坚持“可测量、可报告和可验证”的减排量，此条原则是必须坚持的，否则整个交易机制将被破坏。建筑节能减排也必须坚持此条原则。从案例中可以看出，一些小型项目的方法学是建筑领域 CDM 项目应用较多技术方案。其中有代表性的，实施可能性较大的技术方案有：

1. 太阳能光热项目

太阳能光热项目在中国，特别是在中国农村具有较好的额外性和基准线制定方法。监测也较为容易实现，并且世界范围内也有成功案例。但太阳能光热项目也有其不足，对于每户家庭而言，使用太阳能光热装置，减排的温室气体量不是很大，因此，需要较多户家庭共同参与这个项目。可以考虑由太阳能光热装置生产厂家组织项目，降低太阳能光热装置的销售价格，给予特定用户，而温室气体减排收益由该厂家承担。

2. 太阳能光电项目

太阳能光电项目一直被认为是具有良好的额外性和基准线，其监测也较为容易。世界范围内有很多地区实施了太阳能光电项目。但是该类技术的缺点是减排量小，必须拥有很大的面积才能实现较大范围的减排。如果面积过小，很可能造成交易成本大于卖出 CERs 所获得的资金。如果私人企业主导此类项目，对于项目业主的激励很小。此类项目更适合有资金支持的且实施面积较大的 CDM 项目。

3. 利用热泵技术为建筑物提供热源项目

可再生能源提供热源项目，主要的技术是使用热泵技术，获得土壤、水源等地表浅层的热量，为建筑物提供热源。此类项目具有较好的额外性、基准线确定方法。同时，此类项目一般为大型公共建筑提供热源，减排量相对较大，是一个较好的技术方法。

4. 供热系统和建筑改造项目

供热锅炉、系统改造可以有效地实现减排。此类项目也更接近于工业项目，监测更为方便。由于是为建筑物提供热源，因此如果将建筑物实施围护结构保温改造，对用户实施热量计费，激励用户行为节能，并以降低热费为回报，那么此类项目的减排潜力将是非常巨大的。中国华北的城市基本上都实施了集中供热，具有很好的项目源。

第5篇 建筑节能PCDM项目

清洁发展机制不仅应该在大型工业生产领域，同样需要在建筑、交通、服务以及农业生产领域广泛应用，这样才能最终实现全民参与温室气体减排行动和可持续发展。从目前来看，要实现这些目标需要对现有的CDM国际规则进行发展和完善，而规划方案下的清洁发展机制（PCDM）是一种更加高效的机制，可以弥补目前CDM的某些不足。

PCDM是指将为执行相关政策或者为达到某一目标而采取的一系列减排措施作为一项规划方案，整体注册成为的一个CDM项目。因此，PCDM项目一旦大范围实施，有可能产生较大的社会影响。一方面，PCDM项目可以通过增强政策和规划的实施来促进温室气体减排，获得相应的减排量，并引导整个社会向低碳排放型社会发展；另一方面，PCDM项目的实施还将会改变各国在面对全球气候问题中的立场和地位，特别是那些正在实施多项有关减排活动政策法规的发展中国家。

11 PCDM案例

11.1 PCDM案例项目

PCDM还处在进一步的探索和试点阶段，由于其特殊性和困难性，离成功注册还有相当长的距离。截至2009年9月，全世界只有5个PCDM项目处在公示阶段，如表11-1和表11-2所示。

PCDM的建筑节能项目总结表—规划方案（PoA） **表11-1**

序号	项目名称	项目描述	基准线	方法学	额外性	监测参数	管理/协调单位	项目进展
1	突尼斯的太阳能热水器项目	在突尼斯家庭中每年安装大约30000个太阳能，取代目前家庭中用电网和化石燃料提供热水的碳密集电力	使用化石燃料和电网电力为家庭提供热水	AMS-Ⅰ.C.	资金和管理/组织障碍，技术障碍，普遍性障碍	(1) 每年太阳能热水器运行的总台数； (2) 每年每个太阳能热水器运行的总小时数	突尼斯国家节能机构(ANME)	公示阶段
2	越南南方太阳能热水器项目	在南方的家庭，幼儿园，小旅馆和建筑物上安装太阳能热水器	使用电加热器烧水	AMS-Ⅰ.C.	普遍性障碍，技术障碍	(1) 每年太阳能热水器运行的总台数； (2) 每年每个太阳能热水器运行的总小时数	胡志明市节能中心	公示阶段

续表

序号	项目名称	项目描述	基准线	方法学	额外性	监测参数	管理/协调单位	项目进展
3	塞内加尔农村地区节能灯项目	为家庭和住房安装节能灯CFL。提高塞内加尔农村地区节能灯CFL的使用，到2012使农村地区节能灯从16%升到50%	在农村地区使用白炽灯	AMS-Ⅱ.C.	投资障碍，普遍性障碍	（1）第年每个村子所用节能灯的数目（个）； （2）每个节能灯的功率（W/个）； （3）节能灯的每年平均运行时间（h）； （4）每年由ASER收集的用过的节能灯CFLs的数量； （5）每年发电厂消耗的燃料的重量（t/a）； （6）每年供给每个村的净电量（MWh/a）	塞内加尔农村电气化局（ASER）	公示阶段
4	墨西哥节能灯项目	分发节能灯给墨西哥家庭，提高墨西哥住宅照明的能源效率	参加此活动的家庭使用白炽灯	AMS-Ⅱ.C.	投资分析，障碍分析，普遍性分析	（1）正在运行节能灯的数量； （2）收集的白炽灯的数量； （3）被取代的白炽灯的功率； （4）分发的节能灯的平均加权功率； （5）分发的节能灯的平均年运行时间	Cool nrg碳投资私人有限公司和Cool nrg墨西哥SRL de CV公司	处于修改阶段
5	孟加拉共和国家用太阳能系统项目	通过家用太阳能系统取代煤油，柴油的消耗，提供电力给没有接入电网的用户	家庭使用煤油，柴油照明和使用家电	AMS-Ⅰ.A.	投资障碍，技术障碍，管理/组织障碍，普遍性障碍	（1）柴油、煤油的排放因子； （2）每年燃料消耗量； （3）安装的太阳能家用系统的数量； （4）太阳能家用系统的运行时间	孟加拉国Grameen Shakti	公示阶段

PCDM的建筑节能项目总结表—项目活动 **表11-2**

序号	项目名称	项目基准线	减排量	额外性	监测参数
1	突尼斯21个省份太阳能热水器项目	使用化石燃料和电网电力为家庭提供热水	9539t CO_2e/a	资金和管理/组织障碍，技术障碍，普遍性障碍	（1）每年太阳能热水器运行的总台数； （2）每年每个太阳能热水器运行的总小时数
2	越南南方2000个太阳能热水器项目	使用电加热器烧水	2542t CO_2e/a	普遍性障碍，技术障碍	（1）每年太阳能热水器运行的总台数； （2）每年每个太阳能热水器运行的总小时数

续表

序号	项目名称	项目基准线	减排量	额外性	监测参数
3	塞内加尔Saint-Louis-Dagana-Podor地区节能灯项目	在农村地区使用白炽灯	3835t CO_2e/a	投资障碍，普遍性障碍	(1) 每年所用节能灯的数目（个）； (2) 每个节能灯的功率（W/个）； (3) 节能灯的每年平均运行时间（h）； (4) 每年由ASER收集的用过的节能灯CFLs的数量； (5) 每年发电厂消耗的燃料的重量（t/a）； (6) 每年供给每个村的净电量（MWh/a）
4	墨西哥Puebla地区节能灯项目	参加此活动的家庭使用白炽灯	26477t CO_2e/a	投资障碍，普遍性障碍	(1) 正在运行节能灯的数量； (2) 收集的白炽灯的数量； (3) 被取代的白炽灯的功率； (4) 分发的节能灯的平均加权功率 (5) 分发的节能灯的平均年运行时间
5	孟加拉共和国226700个家用太阳能系统项目	家庭使用煤油，柴油照明和生产电量	34854t CO_2e/a	投资障碍，技术障碍，管理/组织障碍，普遍性障碍	(1) 柴油、煤油的排放因子； (2) 每年燃料消耗量； (3) 安装的太阳能家用系统的数量； (4) 太阳能家用系统的运行时间

注：CO_2e指二氧化碳当量。

11.2 PCDM案例项目分析

到2009年9月，全世界仅有5个PCDM项目，且仍处在公示阶段。也就是说，目前，还没有成功的PCDM项目执行案例，从每个CPA看和一般的CDM项目并无太大区别。PCDM的特点集中体现在PoA上。通过分析上述的5个公示案例，也可以看出PCDM项目的一些特点，这也为我国开展建筑节能领域的PCDM项目提供了很好的帮助。

特点一：均与建筑节能领域有关

五个项目均与建筑节能领域有关联，如在突尼斯和孟加拉国的项目为家庭太阳能替代项目，越南的项目为在幼儿园、小学等建筑上安装太阳能装置，塞内加尔和墨西哥的项目为在农村中使用节能灯替代原有的白炽灯。技术方向主要集中在节能灯技术和太阳能技术，并以太阳能光热为主。开展这些项目的地区很多为农村地区，这也证明了清洁发展机制以及建筑节能领域的减排活动对于当地可持续发展方面具有积极的作用。从上文的论述中可已知，在中国也有类似的项目，如财政部与住房和城乡建设部共同开展的建筑节能专项工作，其中就有可再生能源在建筑中的应用项目，其项目内容之一就是应用太阳能热水系统，并为此建立了完整的监测程序、独立检测机构、制定了检测办法，在这方面，中国具有独立 CPA 项目经验，也具有 PoA 的经验。

特点二：方法学均为小项目方法学

在案例项目中，所有的方法学均是小项目方法学。也就是说，由很多小项目组成的 PoA，总体减排量还处在小项目水平。也正是由于每个 CPA 的减排量有限，才整合成一个 PoA，但这又涉及到协调/管理机构的能力问题，以及交易成本问题。这同样说明了方法学的匮乏。这也是国际社会各界需要再努力的地方。

特点三：管理协调单位多样化

存在一个管理协调单位是 PCDM 项目的重要特点，从案例项目中的组织管理单位较为多样化，有“国家节能机构”、“胡志明市节能中心”、“塞内加尔农村电气化局”这样的政府组织，也有私人公司。从中可以得出，开展 PCDM 项目并不一定非由政府主导，私人企业也可以开展。只要能组织好、管理好、协调好各个项目单位，实现 PCDM 机制的要求的内容就可以开展 PCDM 项目。这也为我们下一步开展 PCDM 项目提供了有益的思路。

12 PCDM 所面临的主要问题

虽然目前世界上已经出现了一些类 PCDM 的建筑减排项目。但是，目前还没有一个真正的 PCDM 项目被成功注册，建筑领域中的 PCDM 发展也仍然十分缓慢。一方面是由于建筑减排本身的特点所决定的；另一方面也是由于 PCDM 项目执行中尚存在不少问题，其中包括方法学的缺乏、PCDM 本身的复杂性、国际规则尚待完善等。

12.1 PCDM 机制面临的问题

与建筑减排项目相关的方法学主要有可再生能源、能源效率和燃料替换等，这几个方面有很多经批准的方法学，但大多数 CDM 项目只集中于少数几个方法学，从项目的类型以及从建筑领域节能项目的角度看，主要集中在可再生能源发电、供应侧能效提高和燃料替换类型的项目。可供建筑减排领域使用的方法学较少。

1. 可供应用的大型提高能效类方法学匮乏

目前，现有的 PCDM 案例项目，以及类似于 PCDM 的建筑减排项目大多数都是小型项目，一方面是由于建筑减排项目的减排量较小，另一方面也是由于建筑减排项目缺乏适合的大型方法学。例如，集中供热具有很大的节能潜力。特别是在中国的北方地区，绝大多数城市实施了集中供热，在一个城市中很多小区的集中供热情况基本类似，完全可以实施 CDM 项目或 PCDM 项目。但是，适合集中供热系统的大型能效提高类方法学匮乏。现有的需求方能效提高类项目共有 4 个大型方法学，但是没有针对建筑供热系统的大型方法学。

中国华北地区城镇绝大部分都实施了集中供热。据 2007 年统计，我国供热面积达到 30.06 亿 m^2。供热能耗巨大，减排潜力巨大。但是现有的供热系统的方法学只有小型项目的方法学。这就限制了在集中供热锅炉、管网、建筑的改造方面开发清洁发展机制项目。

2. 现有方法学执行 PCDM 有难度

一些方法学的问题阻碍了 PCDM 项目的推广。以方法学 AM0044 为例，此方法学为能效提高类方法学，适用于工业锅炉或地区供热部门锅炉改造或替换，是一个在 PCDM 方面很有应用潜力的方法学，特别是对于集中供热类项目。但是在该方法学条件下，减排量是基于被替换的低效率锅炉在达到使用寿命之前的排放量，减排量计入期基于被替换锅炉的剩余寿命。这使该方法学不适合在新安装锅炉的项目中使用，也不适合替换快达到使用期限的低效率锅炉的项目使用。在到达使用寿命之前，替换锅炉会使企业损失一部分利益，而且这种替换还会影响相关企业的正常运行，造成损失。

3. 新的大型方法学提交和审批的周期长、花费大

从提交新方法学到被执行理事会拒绝，需要 200 天左右的时间；而如果新方法学获得批准，则需要 300 天左右的时间。提交新的方法学不仅周期长，开发者所承担的经济费用也很高。

12.2　PCDM 实施过程中面临的问题

1. 协调/管理机构需要较高的能力

与 CDM 项目相比，PCDM 增加了协调/管理机构，协调/管理机构是各个项目单位与 DOE、DNA 等的沟通的桥梁，需要极高的组织协调能力。并且，协调/管理机构还需要确保项目的真实性，这对协调/管理机构的技术管理水平也提出了很高的要求。协调/管理机构是 PCDM 实施的关键部分，如何在实践中确保与所设想的制度的一致性，是 PCDM 成功与否的关键。

2. 交易成本问题

CDM 在建筑中开展的比较缓慢，交易成本较高是一个主要原因。但是 PCDM 的交易成本如何还是个未知数。但从目前的制度设计看并不十分乐观。首先，协调/管理的成本会比以往高，协调/管理需要大量的沟通和交流工作，并且需要在技术上确保项目的顺利进行。并且随着项目的增多协调/管理的成本就会升高。咨询的费用、DOE、监测的成本都会比以往升高。

PCDM 的收益要靠规模效应。一旦 PoA 和一个具体的 CPA 成功登记并签发，无数个 CPA 可以不断地添加，而无需再申报审批，只需 DOE 认证核查，边际成本很低。因而，单位 CERs 的成本是高是低取决于 PoA 的规模。但是，如果 PCDM 进展顺利，增加了 CERs 的市场供给，如果需求没有太大的增加，CERs 的价格会下降，导致收益率的降低。

3. 风险问题

PCDM 的实施需要多方共同协调进行。更多的参与方意味着更多的利益纷争，这需要协调/管理机构有很强的协调能力。并且由于 PCDM 的计入期可以为 28 年，政治风险、国际碳市场风险（CERs 价格波动）、方法学风险都存在，且非常关键，很有可能一个因素的变化导致项目的整体失败。

随着加入 PoA 项目的增多，如何确保每个项目的真实可靠是十分关键的。如果相关 DNA 或者 EB 成员发现一个 CPA 有问题，EB 将决定是否立刻将 CPA 从 PoA 中删除。被

删除的 CPA 不能用于任何 CDM 活动，DOE 须在 30 天内弥补等量的 CERs，此 PoA 下的新的 CPA 加入以及 CERs 的签发将被暂停，而且已加入的 CPA 需要由另一 DOE 进行审查。EB 进一步决定是否删除其他的 CPA。只有所有要求的撤销工作结束后，其他的 CPA 才可以继续加入。

4. 国际国内政策接轨

当前，国际规则与国内政策问题国内尚无配套政策。现有 CDM 管理办法没有 PCDM 项目开发的内容，如：协调管理机构的资格、PoA 的范围与规模（包括在同一地区能否出现多个协调管理机构）、收益如何分配、外资企业能否成为实施主体都没有可实施的制度安排。是否需要与国家可持续发展战略及重大政策（如节能减排目标）协调一致，是否需要出台鼓励 PCDM 项目开发的更优惠的政策措施，也是 PCDM 在制度设计时需要考虑的内容。

13 建筑 PCDM 实施方案

目前，PCDM 仍处在不断的讨论和完善之中。按照清洁发展机制的基本原则和已经基本确定的部分 PCDM 规则，结合已有的 PCDM 案例和类似于 PCDM 的建筑节能 CDM 案例，下面以中国的建筑节能发展为背景，进一步探讨如何实施建筑领域的 PCDM 项目。

13.1 技术方案和特征

根据 PCDM 基本规则，实施 PCDM 项目需具有以下几个特点：

（1）自愿的或者强制的政策措施或者部门规划；

（2）减排项目活动分散；

（3）项目活动不是同时发生；

（4）项目活动的预期类型、大小可以事前确认，但其实际发生的数量和时间可能事前无法确定。

在我国建筑节能领域部分存在着强制性政策和部门规划，并且部分业主愿意实施更加环保、节能的建筑方案，具备自愿行为。建筑节能减排活动分散，且不是同时发生，减排项目的类型和减排量的大小可以事前预估。但从整体看，实际发生项目的数量和时间事先都是无法确定的，从以上几个原则上看，我国具备开展建筑领域 PCDM 项目的条件。

以中国现有的建筑节能政策为基础，结合 PCDM 的基本原则，将建筑节能领域可以分为：新建居住建筑；既有居住建筑节能改造；可再生能源建筑中的应用；大型公共建筑节能（见图 13-1）四个类型，以及如绿色照明活动等建筑节能中其他节能活动。

1. 新建居住建筑

（1）PoA 概况描述

新建居住建筑的 PCDM 项目可以是某一时间段内在某一地区或一家开发单位在不同地区开发的几个新建居住建筑。居住建筑按照或超过某建筑节能设计标准进行设计，采用某一种或几种节能技术。

（2）基准线

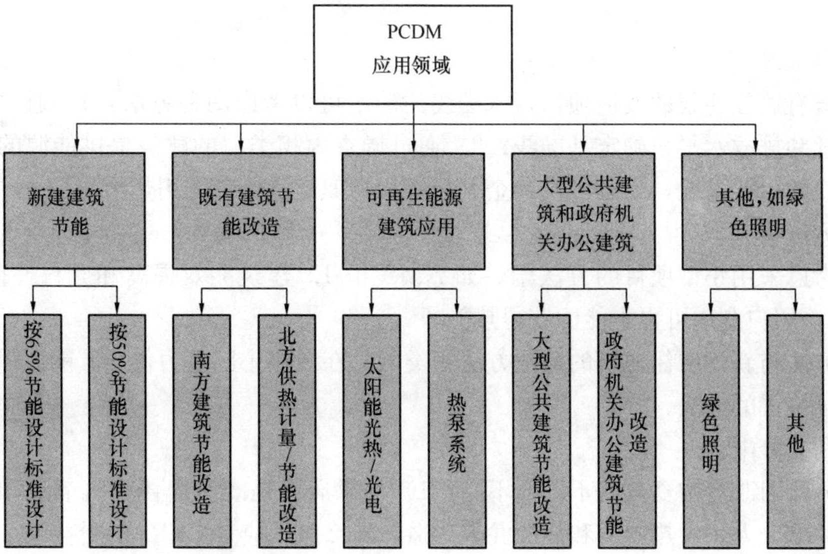

图13-1　PCDM在中国试行的领域

新建的居住建筑，中国具有一套十分完善的建筑节能设计标准。因此，在新建的居住建筑实施PCDM项目，可以以现有的设计标准作为基准线，或者通过调查为相类似的建筑提供能源的企业获得相类似建筑的用能情况。如调查供热企业获得相类似建筑的冬季用热情况等。

(3) 方法学

可以采用现有小型项目方法学，如AMS-I. C. 用户利用可再生能源获得热能。当然，也可以考虑开发新的方法学，特别是针对建筑物的围护结构的方法学，或以建筑物整体耗能为监测对象的方法学。

监测方法可以采用在居住小区电力供应、能源供应等管路上安装计量装置的方法。

(4) 利益分配

可以采用建筑物的能源提供者获得CERs，但采取降低能源价格的方式实现。当业主较少时，并可以区分出业主减排量时，可以将CERs直接分配给业主，但此种做法的交易成本较高。

(5) 协调/管理机构

新建建筑节能项目的协调/管理机构，可以是各地的建筑节能中心，也可以是私人企业。如在某地的一个或几个房地产开发商共同组成的机构。

2. 既有建筑节能和供热改造

(1) PoA概况描述

中国华北采暖区共15个省、市、自治区，对其中部分既有的居住建筑进行供热计量和节能改造，减少燃煤消耗实现二氧化碳的减排。改造的出资方可以是居民、也可以是能源供应企业或国家给予部分补贴。改造的内容是：1）建筑物围护结构改造；2）建筑室内采暖系统热计量及温度调控手段改造；3）热源效率、调控手段及管网热平衡的改造等；4）使用可再生能源为建筑提供热能等。由几个相近的省、市，或由几个相类似的项目组成 PoA。

（2）基准线

对于既有居住建筑的改造项目，基准线的确定可以考虑两种方法：1）通过监测原有建筑的能耗和排放水平，确定基准线；2）通过调查为相类似的建筑提供能源的企业获得相类似建筑的用能情况，如调查供热企业获得相类似建筑的冬季用热情况。

（3）方法学

可以考虑采用小型项目的方法学，如 AMS-Ⅱ.E. 建筑能效提高和燃料替换方法学、AMS-Ⅰ.C. 用户利用可再生能源获得热能。

监测方法与新建居住建筑的监测方法相类似，在居住小区电力供应、能源供应等管路上安装计量装置的方法。

（4）利益分配

利益分配因改造出资方的不同而不同。1）如果居民是既有居住建筑节能和室内供热设施改造的出资人，供热管网和热源并未改造，那么居民应是 CERs 的受益人。也可以采用供热企业获得 CERs，降低能源费用使居民收益的方法；2）如果供热企业是这个节能项目的出资人，那么供热企业应获得 CERs。

（5）协调/管理机构

该项目的协调/管理机构可以是各地的节能中心和供热行业主管部门、以及供热企业组成的项目办公室，并结合居民小区和集中供热管网确定物理边界，也可以是供热企业等国有企业或私人企业。

3. 可再生能源建筑应用

（1）PoA 概况描述

当前各国政府都十分重视可再生能源的发展，但由于可再生能源设备的初投资通常较高，并且实施具有一定的自然条件限制，因此使得可再生能源的普及受到一定的影响。各国政府为促进本国可再生能源项目的开展制定了一些措施。

中国政府为了促进可再生能源在建筑领域的发展，从 2006 年起，中国财政部和建设部开展了可再生能源建筑应用示范项目，对全国范围内的可再生能源建筑应用项目给予一定的支持。技术类型主要是建筑中应用太阳能光热、太阳能光电项目，或应用地源热泵为建筑物提供冷热源项目。

从中国可再生能源示范项目中可以看出，可再生能源在建筑中的应用具有良好的额外性，并且可再生能源大多应用在规模较大的公共建筑中，单个项目的减排量在建筑领域中是较大的，并且可以实现对传统燃料（煤、天然气）的替代，是一种十分有发展前景的 PCDM项目。并且中国在可再生能源示范项目的实践中，也出现了类似 PCDM 的协调/管理机构，如某省的可再生能示范项目办公室，开展 PCDM 项目具备一定的条件。

（2）基准线

可再生建筑应用项目的基准线应是在没有可再生能源系统，用当地普遍常规能源系统下，建筑的用能水平。基准线的获得除了可以按照建筑设计计算获得，也可以通过调查获得该栋建筑周围近似建筑的平均耗能水平。

（3）方法学

一般采用小型项目的方法学，如 AMS-I. C. 用户利用可再生能源获得热能或 AMS—II. E. 建筑能效提高和燃料替换方法学等方法学。

（4）利益分配

情况 1：由能源公司为建筑物提供能源，利益分配可以通过能源公司获得 CERs，并降低能源价格。

情况 2：居民使用可再生能源，CERs 的分配需通过计量每户居民的减排量来进行分配。

（5）协调/管理机构

各地的建筑节能中心以及私人企业都可以作为协调/管理机构。也可以成立专门的可再生能源管理办公室，负责对可再生能源建筑应用的 PCDM 项目进行协调/管理。

4. 大型公共建筑

（1）PoA 概况描述

大型公共建筑节能除了通过可再生能源减少煤、天然气的消耗外，还可以在大型公共建筑中对制冷、供热系统进行改造，使用绿色照明设备，外墙外保温，太阳能光热、光电等设备实现温室气体的减排。

大型公共建筑具有的特点是业主比较单一，单个项目的减排量在建筑领域的各种项目中较多，并且可在建筑中应用的节能技术也比较多。

（2）基准线

对于新建的大型公共建筑，基准线可以通过建筑计算获得，或通过监测周围建筑物能耗水平获得。

对于既有的大型公共建筑可以通过监测现有能耗状况获得。

（3）方法学

大型公共建筑可以通过多方面的措施进行节能，但鉴于 PCDM 规则规定规划方案只允许采用一种方法学。因此，只能在大型公共建筑中选择一种减排潜力大的技术，多运用可再生能源为建筑提供热能的方法学。因此，大型公共建筑的 PCDM 项目需要一种以计量整体减排量的方法学。

（4）利益分配

一般而言大型公共建筑的业主比较单一，因此可以采用将 CERs 分配给业主的方法。

（5）协调/管理机构

各地的建筑节能中心、私人企业都可以作为项目的协调/管理机构，

13.2　实施方案总结

由于 PCDM 还在研究过程中，目前还没有十分明确的机制用以遵循，也没有成功的 PCDM 案例可以参考，因此对其在建筑领域的节能减排项目中的应用，只能依据目前 PCDM机制的相关资料来进行分析。

但可以肯定，PCDM 项目将会包含两个层次的问题：

（1）如何选择规划方案，什么样的规划方案可以适用于 PCDM。

（2）如何定义规划方案下的活动，并保证活动按照规划方案进行。

13.2.1 规划方案和CDM规划活动的关系

根据PCDM的定义，规划方案（PoA）是指为执行政府政策/措施或者实现某一明确目标，由私营业主或者公共实体自愿参与协调并执行的活动（如物质激励制度和自愿规划方案）。

在进行规划方案设计时，其下的具体CDM规划活动的数量以及对象有可能是不清楚的，随着CDM规划活动数量的不断增加，规划方案包含的内容才不断清晰和具体化。但是对于具体的CDM规划活动而言，其如同普通的CDM项目一样，从申请加入该规划方案开始，就应该是清晰的，而且还必须符合和遵守规划方案的相关规定。

对于PCDM项目而言，由于其设施需要分别在规划方案（PoA）和CDM规划活动（CPA）两个层次上进行，因此与PCDM项目相关的所有关键方法学问题，包括基准线情景识别、额外性论证、泄露的估算、基准线排放的计算等均需要分别在规划方案和CDM规划活动两个层次上进行。这与一般CDM项目有着很大的区别。但无论是规划方案下的基准线情景识别，还是CDM规划活动下的基准线情景识别，均需要遵守规划方案所应用方法学的具体要求，识别的方式和步骤类似于一般CDM项目中的基准情景识别方式和步骤。经批准的CDM基准线方法学一般包括从可能的替代方案中逐步选择和确定基准线情景的具体方法和步骤，项目参与方严格遵照相关方法学的规定和要求进行分析即可。

规划方案和CDM规划活动之间是相互影响和关联的。规划方案的设计将决定由多少CDM规划活动能够加入、是否可以比较快速加入；而规划方案下各具体CDM规划活动，尤其是被选择为监测对象的CDM的规划活动能够有效及成功实施，将对整个规划方案的成功产生至关重要的影响。

因此从某种意义上讲，规划方案的选择相对而言更加关键，规划方案是在PCDM项目的最初阶段进行的，规划方案设计的好坏，会影响日后各个项目活动的顺利进行，并实现最大量的减排。

13.2.2 实施方案的设计前提

按照执行理事会的规定，可以开发为PCDM项目的规划包括两大类：（1）私营或者公共实体自愿协调的某种政策/措施或者特定目标（如激励机制和自愿规划）；（2）强制性的当地/区域/国家政策和法规，但是必须证明这些政策或者法规系统性地被违反，不遵守相关规定的现象普遍存在，或者相关政策或法律法规得到了较好执行，而通过规划，相关的机构能够提高到强制要求水平之上。而那些国家法律法规或者政策强制要求必须实施，而且得到较好遵守的规划不能作为PCDM项目开发。

13.2.3 建筑节能PCDM实施方案的设想

在建筑节能领域开展PCDM项目，如何确保每个CPA都是被认真施行的是整个PCDM项目能成功开展的关键，在设计项目时，就应考虑整个PoA的可施行性。需考虑的因素有很多，如方法学因素、技术因素、协调/管理机构的因素、政策因素、当地气候、是否能提供积极的配合等。下面结合我国建筑节能现状，以及建筑节能的政策法律法规，在规划层面上，结合不同的考虑因素，提出以下实施方案的设想：

1. 以技术进行分类，设计规划方案

以技术分类设计PoA，就是以方法学为规划方案设计的第一原则。虽然在建筑减排项目中有很多减排技术可供应用，但应尽量选择减排能力最大的方法学进行规划。但要考虑到项目的交易成本，因此应有某些地域范围的规定。

例如：以“为电力或非电力用户提供热能”，即在建筑中应用可再生能源为建筑提供热能的技术，为规划标准；并规定应用的范围，包括建筑类型的范围、地域范围等，如：减排量为某标准以上的某地域内的公共建筑或民用建筑为一规划方案，并申请规划方案下的 CDM 活动（CPA）。凡是应用此技术，并达到一定标准的项目，可加入此规划活动。

按技术类型规划的好处：（1）技术类型一致，方法学一致，可以简化申报程序。项目之间具有参考对比性，也便于节能量的计算和审核；（2）项目的技术类型一致，因此规划活动的协调/管理机构对各项目的技术特点会有比较深入的了解，便于协调和管理；（3）规定了一定的地域范围，交易成本会有所降低。

2. 以地域分类，设计 PoA

由于建筑能耗水平和当地的气候关联度很大，因此结合建筑节能是由多种技术共同作用的结果，以协调/管理机构的管理范围为出发点，可以以地域为规划方案设计的第一原则，再辅以建筑节能技术，即方法学的要求进行分类。PCDM 实行的好坏和协调/管理机构密不可分，且有些建筑节能技术的相关度很高，如太阳能光热、光电，节能灯的应用，既有居住建筑建筑节能和供热计量改造，这些项目以地域为第一原则设计 PoA，更为妥当，是可以考虑在一个协调/管理机构下开展的项目。

以地域为第一原则设计 PoA 的好处还有，由于不同地域的气候条件不同，建筑节能政策也会有所不同，为基准线的确定、节能量的计算带来的困难，考虑到社会经济发展水平，以及协调/管理机构的能力，不同地域的项目可能会存在较大的差距，因此第二种规划方案的分类方法可以考虑以地域进行分类，由于气候条件一致，基准线一致，凡此地域产生的节能建筑的项目均可参与到此类的规划方案中来。

14 中国北方既有居住建筑供热计量和节能改造规划项目 PCDM 新方法学探讨

14.1 规划方案项目活动 PoA

14.1.1 PoA 项目活动的一般性说明

该项目活动是根据住房和城乡建设部“十一五”规划，要在中国北方采暖地区对既有居住建筑进行供热计量和节能改造。改造的内容包括：建筑室内采暖系统热计量及温度调控改造；热源及管网热平衡的改造和建筑围护结构节能改造等。

该项目的实施范围是：北京 2500 万 m^2（含中央国家机关在京单位既有居住建筑）、天津 1300 万 m^2、辽宁 2400 万 m^2（其中大连 500 万 m^2）、山东 1900 万 m^2（其中青岛 300 万 m^2）、黑龙江 1500 万 m^2、吉林 1100 万 m^2、河北 1300 万 m^2、河南 360 万 m^2、山西 460 万 m^2、陕西 200 万 m^2、甘肃 350 万 m^2、内蒙古 600 万 m^2、新疆 700 万 m^2、宁夏 200 万 m^2、青海 30 万 m^2、新疆生产建设兵团 100 万 m^2。

该项目的节能改造导则：

（1）既有居住建筑节能改造前应首先进行抗震、结构、防火安全评估，对不能保证继续安全使用20年的建筑，不宜开展建筑节能改造，或者对此类建筑应同步开展安全和节能改造。

（2）既有居住建筑节能改造前应进行节能诊断，了解围护结构的热工性能、采暖系统能耗及运行控制情况、室内热环境状况等，通过设计验算和全年能耗分析，对拟改造建筑的能耗状况及节能潜力做出评价并出具报告，作为节能改造的依据。

（3）在保证室内温度达到设计要求的前提下，改造后热源端的节能效果应不低于20%；改造后房间外窗的传热系数在严寒地区不应大于2.6W/（m^2·K），在寒冷地区不应大于3.2W/（m^2·K）；阳台窗的传热系数在严寒地区不应大于2.8W/（m^2·K），在寒冷地区不应大于3.4W/（m^2·K）。严寒和寒冷地区外墙节能改造时，应优先采用外墙外保温方式，其主断面的平均传热阻或传热系数值作为外围护热工设计的代表值。外墙或屋顶改造后的平均传热系数应达到国家标准或地方标准的要求。围护结构保温性能的节能改造，应首先考虑门窗节能改造，提高门窗的热工性能和气密性，鼓励业主以参与投资的方式更换原有品质差的门窗。

采暖系统节能改造应综合考虑热源（或热力站）、室外管网及室内系统的节能潜力，实现采暖系统整体节能。更换锅炉时，应选用高效率节能锅炉，并应按系统实际负荷需求和运行负荷规律，合理配备锅炉容量和数量，如选用燃气（油）锅炉，其燃烧器宜具备自动比例调节功能，并同时具有调节燃气量和燃烧空气量的功能。燃气锅炉改造时应考虑设置烟气余热回收装置。室外管网应进行严格的水力平衡计算，各并联环路之间的压力损失差值不应大于15%。当室外管网的水力平衡计算达不到上述要求时，应在建筑物热力入口处设置静态水力平衡阀。为实现热用户行为节能，散热器采暖系统每组散热器均应安装恒温阀；低温热水地面辐射采暖系统中，应在户内系统入口处设置自动控温的调节阀，实现分户集中温控，其户内分集水器上每支环路上应安装手动流量调节阀。室内采暖系统改造应以温控和热计量为手段、实现建筑节能为目的。用作热费决算的热量表准确度应高于3级，宜具备热计量数据的远传功能及存储180天以上日供热量的存储性能，接电方式宜采用市电供电方式。

该项目是由住房与城乡建设部自发组织的节能减排倡议活动，是自发的减排行为，其目的是为了节约能源，减少温室气体的排放。

该项目的协调和管理实体是住房和城乡建设部，北方15省市（北京供热公司、天津供热公司、辽宁供热公司、山东供热公司、黑龙江供热公司、吉林供热公司、河北供热公司、河南供热公司、山西供热公司、陕西供热公司、甘肃供热公司、内蒙古供热公司、新疆供热公司、宁夏供热公司、青海供热公司）作为项目参与方。

14.1.2 项目活动技术说明

住房和城乡建设部选中15个省市中的每一个供热公司应为热源及管网热平衡、室内供热系统计量及温度调控、建筑围护结构节能技术、供热站改造负责任。

一个典型规划方案下的CDM活动（CPA）采用的技术包括：对热源及管网热平衡、室内供热系统计量及温度调控、建筑围护结构方面的改造。用高效燃煤锅炉或燃油燃气锅炉代替低效锅炉，利用集中供热代替分散供热。对锅炉房或热力站进行节能改造时，应根据供热系统的实际运行情况，对原循环水泵进行校核计算，确定是否需要更换水泵，以满足建筑物热力入口资用压头和系统调节特性的要求。用作热费决算的热量表准确度应高于3级，宜具备热计量数据的远传功能及存储180天以上日供热量的存储性能，接电方式宜采用市电供电方式（外接电源方式）。

14.1.3 规划项目活动PoA下每个清洁发展机制项目活动（CPA）的资格标准

改造的内容包括：建筑室内采暖系统热计量及温度调控改造；热源及管网热平衡的改造和建筑围护结构节能改造等。供热源的改造包括利用高效锅炉替代低效燃煤锅炉，替代后锅炉效率在85%以上。所有以上的节能改造项目都可列入本规划项目中。

14.1.4 额外性的论证和评价

此提议的PoA是一个自愿协调行动，是为了支持住房和城乡建设部积极稳妥地推进北方采暖地区既有居住建筑供热计量及节能改造工作和确保实现“十一五”节能减排规划目标。这里没有强制法律要求进行改造。由于在资金，管理/组织，技术和目前的普遍做法等方面存在障碍，在没有PoA情况下，不能发生此改造活动。

1. 资金和管理/组织障碍

在过去由于缺乏政府资金，供热单位的支持和居民改造热情不高，并且我国北方还没有形成一个较为成熟的，完善的供热计量热价制定方法，大范围节能改造工作并没有成功实现。作为中国节能改造的一部分，住房和城乡建设部制订了《北方采暖地区既有居住建筑供热计量及节能改造实施方案》，开始了北方采暖地区的节能改造。

没有明显的证据表明在长期内有捐助机构参与这项活动能进行下去。这表明了外部的资金支持对这项活动是至关重要的。

2. 技术障碍

在设备选用方面，由于设计估算热指标和水力计算安全系数取值偏大，致使所选择的供热主辅机设备容量过大。在锅炉方面，锅炉循环泵系统采用分布式变频泵技术，改造后采用自控系统并且维护成本很高，这需要经过专门训练的技术人员且要求其技术含量高，所以该项目必须花一定的时间集中培训项目负责人、工程师、操作工、维修人员和电工。

3. 普遍性障碍

目前在北方地区传统的采暖方式是燃煤锅炉（小煤炉）或燃煤热电联产管网系统采暖，管道老化，建筑保暖性差，收费方式是按面积收费，造成了能源的很大浪费。

以上额外性分析提供了充分必要的证据，论证了无PCDM项目活动该项目改造无法实施。

14.1.5 监测计划的描述

由于没有关于此方面的监测方法学，所以该监测计划由住房和城乡建设部制定且与开发的方法学相一致，采取的是抽样方法和程序。

1. 监测计划的目的

为了获得真实、可信和可核证的减排量，需要15省的热力公司管理人员确保项目的正常运行，以获取DOE核查和核证时所需数据。

2. 监测计划的执行

该监测计划由项目协调/管理实体——住房和城乡建设部，并获得15个项目业主的同意。在得到DOE和买家同意的情况下，在项目初始和运行周期，项目业主可按照项目操作要求修改和更新本监测计划。

3. 监测计划的周期

监测计划的持续时间是项目生命期的各阶段，包括项目设计、建设以及运行。

4. 监测系统

监测的主要内容：

（1）采暖系统的净供热量；

（2）用户的使用热量。

监测仪器应按照国家热力行业和电力行业要求定期进行校准和检查，以确保监测数据的准确性。监测设备应具备足够的精确度。

5. 信息的收集和管理

15个项目业主的职责是提供核查和核证时所需的数据。所有的测量数据应被记录并妥善保管。所有的测量数据应由15个项目业主收集后，交给项目协调/管理实体——住房和城乡建设部保存。

在项目边界内的一切变动，例如采暖面积或设备的变动，都应记录下来。并且任何因这些变动而引发的排放量的变化也应被记录。记录资料应由15个项目业主收集后，交给项目协调/管理实体——住房和城乡建设部保存，并至少各保存一份备份以便DOE核查时使用。

6. 管理工作

项目协调/管理实体：住房和城乡建设部将指定2名专门人员负责CDM项目管理工作，15个项目业主也将指定至少一名专业人员负责监测工作，15个项目业主的工作内容包括：监测采暖系统净供热量和用户使用量并对这些数据进行记录和分析。

当主测量表损坏导致无法记录该项目的生产时，15个项目业主需读取备用表数据估计该项目的净供热量。用户的使用量由项目业主根据收取当地的取暖费收据计算即可。

由项目协调/管理实体：住房和城乡建设部代替项目业主每年需要向DOE提交一份监测报告，包括系统的净供热量、热量销售的发票及收据、校准报告及减排量计算。

14.1.6 环境影响评价

根据中国法律，所有在中国开展的建设项目都应进行环境影响评价。该项目在PoA下做了环评。环境影响评价报告的主要结论如下：

（1）噪声：主要的噪声源包括项目施工及设备安装时产生的噪声。施工期间，采用围挡隔声隔尘，结合采用低噪声的挖孔灌注桩工艺、使用商品混凝土，合理安排作业时间，避免夜间进行高噪声施工，避免发生扰民事件。

（2）景观影响：由于供热管道大多埋在地下，因此不存在任何负面的景观影响。

（3）干扰通信：该项目不会带来任何通信方面的干扰。

（4）生态破坏：供热管道大多是设置在市区内，不会占用郊外的生态园，所以对生态没有任何影响。

（5）土地使用影响：由于供热管道是在原有的基础上进行改造，因此不会占用额外土地。

（6）空气质量影响：中国北方的传统的采暖方式为利用燃煤锅炉（小煤炉）或燃煤热电联产管网系统采暖，管道老化，建筑保暖性差，收费方式是按面积收费，造成了能源的很大浪费。通过该项目的改造使现有建筑节能，最大限度地利用排放温室气体小的燃料，从而减少了有害物的排放（包括硫化物，氮化物和浮尘），改善了当地环境。

（7）水资源影响：由于采暖循环热水量的减少，从而节约了水资源，这有利于北方这个缺水地区的可持续发展。

综上所述，该项目除减少了温室气体的排放外，还有益于当地的环境。同时该项目没有越界影响。

该项目活动符合中国政府循环经济的思想，循环经济的基本思想是高效率的利用能源和循环利用能源。所以本规划项目符合中国的法律法规。

14.1.7　利益相关方评价

在 PoA 水平下，该规划项目将在中国北方 15 个省市开展的详细情况，在北方 15 省市范围内广泛征求了利益相关方的评价。

1. 评价方式

因为该项目是在中国北方 15 省市开展，住房和城乡建设部通过不同的方式将规划项目的信息公布在全国的范围内。

（1）在住房和城乡建设部的网页上将该规划项目公布，使 15 省市的公众了解该项目。印发关于《建设事业“十一五”规划纲要》的通知。

（2）住房和城乡建设部在各种国内会议上将该规划项目进行公布，以征求各方的意见：

2008 年 12 月在北京“全国低碳经济社会建设论坛”上发表了《中国建筑节能与低碳经济》的演讲，详细介绍了该规划项目。

（3）住房和城乡建设部利用各地项目考察的机会，也广泛争取了当地采暖社区居民、当地政府、当地热电联产发电厂、供热厂的意见。

（4）为了收集利益相关方对该项目的评价，在 2009 年 5 月 3 日～2009 年 5 月 10 日，住房和城乡建设部通过集中座谈的方式。广泛听取利益相关者的意见。

2. 评价汇总

（1）当地采暖居民

当地的绝大多数居民同意该项目的建设。他们对当前的按面积收费的供热方式表示不满，认为应该采用计量收费的方式，特别是对贫困家庭，每年的取暖费是个不小的负担。通过对该项目的了解，认为该项目可以节约能源，改善当地的环境质量并节约了循环水的利用。

（2）当地政府

该项目已经得到了当地政府的批准。当地政府鼓励当地供热公司引进先进的技术以节约能源，促进当地的循环经济社会可持续发展。

3. 评价结论

调查结果表明，该项目得到了当地居民和政府的大力支持，他们一致表示将支持并关注该改造项目的建设。

14.1.8 基准线方法学开发

1. 基准线方法学和监测方法学的开发

因为没有已经批准的大型建筑项目的方法学，所以该项目的协调/管理实体——住房和城乡建设部科技促进中心准备提出一个新的方法学，该方法学的题目是："以提高能源效率和燃料转化方式节约化石燃料的消耗"。在用到电网排放因子时，项目利用"电力系统排放因子计算工具"（第1版）计算中国电网的排放因子。

项目使用"额外性论证评价工具"来证明此项目的额外性。

开发此方法学的理由如下：

（1）每个CPA项目将采用新设备、改造旧管网、采用供热计量设备等提高效率的设备以代替老设备。

（2）部分CPA项目将采用燃油或天然气代替化石燃料的消耗，以减少温室气体的排放。

（3）以上能源的消耗量是可以通过现场测量得到的。

2. 项目边界及排放源的确定

用表14-1列出项目边界排放源及温室气体种类。

项目边界中温室气体排放源和种类的描述　　表14-1

	排放源	气体	包括	说明理由/解释
基准线	中国区域电网消耗的电力	CO_2	包括	主要的排放源
		CH_4	排除	为了简化而排除，这是保守的
		N_2O	排除	为了简化而排除，这是保守的
	锅炉消耗的化石燃料	CO_2	包括	主要排放源
		CH_4	排除	为了简化而排除，这是保守的
		N_2O	排除	为了简化而排除，这是保守的
	热电厂消耗的化石燃料	CO_2	包括	主要的排放源
		CH_4	排除	为了简化而排除，这是保守的
		N_2O	排除	为了简化而排除，这是保守的
项目活动	中国区域电网消耗的电力	CO_2	包括	主要排放源
		CH_4	排除	为了简化而排除，这是保守的
		N_2O	排除	为了简化而排除，这是保守的
	锅炉消耗的燃油	CO_2	包括	主要排放源
		CH_4	排除	为了简化而排除，这是保守的
		N_2O	排除	为了简化而排除，这是保守的
	锅炉消耗的天然气	CO_2	包括	主要排放源
		CH_4	排除	为了简化而排除，这是保守的
		N_2O	排除	为了简化而排除，这是保守的

因为该项目是在中国北方15个省市实施，所以项目的边界是这15个省市的地理边界。

3. 基准线情形的确定和描述

该项目活动的基本假设是该项目继续使用原有供暖方式为用户提供热能。

确定基准线情景步骤如下：

（1）列出可以选择的基准线情景

对于该项目，真实可信的基准线情景包括以下几项：

情景 1：所建议的项目活动，但不作为 CDM 项目活动来实施；

情景 2：在现场或现场外，继续使用原有设备进行供热。

（2）分析各个基准线的替代情景

情景 1：所建议的项目活动，但不作为 CDM 项目活动来实施。

本情景符合中国法律法规的要求，这是可能的选择。但供热改造需要大量的前期投资，内部收益率低于基准值，在技术上也存在障碍，需要经过专门训练的技术人员且操作和维护成本很高。因为有以上障碍，业主不愿进行改造，所以情景 1 不是基准线情景。

情景 2：在现场或现场外，继续使用原有设备进行供热。

本情景符合中国法律法规的要求，继续使用原有设备是可行的，可以作为此项目的基准线。

在每个 CPA 中将详细地叙述项目过去三年的没有此规划项目时的基准线数据，每个 CPA 将采取的节能措施也将叙述。

4. 一个典型 CPA 项目额外性评价和论述

一个典型 CPA 项目活动的额外性论证和评价应使用 CDM 执行理事会通过的最新版本的"额外性论证和评价工具"（第 5 版）进行论证和评价。

下面以天津某区供热站的改造来论述此项目的额外性。

在没有 CPA 项目时，可能的替代情景如下：

情景 1：所建议的项目活动，但不作为 CPA 项目活动来实施；

情景 2：在现场或现场外，继续使用原有燃煤锅炉；

情景 3：在现场或现场外，新建燃油锅炉；

情景 4：在现场或现场外，新建燃气锅炉。

在以上提到的替代情景中，都符合中国相关的法律和法规。但是由于中国北方天然气和重油是紧缺能源，所以情景 3 和情景 4 不可行，情景 1 存在障碍，下面进入投资分析。

（1）确定合适的分析方法

在"额外性论证和评价工具"（第 5 版）中提出了 3 种分析方法：简单成本分析、投资比较分析和基准分析。本步骤确定应用何种分析方法。

简单成本分析适用于下列方面，被提议的 CDM 项目除了出售 CERs 来获得额外资金，不能获得其他经济方面利益。但该项目不仅有 CERs 收入还有取暖收入，所以不能使用此方法。

投资比较分析适用于拟议的 CDM 项目及选择的替代方案属于投资项目的情景。而该改造供热站的基准情景是为用户提供相同的热量，这不属于一个新的投资项目，所以不能使用此方法。

由于项目内部收益率（IRR）和基准值 IRR 都已知，所以该项目就采用基准分析法。

该项目用基准分析法中的内部收益率判断项目是否有经济的吸引力，根据《建设项目的经济分析方法和参数》（第 3 版），该项目属于集中供热行业，财务基准收益率 IRR 为 10%。

如表 13-2 所示，在没有 CERs 的收入时，项目的 IRR 只有 9%，低于 10%基准值，证明此项目没有经济吸引力，项目的业主不会进行供热改造。这表明该项目本身具有额外性。

（2）计算和比较经济指数

根据天津市某区供热改造项目的可行性研究报告，计算关键经济指数的基本参数值如表 14-2 所示。

改造项目的关键经济参数 **表 14-2**

类　别	单　位	经济参数	类　别	单　位	经济参数
总现金流入	万元	110169	所得税	%	0
总现金流出	万元	101600	增值税	%	0
累计净现金流量	万元	8569	项目寿命	年	10
改造面积	万 m^2	442	期望 CERs 价格	欧元/tCO_2e	10
年供热量	万 GJ	177.67	汇率	欧元/人民币	10.2
取暖费	元/ m^2	25			

注：该项目建设经营主体为自收自支事业单位，不计取所得税及增值税。

根据基准分析方法的要求，如果此供热改造项目的 IRR 低于基准值，该项目就被认为是没有投资吸引力。表 14-3 表示出项目在有/没有 CERs 收入的情况下的 IRR 值。根据以上数据，可以明确看出该项目如果不作为 CPA 项目，即在没有 CERs 收入下，IRR 值为 9%，低于基准值。因此该项目在不作为 CPA 项目的情况下缺少经济吸引力。

但计入 CERs 收入时，项目的 IRR 值为 17%，远高于基准值，所以说 CPA 收益可以使项目克服投资障碍从而证明了拟建项目的额外性。

（3）敏感性分析

这一步骤的目的是通过改变其主要的参数来检查项目的敏感度。

对于该项目，项目的建设投资、营业收入等存在可变化的可能，故采用如下 2 个关键参数做敏感性分析从而检验项目是否具有经济吸引力：

1）营业收入；

2）原材料成本。

项目财务指标对比表 **表 14-3**

项　　目	IRR
没有 CERs 收入	9%
有 CERs 收入	17%

IRR 对于不同的经济参数的敏感性 **表 14-4**

参数 \ 变量范围	−5%	0%	5%
营业收入（%）	5.5	9	12
原材料成本（%）	12	9	6

分析营业收入、原材料成本两个指标在合理变动范围内对项目 IRR 的影响，分析结果如表 14-4 和图 14-1 所示。

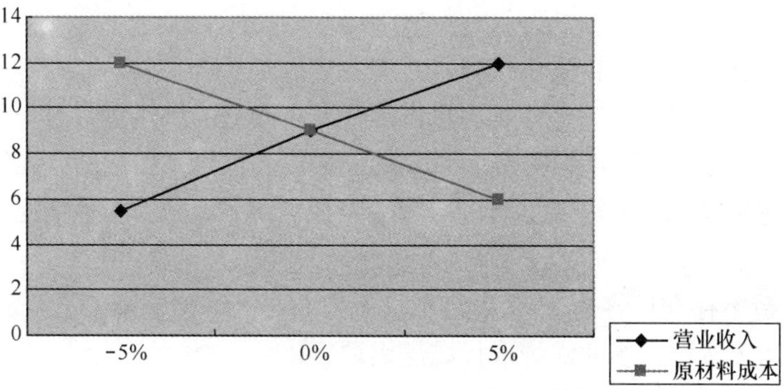

图 14-1　不同参数对 IRR 的敏感性分析

从表 14-4 和图 14-1 中可以看出，当两个参数的经济指标在－5％～＋5％的范围内变化时，IRR 数值也随着变化。相比较来说，营业收入对 IRR 的影响是最大的；但是对于该项目来说，营业收入来自于采暖费，这是由相关政府部门制定的，是固定的，在项目寿命期内不可能有大的改变。因此营业收入的增长使项目变得有投资吸引力是不切实际的。第二个因素就是原材料成本。由于采暖设备和其他相关材料的价格一直处于上涨状态，因此通过降低静态固定资产总投资使项目变得有投资吸引力是不可能的。

由上面投资分析可知，该项目活动在不作为 CPA 项目的情况下，是没有投资吸引力的。省略投资障碍步骤，直接进入普遍性分析。

目前在北方地区传统的采暖方式是燃煤锅炉（小煤炉）或燃煤热电联产管网系统采暖，收费方式是按面积收费。近几年来，在政府的支持下，虽然一些省份和地区建立了集中供热的能源示范项目，但这些项目中热电联产占据很大部分，大面积区域供热的项目所占比例还很小。因此，城市区域集中采暖项目在我国目前仍属于不具备普及性的项目。

综上所述，该项目活动的基准线情景是继续在当地使用原有设备取暖。以上额外性分析提供了充分必要的证据，能够论证批准注册该 CPA 项目活动可以帮助本项目克服实施的一系列障碍。

14.1.9　一个典型 CPA 项目减排量的计算

因为该项目没有经过批准的基准线方法学和监测方法学，开发了以下的基准线和监测方法学。具体计算步骤如下：

第一步，计算基准线情景排放量；

第二步，计算项目活动排放量；

第三步，计算项目泄漏量；

第四步，计算减排量。

14.1.9.1　基准线排放量

对于对现有供热改造的项目活动，基准线情景分两类：

情景一：项目改造不存在扩容

若被改造供热项目容量不变，在没有该 CPA 项目活动时，现有设备将会按历史平均水平继续给用户供热，直到项目在没有 CPA 项目活动情况下被更换或者更新之日为止。从那时起，该基准线情景被视为等同于该项目活动，而基准线的供热量被视为等于项目供热量。

情景二：改造过程中项目供热扩容

这时基准线分两部分，一部分是项目供热顶替被改造的供热量，另一部分是项目供热顶替被改造内的与之有竞争的供热量。第一部分采用和情景一相同的基准线；第二部分要以该地区改造前相同类型供热效率的平均水平为基准。下面分这两种情况讨论各自的减排量计算。

1. 项目改造不存在扩容

（1）对于用天然气、燃油锅炉取代燃煤锅炉

基准线 CO_2 排放量＝燃煤的消耗量（TJ/年）×燃煤 CO_2 排放因子（tCO_2/TJ）　（14-1）

原煤、原油、天然气、CO_2 排放因子如表 14-5 所示。

原煤、原油、天然气、CO_2 排放因子　　**表 14-5**

	参　数	单　位	数　据	数据来源与计算公式
A	原煤碳排放因子	tC/TJ	25.80	IPCC 默认值
B	原煤 CO_2 排放因子	tCO_2/TJ	94.60	B＝A×44/12
C	原油碳排放因子	tC/TJ	20.00	IPCC 默认值
D	原油 CO_2 排放因子	tCO_2/TJ	73.30	D＝C×44/12
E	天然气碳排放因子	tC/TJ	15.30	IPCC 默认值
F	天然气 CO_2 排放因子	tCO_2/TJ	56.10	F＝E×44/12

（2）对于提高效率的供热系统（包括供热管道改造，在燃烧物质不变下热源效率提高，供热计量表的采用）及用可再生能源代替锅炉产热（包括用地源热泵，太阳能储热等技术）

基准线 CO_2 排放量＝供热系统生产的热量（TJ/年）×CO_2 排放因子（tCO_2/TJ）（14-2）

供热系统生产的热量（TJ/年）＝供热负荷（kW）×年运行小时数（h）×$3.6\times10^6/10^{12}$　（14-3）

（3）对于代替从电网购买的电力（节约设备用电量）

基准线 CO_2 排放量＝节省的电量（MWh/年）×区域电网 CO_2 排放因子（tCO_2/MWh）　（14-4）

区域电网 CO_2 排放因子根据“电力系统排放因子计算工具”（第 1 版）所描述的程序来计算：

第一步，电力系统的辨别；

第二步，筛选电量边际排放因子的计算方式；

第三步，依据筛选的方法计算电量边际排放因子；

第四步，辨别在容量边际中的发电机组；

第五步，计算容量边际排放因子；

第六步，计算组合边际基准线排放因子。

第一步 电力系统的辨别

为了便于中国 CDM 发电项目确定基准线排放因子，现将电网边界统一划分为东北、华北、华东、华中、西北和南方区域电网，不包括西藏自治区、香港特别行政区、澳门特别行政区和台湾省。由于南方电网下属的海南省为孤立岛屿电网，海南电网的排放因子单独计算。上述电网边界包括的地理范围如表 14-6 所示。

中国电网区域划分 **表 14-6**

电网名称	覆盖省市
华北区域电网	北京市、天津市、河北省、山西省、山东省、内蒙古自治区
东北区域电网	辽宁省、吉林省、黑龙江省
华东区域电网	上海市、江苏省、浙江省、安徽省、福建省
华中区域电网	河南省、湖北省、湖南省、江西省、四川省、重庆市
西北区域电网	陕西省、甘肃省、青海省、宁夏回族自治区、新疆维吾尔自治区
南方区域电网	广东省、广西壮族自治区、云南省、贵州省
海南电网	海南省

本书中并网电力系统和电力系统使用以上的划分方式。北方 15 省市分别属于华北，东北，华中，西北区域电网。下面以华北电网为例计算区域电网 CO_2 排放因子。

第二步 筛选电量边际排放因子的计算方式

"电力系统排放因子计算工具"（第 1 版）提供了以下 4 种计算电量边际排放因子的方法：

①简单电量边际排放因子；

②经调整的简单电量边际排放因子；

③调度数据分析电量边际排放因子；

④平均电量边际排放因子。

应用调度数据分析电量边际排放因子的方法必须获得电网的调度数据，但这些数据在中国属于保密，无法从公开渠道获得，因此方法③不适合该项目。

方法①适用于在最近 5 年低成本/必须运行的资源在总的电网发电构成中少于 50%的情形。根据 2003～2008 年中国电力年鉴的数据资料，可以得出最近 5 年华北电网低成本/必须运行的资源在总的电网发电构成中少于 50%，因此，选用简单电量边际排放因子方法。

采用事前估算的方法得出电量边际排放因子（$EF_{grid,OM,y}$），根据得到的最近 3 年（2003～2006 年）的数据计算出相应的电量边际排放因子，并对其按照上网电量进行加权平均，得到电量边际排放因子，并在计入期内固定不变。

第三步 依据筛选的方法计算电量边际排放因子

如果选择方法①，即用简单电量边际排放因子的方法，排放因子根据电力系统中所有电厂的总净上网电量（不包括低成本/必须运行的电厂/机组），燃料类型及燃料总消耗量计算得出，公式如下：

$$EF_{\text{grid,OMsimple},y} = \frac{\sum_{i} FC_{i,y} \times NCV_{i,y} \times EF_{CO_2,i,y}}{EG_y} \tag{14-5}$$

式中 $EF_{\text{grid,OMsimple},y}$——第 y 年简单电量边际 CO_2 排放因子，tCO_2e/MWh；

$FC_{i,y}$——第 y 年项目所在电力系统燃料 i 的消耗量，按质量或体积单位；

$NCV_{i,y}$——第 y 年燃料 i 单位质量或体积的净热值，能源含量，GJ/质量或体积单位；

$EF_{CO_2,i,y}$——第 y 年燃料 i 每单位能量的 CO_2 排放因子，(tCO_2e/GJ)；

EG_y——第 y 年，除去低成本/必须运行发电电厂/机组外，系统中向电网提供的总净上网电量，MWh；

i——第 y 年电力系统消耗的所有化石燃料类型；

y——提交 PDD 到 DOE 时可获得数据的最近 3 年（事先确定），或是监测期间应用的年份（事后确定）。

华北电网存在东北电网净调入电量。“电力系统排放因子计算工具”（第 1 版）提供了以下 4 种方法计算调入电量的排放因子：

① 0 tCO_2/MWh，或者

② 电量调出电网的加权平均电量边际排放因子，或者

③ 电量调出电网的简单电量边际排放因子，或者

④ 电量调出电网的经调整的简单电量边际排放因子。

该项目选择选项②来计算东北电网净调入电量的 CO_2 排放因子 $EF_{\text{grid,import},y}$。

简单电量边际 CO_2 排放因子 $EF_{\text{grid,OMsimple},y}$ 计算中供电量和燃料消耗量的数据选取遵循了保守原则。采用事前计算的方式，根据《中国电力年鉴》（2006～2008 年）和《中国能源统计年鉴》（2006～2008 年）提供的 2005 年、2006 年、2007 年连续 3 年的数据，华北电网的电量边际排放因子 $EF_{\text{grid,OMsimple},y}=1.0069\ tCO_2e/MWh$。

第四步 辨别在容量边际中的发电机组

根据“电力系统排放因子计算工具”（第 1 版），在华北电网中最近建成的 5 个电厂的资料难以获得，该计算采用 EB-CDM 同意的变更方式，即首先计算构成电力系统装机容量 20%的新增装机容量，来确认样本 m，并计算包括其中的各种发电技术，然后计算各发电技术在新增装机容量所占的权重，最后利用各种技术商业化的最优效率水平计算排放因子。

“电力系统排放因子计算工具”（第 1 版）提供了计算 BM 的两种选择：①在第一个计入期，基于 PD 提交时可得的最新数据事前计算；在第二个计入期，基于计入期更新时可得的最新数据更新；第三个计入期沿用第二个计入期的排放因子；②在第一计入期内按项目活动注册年或注册年可得的最新信息逐年事后更新 BM；在第二个计入期内按方法①的方法事前计算 BM，第三个计入期沿用第二个计入期的排放因子。

根据国家公布的《2009 中国区域电网基准线排放因子》，对容量边际排放因子的结果

是基于方法①的事前计算，不需要事后的监测和更新，且在第一个计入期内固定不变。

第五步　计算容量边际排放因子

根据“电力系统排放因子计算工具”（第 1 版），容量边际排放因子（$EF_{grid,BM,y}$）可按 m 个样本电厂排放因子的发电量加权平均求得，计算公式为：

$$EF_{grid,BM,y}=\frac{\sum_{m}EG_{m,y}\times EF_{EL,m,y}}{\sum_{m}EG_{m,y}} \tag{14-6}$$

式中　$EF_{grid,BM,y}$——第 y 年的容量边际排放因子，tCO_2e/MWh；

$EG_{m,y}$——第 y 年，第 m 个样本电厂向电网提供的电量，即净上网电量，MWh；

$EF_{EL,m,y}$——第 y 年，第 m 个样本电厂的 CO_2 排放因子，tCO_2e/MWh；

m——包含在 BM 内的样本电厂群；

y——发电量资料可得的最近年份。

由于数据可得性的原因，计算沿用了 CDM-EB 同意的变通办法，即首先计算新增装机容量及其中各种发电技术的组成，然后计算各种发电技术的新增装机权重，最后利用各种发电技术商业化的最优效率水平计算排放因子。

由于现有统计数据中无法从火电中分离出燃煤、燃油和燃气的各种发电技术的容量，计算过程中采用如下方法：首先，利用最近一年的可得能源平衡表数据，计算出发电用固体、液体和气体燃料对应的 CO_2 排放量在总排放量中的比重；其次，以此比重为权重，以商业化最优效率技术水平对应的排放因子为基础，计算出各电网的火电排放因子；最后，用此火电排放因子乘以火电在该电网新增的 20%容量中的比重，结果即为该电网的 BM 排放因子。此 BM 排放因子近似计算过程是遵循了保守原则。

具体步骤和公式如下：

步骤 1：计算发电用固体、液体和气体燃料对应的 CO_2 排放量在总排放量中的比重。

$$\lambda_{Coal,y}=\frac{\sum_{i\in COAL,j}F_{i,j,y}\times NCV_{i,y}\times EF_{CO_2,i,j,y}}{\sum_{i,j}F_{i,j,y}\times NCV_{i,y}\times EF_{CO_2,i,j,y}} \tag{14-7}$$

$$\lambda_{Oil,y}=\frac{\sum_{i\in OIL,j}F_{i,j,y}\times NCV_{i,y}\times EF_{CO_2,i,j,y}}{\sum_{i,j}F_{i,j,y}\times NCV_{i,y}\times EF_{CO_2,i,j,y}} \tag{14-8}$$

$$\lambda_{Gas,y}=\frac{\sum_{i\in GAS,j}F_{i,j,y}\times NCV_{i,y}\times EF_{CO_2,i,j,y}}{\sum_{i,j}F_{i,j,y}\times NCV_{i,y}\times EF_{CO_2,i,j,y}} \tag{14-9}$$

式中　$F_{i,j,y}$——第 j 个省份在第 y 年的燃料 i 消耗量，质量或体积单位，其中固体和液体燃料为 t，气体燃料为 m^3；

$NCV_{i,y}$——燃料 i 在第 y 年的净热值，固体和液体燃料单位为 GJ/t，气体燃料单位为 GJ/m^3；

$EF_{CO_2,i,j,y}$——燃料 i 的排放因子，tCO_2e/GJ；

COAL，OIL 和 GAS——分别为固体燃料、液体燃料和气体燃料的脚标集合。

步骤 2：计算对应的火电排放因子。

$$EF_{Thermal,y}=\lambda_{Coal,y}\times EF_{Coal,Adv,y}+\lambda_{Oil,y}\times EF_{Oil,Adv,y}+\lambda_{Gas,y}\times EF_{Gas,Adv,y} \quad (14\text{-}10)$$

其中 $EF_{Coal,Adv,y}$，$EF_{Oil,Adv,y}$ 和 $EF_{Gas,Adv,y}$ 分别对应于商业化最优效率的燃煤、燃油和燃气发电技术所对应的排放因子。

步骤 3：计算电网的 BM。

$$EF_{grid,BM,y}=\frac{CAP_{Thermal,y}}{CAP_{Total,y}}\times EF_{Thermal,y} \quad (14\text{-}11)$$

式中 $CAP_{Total,y}$——接近但不超过现有容量 20%的新增总容量；

$CAP_{Thermal,y}$——新增火电容量。

根据上述公式计算得出华北电网的容量边际排放因子：

$$EF_{BM,y}=0.8191\times 95.25\%=0.7802\ tCO_2e/MWh$$

第六步　计算组合边际基准线排放因子

$EF_{grid,CM,y}$ 是电量边际排放因子（$EF_{grid,OM,y}$）和容量边际排放因子（$EF_{grid,BM,y}$）的加权平均值，根据公式：

$$EF_{grid,OM,y}=EF_{grid,OM,y}\times\omega_{OM}+EF_{grid,BM,y}\times\omega_{BM} \quad (14\text{-}12)$$

式中 ω_{OM}——电量边际排放因子的权重，%；

ω_{BM}——容量边际排放因子的权重，%。

权重 ω_{OM} 和 ω_{BM} 采用如下缺省值：

对于风力发电和太阳能发电项目活动：$\omega_{OM}=0.75$，$\omega_{BM}=0.25$。这适用于第一计入期和后续计入期。

对于其他项目活动：$\omega_{OM}=\omega_{BM}=0.5$。这适用于第一计入期，对第二和第三计入期 $\omega_{OM}=0.25$，$\omega_{BM}=0.75$，否则用方法学中规定的其他数据。

根据具体项目活动，也可以采用其他权重值，只要 $\omega_{OM}+\omega_{BM}=1$ 即可。具体确定权重值的方法见“电力系统排放因子计算工具”（第一版）。

用同样的方法计算出中国区域电网的排放因子，结果如表 14-7 所示。

中国区域电网的排放因子　　**表 14-7**

	$EF_{grid,OM,y}$ (tCO_2/MWh)	$EF_{grid,BM,y}$ (tCO_2/MWh)		$EF_{grid,OM,y}$ (tCO_2/MWh)	$EF_{grid,BM,y}$ (tCO_2/MWh)
华北区域电网	1.0069	0.7802	西北区域电网	1.0246	0.6433
东北区域电网	1.1293	0.7242	南方区域电网	0.9987	0.5772
华东区域电网	0.8825	0.6826	海南省电网	0.8154	0.7297
华中区域电网	1.1255	0.5802			

2. 改造过程中项目供热扩容

在此过程中对于原有面积的改造采用的基准线排放量计算采用与 1 相同的公式。对于扩容的部分采用当地相同供热类型计算出的供热量乘以 CO_2 排放因子作为基准线排放量，下面列出扩容部分基准线排放量计算公式。

1）对于用燃气，燃油锅炉取代燃煤锅炉

基准线 CO_2 排放量＝扩容部分生产的热量（TJ/a）×CO_2 排放因子（tCO_2/TJ）　(14-13)

生产的热量（TJ/a）＝扩容的面积（m^2）×当地燃煤锅炉每平方米的供热负荷（TJ/m^2）

(14-14)

2）对于提高效率的供热系统（包括供热管道改造，在燃烧物质不变下热源效率提高，供热计量表的采用）及用可再生能源代替锅炉产热（包括用地源热泵，太阳能储热等技术）

基准线 CO_2 排放量＝扩容部分生产的热量（TJ/a）×CO_2 排放因子（tCO_2/TJ）　(14-15)

生产的热量（TJ/年）＝扩容的面积（m^2）×相同类型锅炉每平方米的供热负荷（TJ/m^2）

(14-16)

3）对于代替从电网购买的电力（节约设备用电量）

基准线 CO_2 排放量＝扩容部分节省的电量（MWh/a）×区域电网 CO_2 排放因子（tCO_2/MWh）　(14-17)

总的基准线排放量＝扩容部分基准线排放量＋原有面积基准线排放量

14.1.9.2　项目活动排放量

1. 项目改造不存在扩容

（1）对于燃气，燃油锅炉取代燃煤锅炉

项目活动 CO_2 排放量＝燃气、燃油的消耗量（TJ/a）×燃气，燃油 CO_2 排放因子（tCO_2/TJ）　(14-18)

（2）对于提高效率的供热系统（包括供热管道改造，在燃烧物质不变下热源效率提高，供热计量表的采用）及用可再生能源代替锅炉产热（包括用地源热泵，太阳能储热等技术）

1）对于提高效率的供热系统

项目活动 CO_2 排放量＝生产的热量（TJ/a）×CO_2 排放因子（tCO_2/TJ）　(14-19)

供热系统生产的热量（TJ/a）＝供热负荷（kW）×年运行小时数（h）$\times 3.6\times 10^6/10^{12}$

(14-20)

2）对于用可再生能源代替锅炉产热，由于可再生能源一般不产生温室气体，所以项目排放量为 0。

（3）对于代替从电网购买的电力（节约设备用电量）

由于一般情况下，由可再生资源发电代替从电网购电，所以项目活动排放量为 0。

2. 改造过程中项目供热扩容

由于改造整体都是采用相同的技术，所以项目排放量的计算采用与 1 相同的计算公式。

14.1.9.3　泄漏量

如果该项目所替代下来的旧设备不会再转让给其他用户用于其他的用途，该项目就不考虑泄漏。

14.1.9.4 减排量

对于天津某区供热改造项目来说，由于它属于热源效率及管道方面的改造，所以根据以上可知采用第（2）种方法来计算该项目的减排量。根据式（14-2）和式（14-6）得出以下减排量计算公式：

项目活动减排量＝基准线情景下排放量－项目活动排放量－泄漏量。

14.2 寒冷地区某集中供热改造项目 CPA

14.2.1 CPA 项目活动的一般性说明

此项目选址于天津市某区，项目场区占地面积 35199.7m^2，可用地面积 25230.3m^2。项目活动的目的是拟新建一座 5×70MW 高效燃煤热水锅炉房，替代原供热区域的 18 座供热区域的 18 座供热站中 40 台中小型低效燃煤锅炉，满足建筑的冬季采暖需求；并对锅炉房和供热管网进行节能改造，采用变速泵代替调节阀的分布式变频调节系统。

项目活动区域内原有供热面积约 442 万 m^2，分别由 18 座供热站 40 台中小型锅炉供热。随着当地综合经济带的开发建设，该地区城市建设不断提速，规划新增供热面积约 364 万 m^2，总供热面积达到 806 万 m^2，既有建筑采暖热负荷为 243MW，规划新建建筑物采暖热负荷为 160MW。由于在收集当地不同类型的供热水平的数据时比较困难，所以该项目只对原有面积开发成 CPA 项目。

此项目是北方 15 省市供热改造 PoA 中的一个 CPA，是为了配合住房和城乡建设部“十一五”规划，中国北方采暖地区对既有居住建筑 1.5 亿 m^2 进行供热计量和节能改造。其目的是改造使现有建筑节能，最大限度地利用排放温室气体小的燃料，从而减少了有害物的排放（包括硫化物，氮化物和浮尘），改善了当地环境。此 CPA 活动开始的日期为 2010 年 11 月 1 日，项目改造完成后，预计年减排量为 76795 tCO_2e。

该项目活动符合中国政府节能减排政策，满足了当地人民群众的迫切愿望，促进了北方集中供热改造工程。

此项目的实施单位是天津某区供热公司，协调/管理实体是住房和城乡建设部。

14.2.2 项目活动技术说明

该项目活动为提高能效项目。在此项目中，项目参与方用新型的高效燃煤锅炉（135/70-1.6 链条炉）取代中小型低效燃煤锅炉，此高效燃煤锅炉的特点：

核心部分为一个可以循环转动的炉排，它技术成熟、运行可靠、操作简单、管理方便、造价低，锅炉初始排放浓度低，无需配置高效的电除尘或布袋除尘装置。

（1）锅炉配套鼓、引风机的风量、风压较小，耗电也少，对负荷的适应性较强。

（2）锅炉安装方便，施工周期短，整个工程的建设投资和运行费用均较低。

（3）链条锅炉较循环流化床锅炉更为经济、耐用、实用。

（4）热水锅炉 70MW 属于较大型锅炉，其能耗指标低，烟气处理易于集中，运行可靠，经济效益和社会效益都比较好。

图 14-2 所示为此锅炉原理工作图。锅炉炉前大煤斗将煤通过分层上煤斗送煤入链条炉排，煤按粒径进入，减少炉排漏煤，使煤层易于通风，提高煤的利用率。

此 CPA 既没有注册为单独的 CDM 项目活动也不是另外的 PoA 的一部分。通过送给住房和城乡建设部科技发展中心的信息证明此活动是唯一的，避免了双重计算。

14.2.3 CPA 额外性及预计的减排量

14.2.3.1 CPA 资格标准

（1）此项目是用高效燃煤锅炉代替低效小锅炉为建筑供热，替代后的高效燃煤锅炉效率为 85%，从而减少了化石燃料的消耗，减少了温室气体的排放。

（2）此项目还对供热管道进行了节能改造。

CPA 符合所有在 PoA 中所提到的标准。

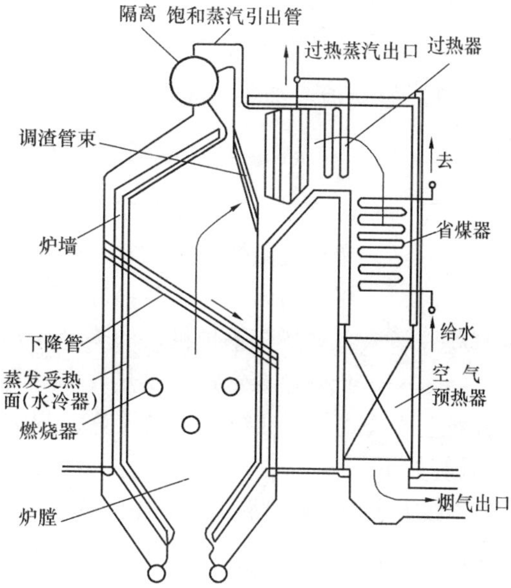

图 14-2　拟建锅炉项目燃烧原理图

14.2.3.2 项目边界的确定与气体排放源的描述

此项目类型为提高能效类项目。项目边界为物理边界，空间范围包括 5 台 70MW 的燃煤热水供热锅炉及相关的附属配套设施，配套设施包括锅炉房，贮煤和输煤系统，除灰渣、消防水池等建构筑物。项目边界中温室气体排放源和种类如表 14-8 所示。

项目边界中温室气体排放源和种类的描述　　表 14-8

	排放源	气 体	包 括	说明理由/解释
基准线活动	低效小锅炉消耗的化石燃料	CO_2	包括	主要排放源
		CH_4	排除	为了简化而排除，这是保守的
		N_2O	排除	为了简化而排除，这是保守的
项目活动	新建高效锅炉消耗的化石燃料	CO_2	包括	主要排放源
		CH_4	排除	为了简化而排除，这是保守的
		N_2O	排除	为了简化而排除，这是保守的

14.2.3.3 额外性评价和论证

此项目额外性的论证详见第 14.1.4 节。

14.2.3.4 减排量的计算

该项目减排主要是因为用高效锅炉替代低效锅炉并且对管网热损失进行了改造，减少了化石燃料的使用，从而避免应用化石燃料燃烧而产生 CO_2 排放。

该项目的基准线排放是指使用原有低效燃煤锅炉产生温室气体的排放量，项目排放是指改造后的高效燃煤锅炉产生的温室气体排放量。

根据上一章已开发的方法学“以提高能源效率和燃料转化方式节约化石燃料的消耗”，来计算此项目的减排量。

1. 基准线排放量

此 CPA 的基准线排放是用低效燃煤锅炉供给的热量乘以 CO_2 排放因子。排放因子可以采用 IPCC 默认值。基准线排放量采用式（13-2）计算。

$$BE_y = EF_{CO_2} \times \left(\frac{Q_{boiler1}}{\eta_{BSL}}\right) \tag{14-21}$$

式中 BE_y —— y 年份基准线排放量，tCO_2e/a；

EF_{CO_2} ——单位能量燃料的二氧化碳排放因子，可采用当地或国家的可靠数据（如可获得），否则，可采用 IPCC 默认值作为排放因子，tCO_2e/TJ；

$Q_{boiler1}$ ——低效燃煤锅炉供给的热量，TJ/a；

η_{BSL} ——低效燃煤锅炉的供热效率，%。

针对上述公式，基准线排放量计算过程如下：其中，单位能量燃料的 CO_2 排放因子 EF_{CO_2} 计算如下：

基准线方案中，通过燃煤锅炉提供热能使用的化石燃料为原煤。为了估算单位能量燃料的 CO_2 排放因子，可采用 "2006 IPCC Guideline for National Greenhouse Gas Inventories"，第一章 第一节中的原煤碳排放因子（CEF），通过转化因子计算 EF_{CO_2}，计算公式如下：

$$EF_{CO_2} = CEF \times 44/12 \tag{14-22}$$

式中 CEF ——原煤碳排放因子，tC/TJ；

EF_{CO_2} ——为原煤 CO_2 排放因子，tCO_2e/TJ。

原煤碳排放因子 $CEF = 25.8tC/TJ$，这是 IPCC 默认值，因此有：

$$EF_{CO_2} = CEF \times 44/12 = 25.8 \times 44/12 = 94.6tCO_2e/TJ$$

低效燃煤锅炉供给的热量 $Q_{boiler1}$，由用户使用的热量 Q_{user} 求出计算如下：

$$Q_{boiler1} = \frac{Q_{user}}{1 - \eta_{loss1}} \tag{14-23}$$

式中 $Q_{boiler1}$ ——燃煤锅炉供给的热量，TJ；

Q_{user} ——用户使用的热量，TJ；

η_{loss1} ——改造前供热管道的热损失率，%，由项目可研报告提供；

Q_{user} 的数据由近 3 年居民使用的热量收据确定。

基准线锅炉供热效率 η_{BSL} 由项目可研报告确定。

2. 项目活动排放量

此项目二氧化碳的减少是由于锅炉效率的提高及供热管道热损失的降低从而减少了燃煤的使用。燃烧的化石燃料没有发生变化，所以此项目活动的排放量计算公式和基准线排放一样。

$$PE_y = EF_{CO_2} \times \left(\frac{Q_{boiler2}}{\eta_{PRL}}\right) \tag{14-24}$$

式中 PE_y —— y 年份项目活动排放量，tCO_2e/y；

EF_{CO_2} ——单位能量燃料的二氧化碳排放因子，可采用当地或国家的可靠数据（如可获得），否则，可采用 IPCC 默认值作为排放因子，tCO_2e/TJ；

$Q_{boiler2}$ ——高效燃煤锅炉供给的热量，TJ；

η_{PRL} ——高效燃煤锅炉的供热效率，%。

高效燃煤锅炉供给的热量 $Q_{boiler2}$ 计算公式如下：

$$Q_{boiler2}=\frac{Q_{user}}{1-\eta_{loss2}} \quad (14\text{-}25)$$

式中　$Q_{boiler2}$——燃煤锅炉供给的热量，TJ；

Q_{user}——用户使用的热量，TJ；

η_{loss2}——改造后供热管道的热损失率，%，由项目可研报告提供；

Q_{user} 的数据由近 3 年居民使用的热量收据确定。

项目锅炉供热效率 η_{PRL} 由项目可研报告确定。

3. 泄漏量

此项目替换下来的锅炉不在用于其他地方，所以此项目的泄漏量为 0。

$$L_y=0 \quad (14\text{-}26)$$

4. 减排量

计算减排量所用数据如表 14-9 所示。根据项目减排量计算公式得项目减排量：

$$ER_y=BE_y-PE_y-L_y \quad (14\text{-}27)$$

式中　ER_y—— y 年份项目减排量，tCO_2e/a；

BE_y—— y 年份基准线排放量，tCO_2e/a；

PE_y—— y 年份项目活动排放量，tCO_2e/a；

L_y—— y 年份的泄漏量，该项目的泄漏量为 0 tCO_2e。

计算减排量所需的数据　　**表 14-9**

参　数	单　位	数　值	数 值 来 源
EF_{CO_2}	tCO_2e/TJ	94.6	通过 IPCC 默认值计算得出
η_{BSL}	%	65	由项目可研报告得出
η_{PRL}	%	85	由项目可研报告得出
Q_{user}	TJ	1776.7	由过去 3 年用户取暖收据计算得出
η_{loss1}	%	10	由项目可研报告得出
η_{loss2}	%	5	由项目可研报告得出

最后得出的减排量见表 14-10。

减排量估算表　　**表 14-10**

年　份	基准线排放量估算值（tCO_2e）	项目活动排放量估算值（tCO_2e）	泄漏排放量估算值（tCO_2e）	全部减排量估算值（tCO_2e）
2010	229847	166510	0	63336
2011	258578	187324	0	71253
2012	287309	208138	0	79170
2013	287309	208138	0	79170
2014	287309	208138	0	79170
2015	287309	208138	0	79170
2016	287309	208138	0	79170
2017	287309	208138	0	79170
2018	287309	208138	0	79170
2019	287309	208138	0	79170
合计（tCO_2e）	2786897	2018938	0	767949

14.2.4 CPA 监测及环境影响评价

14.2.4.1 CPA 监测计划

此项目的监测计划包括：

(1) 每年都要检查运行的锅炉的数量确保它们每年都在运行，并且记下每年的贷款偿还记录，为项目的持续运行提供证据。

(2) 监测锅炉每年的产热量。在项目边界内的一切变动，例如空间或设备的变动，都应记录下来。并且任何因这些变动而引发的排放量的变化也应被记录。记录资料应由天津某区热力建设发展有限公司 CDM 项目负责人保存，并至少保存一份备份以便 DOE 核查时使用。

14.2.4.2 环境影响评价

天津市该区供热站燃煤锅炉改造工程的环境影响评价报告书已经通过审批。环境影响评价报告的主要结论如下：

(1) 废气：施工期最主要的大气环境影响在于施工扬尘。此外，还有运输车辆和施工机械排放的尾气以及运输车辆在行驶过程中可能遗洒在路面上的物料在日晒、风力等作用下形成的道路扬尘等。施工过程中，施工路段应安装机动车禁行标志，并设置围挡隔离。采用封闭车辆运输物料，在土方挖掘阶段，运土车辆做到净车出场，并采用水雾以降低和防止二次扬尘。对容易产生扬尘的建筑材料实行库存或加盖篷布处理，禁止在大风天作业。采用高效的脱硫除尘装置对烟气进行治理，后通过 120m 高烟囱排放，并配备喷水增湿设施，大气污染物对环境不会构成影响。

(2) 噪声：施工期间，噪声源主要来自施工机械运转时发出的噪声。考虑到施工噪声影响范围内有居住小区，在施工时噪声较大设备应尽量避开休息时间施工，夜间停止施工；设计上拟选择低噪声设备，必要时采用隔声、减振、消音等治理措施，运输车辆进入项目区禁止鸣笛。运行期间，噪声源为上煤系统、各类风机和各种水泵。高强噪声源均处于室内布置，设备选型时选用低噪声设备，风管加装消声器，采取隔声、减振措施。

(3) 废弃物：该项目在施工建设过程中会产生建筑垃圾、弃土等工程垃圾采用密封运输车及时清运，并送到指定倾倒点处置。其次，施工人员的生活垃圾也及时由当地环保部门收集到指定的垃圾场处理。炉渣和除尘灰，可全部综合利用，不会对环境造成二次污染。生活垃圾由市政环卫部门统一处理。

(4) 废水：该项目污水来自生产废水和生活污水。生产废水统一排入沉淀池对其进行中和、沉淀，处理后作为脱硫除尘系统、煤场喷洒和除渣补水等用水系统回用，做到废水的再利用，只有少量沉淀后的上清水排放；生活污水经化粪池处理后排放。

从该项目的环境评估报告可以看出，工程建成后，将取代区域原有的小范围分散式供热模式，有效减轻燃烧对大气环境的污染程度。

该项目没有越界影响。

14.2.5 CPA 利益相关方评价

该项目的利益相关方如下：

(1) 当地社区居民；

(2) 项目投资者；

（3）当地政府部门；

（4）该项目可行性研究报告的开发者和业主。

14.2.5.1 评价方式

为了收集大众对该项目的评价，天津某区热力建设发展有限公司在2009年5月10日在会议室召开了咨询大会，邀请了以上利益相关方参加本次会议。在会上对他们进行了问卷调查，调查的内容涉及该供热改造项目的建设和运行对当地经济发展、生态平衡，环境保护和人民生活可能产生的影响等。

14.2.5.2 评价汇总

该次调查共发放问卷46份，收回38份，问卷回收率82.6%。

回答者的教育水平：中学（6），大专以上（32）。

回答者的身份类别：当地居民（15），投资者（4），项目业主（6），政府代表（21）。

100%的回答者同意该项目的开发。

64%的回答者对他们目前的生活和工作环境表示满意。

100%的回答者明确表示支持该项目，且坚信项目的开发对他们的工作和生活将产生积极影响。

2.6%的回答者认为此项目的负面影响主要是建设和运行期间产生的噪声污染。

42.1%的回答者提出建议：应加快该项目的建设力度和进度。

14.2.5.3 评价结论

调查结果表明，该项目所在地的居民和当地政府都非常支持该项目，所收到的利益相关方评价意见没有任何反对意见。所以，目前不需要对该项目进行任何调整。

第6篇 建筑发展前景和建议

15 建筑发展前景

15.1 全球低碳经济转型背景

当前全球化石能源消耗带来的资源枯竭和环境污染问题已不断为人类所认识，通过提高能效和降低碳排放量以应对全球气候变化成为世界各国的共识，减少温室气体排放也已成为全球的共同行动，相当数量的国家设定了减排目标并进行了社会经济政策调整（见表15-1），全球经济向低碳经济转型的趋势逐渐明晰。积极发展低碳经济被看作是应对全球气候变化的必由之路，既是发达国家经济转型的方向，也是发展中国家应遵循的可持续发展途径。

部分国家减排目标 表15-1

序号	国家	减排目标
1	美国	到2020年在2005年基础上实现14%～15%减排量
2	德国	到2020年实现在1990年的基础上减排40%
3	法国	如果其他国家采取相同的措施，到2050年将温室气体减排75%～80%
4	英国	《气候变化法案》承诺，在2050年将温室气体排放量在1990年基础上减少80%，赋予了英国政府实行排放交易、推广生物燃料、减少建筑能耗、甚至强制零售业减少塑料袋使用的权力
5	日本	到2020年在1990年的基础上减排25%
6	澳大利亚	到2020年在2000年的基础上实现25%的减排，2050年前将温室气体排放量在2000年的水平上减少60%
7	俄罗斯	到2020年前把温室气体排放量在1990年基础上减少25%
8	挪威	计划到2020年为止，削减温室气体排放量达到1990年排放量水平的40%，到2030年实现碳平衡（净排放为零）
9	南非	提出了最晚在2020年到2025年之间把温室气体增速度降低一半的计划，并采取各种经济和政策措施逐步使温室气体排放趋于稳定或下降
10	印度	《应对气候变化国家行动计划》描绘了经济活动从高化石能源消耗转向非化石能源消耗的愿景，并提出了发展太阳能、提高能效、植树造林、环境保护等措施
11	巴西	计划到2020年在预期基础上减排36%～39%，相当于在2005年基础上减排20%

我国和国际社会一样始终高度重视全球气候变化问题，坚定不移地走可持续发展道路，从国情和实际出发，制定了应对全球气候变化的国家方案，积极推进经济和产业结构调整、优化能源结构、实施鼓励节能、提高能效等政策措施，不断增加应对气候变化科技

研发投入，努力减缓温室气体排放，增加森林碳汇，提高适应能力，取得了积极成效。胡锦涛主席发表的“携手应对气候变化挑战”演讲中指出，我国应对气候变化的四条途径：一是加强节能、提高能效工作；二是大力发展可再生能源和核能；三是大力增加森林碳汇；四是大力发展绿色经济，积极发展低碳经济和循环经济，研发和推广气候友好技术。

在 2009 年度哥本哈根世界气候大会前夕，我国政府承诺：到 2020 年单位国内生产总值二氧化碳排放比 2005 年下降 40%～45%，将其作为约束性指标纳入国民经济和社会发展中长期规划，并制定相应的国内统计、监测、考核办法，体现了一个责任大国的风范和决心，也标志着我国即将进入低碳经济发展时代。实现上述节能减排的具体措施包括：通过大力发展可再生能源、积极推进核电建设等行动，到 2020 年我国非化石能源占一次能源消费的比重达到 15%左右；通过植树造林和加强森林管理，森林面积比 2005 年增加 4000 万 km^2，森林蓄积量比 2005 年增加 13 亿 m^3。

15.2　低碳经济下的建筑发展历程

低碳经济的发展前提就是低碳城市的存在和发展，而城市的存在和发展往往伴随着建筑的产生和发展，各类新建建筑是城市化建设的主力军，其次才是城市基础设施、工业体系、交通系统、产业配套的发展。低碳城市是节能减排事业的重要载体，将引领未来城市建设的新趋势。在这样的背景下，建筑的发展按照要求朝着低碳城市的方向前进，遵循节能建筑和绿色建筑标准，实施既有建筑节能改造，提高城市能源系统效率等，实现节能目标和节能模式的双跨越，不仅有助于解决我国自身发展的碳排放瓶颈问题，更能为缓解世界能源和环境压力做出贡献。

历史上，结合人类的不同需要，建筑的发展和变迁大致经历了以下几个阶段如图 15-1 所示。

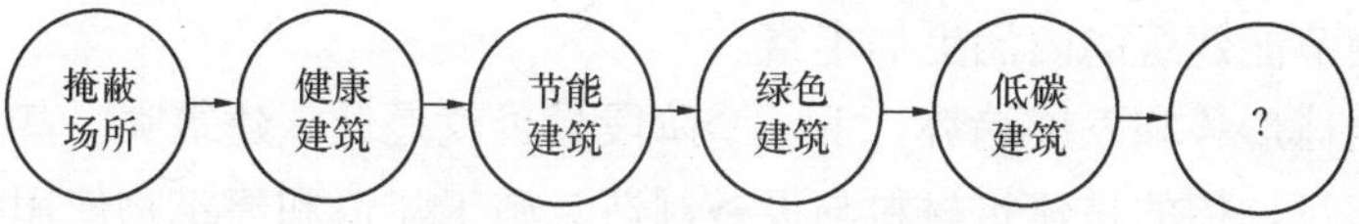

图 15-1　建筑发展变迁图

第一个阶段的建筑要求仅仅是掩蔽场所，依靠自然界的恩赐，表现为低能耗甚至无能耗，取之于自然，最后又回归于自然，完全与自然的和谐共存。如我国的河姆渡文化中干栏式建筑，用树木搭成来遮风避雨，建筑在这里也仅仅是人类谋生和生存的物质手段。

第二个阶段是健康建筑，起源于 20 世纪 60 年代末 70 年代初的两次中东战争期间。由于发达国家经历了严重的石油危机，不得不严格限制用能。当时发达国家的建筑能耗、交通能耗和工业能耗各占其总能耗的 1/3，因此，建筑成了限制用能的首要目标，节能的目标锁定在节约用能和限制用能。美国 ASHRAE 标准把办公楼空调新风量标准从 25.5m^3/（h·人）降低到 8.55m^3/（h·人），同时加强了建筑物的气密性，门窗的渗透风量降低到换气次数 0.5～1h^{-1}以下。限制用能的措施帮助发达国家渡过了危机，却也带来了健康问题，长时间在新风量不足的办公楼工作的白领们患上了建筑综合症，室内空气品质的劣化问题突显出来。20 世纪 80 年代中期，出现了智能化大楼，将高新技术尤其是电子、通信和自动化技术与传统的建筑结合起来，为第三产业的迅速发展提供了必要的条件。为了保证智能化大楼中职能生产和脑力劳动的高生产率，智能化大楼中舒适、健康、安全的室内环境占有与 OA（Office Automation）、BA（Building Automation）、CA（Communication Automation）同等重要的位置。健康建筑首先要求室内通风，进入室内的新风量越大，室内污染程度就越低，而且还提出了居住人的健康是另一种节能的概念。从这个时候开始，发达国家纷纷对传统的封闭性节能建筑进行了第二次改造，目的就是把一般的封闭建筑改造成更利于人类居住健康的建筑，但是付出了高能耗的代价。我国也有了建筑节能思想和行动的萌芽。

第三个阶段是节能建筑。为了改善室内空气品质、创造健康舒适环境，发达国家建筑能耗有所反弹，有的甚至超过了石油危机前。在智能建筑里，由于大量办公建筑设备的运行使得夏季空调冷负荷偏高，冬季空调热负荷偏低，过渡季节需要同时供冷供热，造成建筑消耗大量的能源。为了减少地球环境负荷，减少建筑物资源能源消耗，提出了节能建筑的要求。我国节能建筑的特点是初期重点在北方地区采暖居住建筑，主要针对新建建筑，技术措施集中在改善围护结构热工性能方面。随着建筑节能工作的推进，逐步拓展到南方地区，既有建筑节能改造等，技术措施也发展到提高建筑设备能效，利用可再生能源等。

第四个阶段则是目前推崇的绿色建筑阶段，主要特征是建筑能源系统高能效、大量利用可再生能源和未利用能源、亲近自然和保护环境的阶段。20 世纪 90 年代，全球变暖问题成为世人瞩目的焦点，人们开始对自己为了追求舒适和效益而无节制地消费地球资源和破坏地球环境的行为进行反思，保护地球资源和环境的可持续发展理论成为许多国家的基本国策。此时，建筑节能上升到前所未有的地位，发展绿色建筑成为大势所趋，说明了人类的建设活动进入理性阶段。绿色建筑的实质是为人们提供健康、舒适、安全的居住、工作和活动的空间，同时在建筑全寿命周期中实现高效率的利用资源、最低限度地影响环境的建筑物。绿色建筑首先必须是节能建筑，但它在节能建筑的基础上增加了节水、节地、节材的内容，使节能建筑的内涵更加丰富。

按照当前全球形势和发展趋势，下一个阶段是否就是低碳建筑呢？甚至以后呢？

所谓低碳建筑，指的是建筑材料与设备制造、施工建造和建筑物使用的整个生命周期内，减少化石能源的使用，提高能效，降低二氧化碳排放量。目前低碳建筑已逐渐成为国际建筑界的主流趋势，在发展低碳经济的道路上，建筑的节能和低碳注定成为绕不开的话题。事实上，低碳建筑并不是建筑界的新名词。作为建筑物，无论在时间上还是空间上，它的碳排放都是影响环境的主要来源，低碳建筑实际上是当前绿色建筑理念的前沿体现。低碳建筑与绿色建筑相比，在内涵和目标上基本是一致的，但是各自的侧重点不同。绿色建筑更强调减少污染排放，而低碳建筑则是减少碳排放。从当前的危机看来，低碳建筑更切合节能减排和应对全球气候变化的主题。

严格意义上的低碳建筑仍然难能可贵，数量颇少。尽管全球都在推崇低碳建筑，但对不同的国家有不同的含义，利益不一样，代价也不一样。很多低碳建筑所需要的技术实际上是我们熟悉的，甚至是常用的技术，如太阳能技术、地热系统、热电联产系统、生物质能系统、高效冷却技术与小型风力发电技术等等。

总体而言，低碳建筑具有以下几大关键优势：

（1）在建筑物的全生命周期内实现了节能、节水、节地、节材等目标，降低了 CO_2 排放量；

（2）具备高效的能源系统，包括建筑物本身和建筑内部的电器等，减少能源需求，降低因能源使用而带来的碳排放，至少能够降低用户的能源费用；

（3）在能源供给上尽可能选择低碳或无碳能源，如各类可再生能源的优化组合应用等；

（4）与自然的和谐共处，更多地利用自然资源等，如自然采光条件，以及自然通风等技术，带来的优于空调系统的空气质量，同时还能减少能源消耗。

也许低碳建筑的特点远不止这些，随着低碳建筑的不断发展和前进，相信低碳建筑的内涵会逐渐丰富起来。

15.3　低碳建筑的政策保障和技术措施

目前我国城镇民用建筑运行耗电占我国总发电量的 22％～24％，北方地区城镇采暖消耗的燃煤占我国非发电用煤量的 15％～18％，建筑消耗的能源占全国商品能源的 24％左右，这些数值都仅为建筑运行所消耗的能源，不包括建筑材料制造用能及建筑施工过程能耗。随着我国城市化程度的不断提高，第三产业占 GDP 比例的加大以及制造业结构的调整，建筑能耗比例将继续提高，最终将接近发达国家目前的 1/3 的水平。预计到 2020 年，全国 56％以上的人口将生活在城市里，第三产业在全国 GDP 中的比例将超过 40％。相应的建筑物和基础设施也将成倍增加，建筑能耗不可避免地会大幅度增加。另外，包括长江流域已有部分建筑在内，预计到 2020 年，我国将新增加约 110 亿 m^2 以上需要采暖的民用建筑。

对不同的建筑节能推广模式和成果进行预测，可以得到表 15-2 所示的 3 个情景。从表中可见，如果实现了情景一，则建筑能耗将占我国目前煤产量的 40％和发电量的 65％，这是我国的供能系统无法承受的。而情景三在城市建筑总量几乎增加 1 倍以后，建筑总能耗仅在目前水平上增加不到 50％。如果我们能实现情景三，将真正解决了我国城市发展中能源问题瓶颈，对发展中国家的现代化过程也将是极好的借鉴。尽管在当前条件下实现情景三还有一定的难度，但我们有权选择建筑的发展朝着最节能的方向前进。

对我国建筑能耗的情景预测　　**表 15-2**

	情景一（能耗最大）	情景二（能耗居中）	情景三（最节能）
建筑用能情况	采暖用能维持目前水平，农村按城市能源模式发展，非商品能源消耗转化为商品能源；长江流域采暖应用北方模式；住宅和一般公建用电水平提高 50％；大型公建用电水平不变	采暖用能维持目前水平，农村非商品能源消耗部分转化为商品能源；长江流域采暖应用北方模式住宅；住宅和公建用电水平不提高	新建采暖建筑用能为目前的 50％，既有采暖建筑用能降低 30％，农村非商品能耗仅小部分部分转化为商品能源；长江流域采暖仅增加 8kWh/（m^2·a）；既有住宅和公建用电水平不提高，新建住宅和公建提高用电效率，新建大型公建降低能耗 50％，既有大型公建降低 30％
年建筑能耗	标准煤 6.8 亿 t，电 15200 亿 kWh	标准煤 4.2 亿 t，电 11300 亿 kWh	标准煤 1.8 亿 t，电 8250 亿 kWh
年人均建筑能耗	2470kWh	1664kWh	957kWh

有关研究表明，建筑节能是各种节能途径中潜力最大、最为直接有效的方式，是缓解能源紧张、解决社会经济发展与能源供应不足的矛盾的最有效措施之一，必须通过建筑业的节能减排，支撑低碳城市化的进程和发展。实际上，为了加速推进建筑向最节能方向前进，积极促成低碳建筑的良好快速发展，国家在管理政策、技术标准和财政制度上出台了相关文件。就建筑领域来说，正在施行的政策包括：

1. 可再生能源建筑应用

从2006年开始实施可再生能源建筑应用示范工程，主要包括太阳能光热技术、太阳能光电技术和热泵技术等，随着节能减排力度的增加，可再生能源建筑应用示范的规模逐年扩大，从单体建筑发展到城市示范，为低碳城市的发展奠定了基础，储备了技术力量。积极发展太阳能建筑一体化，针对太阳能光电在建筑中的应用进行财政补助，以期推进国内太阳能市场的跳跃式发展；推行可再生能源建筑应用城市级示范，对于每个获得示范资格的城市将给予一定的资金补助。补助资金使用方式多样，可综合采用财政补助、贷款贴息、以奖代罚、资本金注入、设立种子基金等。

2. 既有建筑节能改造和北方地区供热计量改造

如果供热能像供水、供电一样实现计量，意味着供热方面可以减少至少20%的能耗。国家财政对既有建筑节能改造进行补贴，根据所属区域、建筑不同部位等给予的补贴资金不同。

3. 推行大型公共建筑节能改造与监测

大型公共建筑单位面积能耗一般是民用建筑的5～10倍，建筑领域的节能减排必须从大型公共建筑开始。对于大型公共建筑节能改造，国家采用贷款贴息方式进行补贴，许多城市如深圳、上海等已经建立了城市公共建筑单元CO_2排放的动态监测评价系统，即城市中每个公共建筑的CO_2排放和能耗情况都可以进行实时动态监测和分析，对低碳化发展起着监督作用。

4. 大力发展绿色建筑和低能耗建筑以及超低能耗建筑

绿色建筑是低碳城市的组成细胞，我国已经建立了建筑能效测评标识制度和绿色建筑评价标识体系，每一类标识的能耗水平和CO_2减排都有明确的数值标识和标准。目前在大多数城市已经推行了建筑能效标识和绿色建筑标识，只有坚持这两项标识，发展低能耗建筑和超低能耗建筑，就能在建筑方面节约大量能源，为低碳城市的建设做出应有的贡献。

5. 发展绿色照明工程

逐步普及绿色高效照明灯具，以替代传统的低效照明光源，通过提高照明电器和系统的效率，减少发电排放的大气污染物和温室气体。

在政策的催化下和发展的驱动下，我国低碳建筑的发展趋势已逐渐明朗，必须充分依靠从下而上的创新和从上而下的激励与引导相结合。建筑的低碳化发展必将成为主流，遵循渐进性、多样性、成本可控性、可推广复制性等原则，低碳建筑在现今的节能减排和即将到来的低碳经济发展中应有所作为。

与世界主要发达国家相比，虽然我国人均建筑能耗水平远低于发达国家，但在总量上，我国建筑能耗仍处于世界前列，我国低碳城市的建设在建筑领域还有许多工作要做，尤其是建筑节能减排事业。通过引导发展节能环保型建筑建设模式，适当控制建筑规模，杜绝贪大求洋、标新立异的面子工程和奢华的办公、居住建筑，在提高城市紧凑度的同时，大力发展节能建筑、绿色社区、低碳区域等，促进建筑领域的可持续发展。

与世界主要发达国家相比，虽然我国人均建筑能耗水平远低于发达国家，但在总量上，我国建筑能耗仍处于世界前列，我国低碳城市的建设在建筑领域还有许多工作要做，尤其是建筑节能减排事业。建筑领域实施节能减排的具体措施包括：

（1）贯彻落实建筑节能标准，完善标准在设计、施工验收和运行阶段的实施率和监管力度，使节能建筑名符其实；

（2）提高暖通空调系统和家电产品能源效率，包括降低空调、冰箱、电灯等家电能耗，建立实行节能等级制度等；

（3）使用更高效和更清洁的能源，加大天然气和热电联产供热比重，取代煤炭和柴油等高碳化石燃料；

（4）建筑及建材工业化发展道路，从传统的以手工操作为主的小生产方式逐步向社会化大生产方式过渡，采用先进适用的技术、工艺和装备，提高机械化水平，减少复杂的手工劳动和湿作业等，降低建筑建造过程中的能耗。

在当前条件下，低碳城市的发展仍应以建筑的节能减排为主线。从建筑角度而言，降低城市资源能源消耗，减少温室气体排放的主要技术包括：

（1）通过规划设计减少热岛效应，在改善城市建筑、小区等室外环境舒适性的同时，减少建筑物空调能耗；

（2）合理布置住宅建筑平面，以便于自然通风；

（3）改善建筑物围护结构的热工性能，降低建筑空调采暖负荷；

（4）合理选择建筑中各类设备系统的能源供应方案，优化各类设备系统的设计和运行；

（5）充分、高效利用各种可再生能源，减少空调、采暖、生活热水、炊事、照明等建筑常规能源的消耗，降低对环境的影响；

（6）通过室外风环境优化设计，使建筑物前后压差在冬季不大于 5Pa，在夏季保持在 1.5Pa 左右，以减少冬季的冷风渗透和有利于夏季及过渡季的室内自然通风；

（7）使用可回收、可再生、可再利用和对环境影响小的建筑材料和结构体系，尽可能因地制宜，就地取材；

（8）充分利用天然采光，减少人工照明能耗；

（9）优先发展可高效吸收 CO_2 的景观绿化体系；

（10）依据高质水高用、低质水低用的用水原则，提高非自来水在用水总量中的比例，结合节水器具和设备的使用，减少市政提供的自来水用量，从而减少自来水的生产能耗；

（11）采用全生命周期内资源消耗少、环境影响小的物业办公和家庭用家电家具等；

（12）提倡居民自愿选择碳平衡手段，消减各种碳汇。

16　建议

气候变化问题是全世界、全人类共同面临的重大挑战。建筑领域的排放约占全世界排放的 30％左右，并且随着亚洲、拉丁美洲、非洲等发展中国家的快速发展，城镇化水平的不断提高，建筑领域的排放量会继续增大。建筑大量发展，也为包括中国在内的广大发展中国家制定相应的建筑节能政策，研发相应的减排机制提供一个难得的历史机遇。

按照经济学的基本原理，利用市场机制推进建筑节能减排工作是当今世界各国、社会各界重点研究的方向。《京都议定书》框架下的包括 CDM 在内的各节能减排交易机制，是当今世界应用范围最广的一个减排机制，取得了的巨大成功。其公正性和可持续性得到了世界各国、各界的一致认可。并且，现行的 CDM 机制是世界其他减排交易机制的基础，可以预见在未来指定节能减排交易机制也必然会以《京都议定书》下的包括清洁发展机制在内的温室气体减排交易机制。但作为排放量巨大的建筑节能领域，其应用 CDM 实现减排的案例很少，与其巨大的排放量严重不相称。这一方面使世界各国丧失了巨大的减排市场和减排效益，另一方面也使得其他利用市场机制推进建筑节能工作进展的缓慢。

因此，在上述研究的基础上，以《京都议定书》的基本框架为指导，结合部分成功的类建筑 CDM 案例，分别对 CDM、PCDM 本身以及各国政府的清洁发展相关政策；建筑节能领域发展 CDM 提出以下建议。

16.1 对于 CDM、PCDM 的建议

综上所述，在建筑节能领域 CDM 项目发展较为缓慢的根本原因是：一是建筑领域与工业领域在能源生产加工、输送、使用所处的环节不同，建筑领域更多的是处在使用的环节上，而工业领域处在生产加工的环节上；二是 CDM 和 PCDM 等机制的设计更侧重于工业领域的节能，对建筑领域节能特点考虑不够充分。

因此，不能简单地用适合评判能源生产加工侧的减排机制来套用评判能源使用侧的减排情况。建筑物是人类社会活动的最集中的场所，包括《京都议定书》在内的各节能减排交易机制，在重视能源生产加工侧的减排问题的同时，也应同样重视能源使用侧，即建筑侧的减排问题。并且，建筑节能减排不仅仅涉及温室气体的减排量是多少的问题，更涉及到全社会对减排问题的基本认识和“低碳生活”这个普遍价值观的树立。因此，国际社会各界应花更大的气力，来系统研究如何在能源的使用端降低能耗、实现减排。

结合建筑用能的特点，需要用全新的视角去审视如何促进建筑节能。对建筑领域利用市场机制促进节能减排问题需要进行专题的研究。对现行的某些交易流程、方法学、基线认定等问题，也应专门针对建筑领域进行研究和改革。

16.1.1 增加建筑类 CDM 项目收益

由于单体建筑的减排量有限，而大型综合建筑需要花费的沟通、协调成本又会升高，因此仅从经济的角度出发，建筑 CDM 的收益是很低的。项目业主的积极性很难充分调动，这也是阻碍建筑类 CDM 项目发展的最主要的原因。因此，国际社会应从建筑类项目特殊的社会价值考虑，给予政策的优惠，变社会效益为经济效益，增加建筑类 CDM 项目的收益。增加收益的主要方法是降低交易成本，增加减排量收入。

交易成本主要可以分为：（1）注册的必要成本，主要是指项目在 DNA 和 EB 处注册所缴纳的费用，此项费用与减排量呈比例，较为固定；（2）PDD 编写、审查、监测等必要工作所需支付的费用，此项是市场化下的必要工作的支出，费用相对固定，但有一定幅

度的波动，具体花费要依项目业主、中介组织、DOE 等方商业谈判的结果。除去以上两项之外，成本还应包括原项目方案中没有的，但因申报 CDM 项目所必需加装的设备，以及完成 CDM 项目所支付的时间成本。

从上述的分析中可以看出，降低建筑类 CDM 项目的成本、增加项目收益可以从以下几个方面考虑：

(1) 降低注册等固定流程的必要成本，即 DNA、EB 以及各国政府等机构应考虑到建筑类项目所具有的巨大社会效益，从扶植建筑类 CDM 项目的角度出发，适当降低建筑类 CDM 项目注册费、项目行政管理费等支出，给予建筑类 CDM 项目的“税收”优惠。

(2) 降低时间成本，即考虑建立起建筑类项目审核的快速通道，制定相应机制，加快建筑类 CDM 项目的审核速度。

(3) 可以考虑提高建筑类 CDM 项目的全球增温潜力（GWP），或提高建筑类 CDM 项目 CERs 的价格，以增加项目收益。

降低交易成本、提高项目收益的做法已经在小型项目中得到了部分实践，被证明是可以提高项目业主的积极性的，且是行之有效的。在小型项目中有很多类建筑 CDM 项目。小型项目的交易方法为进一步降低交易成本提供了一个良好的案例和示范。在下一步的改革中可以用作参考。

16.1.2　增加“京都议定书”、“CDM”的社会影响

对项目业主的激励可以分为物质上的激励和精神上的激励。从物质激励的角度上看，即使 CDM 给建筑业主带来的收益成倍的增长，对于一个投资动辄几十亿，甚至上百亿的建筑项目而言，收益率都是较低的，对于项目业主的激励也是有限的。

根据多年的建筑节能领域的工作经验，建筑项目的业主十分看重项目获得的“奖励”，精神方面的激励往往更加有效。这主要是由于建筑项目一旦建成，将长时间的存在于公众的视线中，对于项目业主而言，无论是建设、居住、办公在一个名声不好的建筑物对其公司（包括建设开发公司和以租赁或购买方式居住在此座建筑物的公司）本身的形象都是负面的。很多大型公司，更愿意租赁或购买那些环境友好、资源节约的建筑项目，以办公形象最为其公司形象的一个重要的组成部分，这也促使了建设单位更加重视项目形象的提升，更看重类似于“绿色建筑”、“节能建筑”、“最佳居住环境”等荣誉奖励。因此，对于建筑项目业主的激励，应更多地从精神层面考虑。

“京都议定书”、“CDM”等名词，对项目业主的激励不是很大，这主要是由于“京都议定书”、“CDM”还是一个新生事物，并且影响也大多存在于工业项目中，在社会中的认知程度不高，百姓对于“碳交易”的情况不是十分了解。例如，中央电视台某新闻报道菲律宾的一个 CDM 项目，但还对 CDM 的基本概念进行了简单的解释。可见其在公众中的知名度不高。正因如此，很多开发商由于“CDM”在社会中的影响力，以及对其建筑项目的正面影响不是很大，也对参加 CDM 项目并不是十分热衷。

建议国际、国内的相关组织，提高“京都议定书”、“CDM”等名词在社会中的影响力和知名度，把“京都议定书”、“CDM”等名词当作一个品牌来管理，提升其知名度。让广大人民群众了解其基本概念，在其心目中建立起“实施了 CDM 的项目，对阻止全球的气候变暖做出了贡献”的正面形象。

16.1.3 建立针对建筑节能的方法学系统

现有的《京都议定书》框架，只将建筑节能等同于工业领域其他方面的节能，这是存在一定问题的。由于其用能和减排的基本方法不同，不能将其简单地等同于工业领域其他项目的减排。改革的建议：

（1）建议在《京都议定书》基本框架中，单独研究建筑领域减排问题。甚至可以单独将其设置成某一机制，级别等同于“CDM”、“JI”、“IET”等机制，其方法学、减排认定、减排量的计算等方面也单独研究。

（2）不改变现有机制，但应在现有机制下，建立建筑领域单独门类，其方法学、核证机制等应单独考虑。

1. 提出建筑减排的“特殊”方法学

建议以建筑节能减排的特点单独研究建筑领域的方法学。建筑领域的“特殊”方法学应有以下几个特点：

（1）考虑到建筑节能减排是多种技术因素共同作用的结果。

（2）基准线的确定应以当地社会平均生产力为基础，以政府规定的“节能设计标准”作参考。

（3）减排量的核查与核证应采用适当的科学估算方法，在方法学中列明科学估算的方法，也可使核查核证工作更具科学性和经济合理性。相应地应制定更加严格的处罚力度，严处作弊行为。

（4）建立起对于长生命周期项目的考核机制。由于建筑项目的生命周期较长，其基准线的确定、减排量的计算等问题也会随着时间、社会生产力、气候等问题的变化而变化，因此，在针对建筑类减排项目的方法学设计时应考虑到对其长生命周期的减排量的计算。

（5）对其社会价值有所体现。建筑类项目在对社会价值的贡献上远高于工业项目，但现有方法学没有体现出建筑类项目的社会价值，因此在设计针对建筑类减排项目的方法学时，应考虑其对社会价值的贡献，在减排量的计算、交易价格等方面给予适当优惠。

2. 加强建筑类 PCDM 规则的研发

相比于 CDM 机制，由于单独的建筑减排项目减排量较少，即使做适当的改革，也很难推动全世界建筑项目普遍参与到温室气体减排活动中，但由于全世界建筑项目较多，建筑类型较为固定，因此 PCDM 相比于 CDM 更适于建筑项目。但到目前为止全球 PCDM 项目仅有 5 例，且均在公示阶段。可以说 PCDM 还有很长的路需要走，并且在实施过程中也面临着很多不确定的因素，诸如协调/管理如何进行成本控制、方法学应用的问题。

PCDM 在原理上是十分正确的，但缺乏的是具体的实践和在实践后对原理的进一步修订，使之更具实际操作性。在国际组织加紧对 PCDM 机制研发的同时，也应开展 PCDM 项目的试点示范工作，进行虚拟交易，主要锻炼和考察协调/管理机构的工作，项目实施成本以及项目实施过程中可能遇到的风险、困难。

16.2 其他建议

建筑项目不同于一般的工业项目，其受地理位置、环境影响很大，世界上没有两栋建筑是一样的，除非刻意为之。长久以来，由于建筑项目本身客观条件的限制，建筑项目的实施流程与工业项目也有所不同，在此基础上产生的监督管理机制也自然也有其特殊性。这些机制是适应建筑项目发展，而当建筑能耗所占比例日益增大，应用市场机制实现温室气体减排成为重要手段的时代，我们需要以现代的眼光再次审视建筑项目的实施环节、建筑节能管理的体制机制，并做有益的改革，使之更适应节能减排的需要。

16.2.1　制定国家建筑物的基本耗能标准

在开展建筑领域减排的 CDM 项目时遇到的首要问题就是建筑领域减排项目的基线判断，如何科学合理地确定建筑物排放的基线是衡量建筑减排项目减排量的最重要基础。

但是由于建筑物是终端用能单位，有多种因素决定其用能情况，仅就单个项目且未完成的项目而言很难科学合理地确定其用能基线。基准线的制定因方法不同，也会产生很大的不同，标准的不统一也阻碍了建筑领域减排工作的开展。

因此各国有必要制定本国的建筑物基本能耗标准。虽然影响建筑能耗的因素很多，但是人类的生活、办公、娱乐等活动还是有其自身规律的，其能耗情况也是在一定的范围内波动的。标准的制定应建立在广泛调查既有建筑物能耗水平的基础上，考虑到气候条件、建筑物的发展趋势，按建筑物的使用功能进行分类制定，定期更新。制定建筑物的基本能耗指标可以为建筑节能项目引入 CDM 机制打好基础，便于建筑项目确定基准线、计算节能减排量。

基于联合国清洁发展机制对项目审核的核心在于确定基准线和额外性的论证，而额外性的论证主要是确定在没有实施 CDM 项目时产生的温室气体排放量，这一点同样适用于居住建筑 PCDM 项目。因此，在实施居住建筑 PCDM 时对于建筑能耗统计的准确性至关重要。现阶段我国因没有统一的统计计量体系，急需解决的是建筑能耗数据采集中的指标、采集方法、采集渠道等问题。有了统一的统计计量标准，其提供的数据才能成为大型公建能源审计、节能改造和既有居住建筑的供热计量、节能改造的技术支撑和减排核准的基准。

16.2.2　开展示范项目

开展 CDM 和 PCDM 示范项目是促进建筑节能清洁发展机制的有效手段。由于建筑物为终端用能单位，决定建筑物用能的因素很多，目前还不具备将 CDM 或 PCDM 机制向建筑领域推广的条件。在此情况下，政府及相关部门为了更好促进 CDM 等节能减排交易机制在建筑领域中的应用，同时也是为了更好地计算建筑物的减排能力，应考虑开展示范项目，如政府机关办公建筑、学校等政府财政支出的项目。示范项目可以剔除一些对能耗影响不大、不易于掌握的因素，简化建筑物的用能情况，减少建筑领域中对 CDM 机制不相适应的部分，集中精力对建筑物温室气体减排方面进行演算。示范项目的另一个作用是为全社会起到宣传、带头作用，提高全社会对于建筑节能减排量交易的认知程度和社会影响，也为政府在全社会中树立良好形象。

16.2.3　各国 DNA 加强对建筑减排项目的关注

各国的 DNA 在清洁发展机制的具体实施中扮演着重要的角色，是 UNFCCC 相关政策的执行者，更是确保项目真实可靠的重要监督部门，同时 DNA 也大多承担该国国内相关清洁发展机制政策的制定工作。

因此，如果希望建筑领域减排机制上有所突破，各国的DNA，特别是那些发展中国家的DNA应更加对建筑领域的减排工作进行研究，制定相关政策帮助建筑领域减排事业的发展。并且，各国DNA也应加强对PCDM机制中“协调/管理机构”的建设。达到PCDM机制的相关要求。

附录1　其他节能减排量交易机制简介

1　白色证书

近年来，一种市场手段和行政手段相结合的能效政策模式在欧洲悄然兴起，该政策不仅加快了实施国的能效提高速度，而且深刻影响了当前欧洲能效市场对能源供应商的角色定位思考。这种能效政策模式就是"白色证书"（White Certificate）。

"白色证书"旨在通过限定能源供应商在一定时期内的目标能效提高量，来提升全社会的能源使用效率。它既是一种能效政策，又是一种交易体系。一方面，"白色证书"可以度量能源供应商在规定时间内获得目标能效提高量的情况；另一方面，它实现了完全市场化运作，能源供应商可以在一定市场规则条件下，通过双边交易或交易市场进行证书的买卖。

"白色证书"的实施对象主要是能源供应商，包括电力企业，主要是发电商和配电商等。目前，已经实施"白色证书"体系的国家有英国、意大利和法国。由于这一政策措施深刻影响了欧洲能效市场对能源供应商的角色定位，欧盟已经开始考虑将上述三个国家的经验运用到整个欧洲的能效提升计划中。

1.1　"白色证书"的实施情况

在英国，制定"白色证书"政策的灵感来自于美国和欧洲一些国家电力垄断时期的最小资源成本计划，并在此基础上结合英国的能效市场情况进行了完善。1994年，英格兰和威尔士的12家能源供应商参与到居民用户的能效提高工作中来，当时采取的形式是能效标准考核，这是"白色证书"的前身。此后几年中，这一措施的实施范围得到了扩大。2000年，这方面工作有了很大进展。首先，电力和燃气监管机构合并成为一个能源监管机构，能效计划被扩展到了整个英联邦而且包括燃气供应商。更重要的是，政府有权制定相应的能效目标，来约束能源供应商的能效提高行为。2002年，这一计划被冠以"能效协议"的名义开始了第一阶段的实施。英国要求能源供应商，在从2002年4月1日起的3年时间里，节约620亿kWh电量。数据显示，截至2004年12月，他们已经实现了700亿kWh节电量，提前实现了总目标。其中55%归因于提高绝热性能，20%归因于高效照明，12%归因于采用高效设备，大约10%归因于改善供热系统。第二阶段的实施从2005年4月开始，英国能效委员会计划在未来3年里，将节电量提高2倍。

英国"能效协议"计划的实施是非常成功的。为了确保第二阶段目标的实现，英国将这种"能效协议"以"白色证书"的形式予以交易，并允许能源供应商之间进行"白色证书"的买卖。一些未完成考核指标的能源供应商为了免受政府的惩罚，就会考虑向超额完成目标的能源供应商购买超额的“白色证书”，从而带动整个能效市场的繁荣。

在意大利，“白色证书”的实施对象主要是2001年拥有10万以上用户的电力和燃气公司。意大利按照上一年度各公司能源供给量所占能源市场的分额，来确定他们的能效提高目标，并且每年考核一次目标的完成情况。意大利衡量能效提高目标的完成情况，主要看能源供应商获得“白色证书”的多少。“白色证书”最开始由政府发售给能源供应商，能源供应商之间可以自由买卖。最近，意大利又颁布了新的政策，以提高能效项目的资助力度和激励能效服务公司的活动。政府颁布了两项指令，建立了一套既有市场激励又有调控作用的实施计划。一项是市场手段，可交易的“白色证书”既可以发售给电力公司也可以发售给能效服务公司。另一项是税费政策，允许能源供应商通过电力和燃气税费来回收投资成本。在这一政策下，能效服务公司如果可以获得“白色证书”，那么电力公司很有可能考虑向其购买证书。

不难看出，英意两国的“白色证书”实施情况各具特点。首先，从2004到2008年，意大利每年编纂一次实施计划，统计一次实施效果。而英国则每三年全面统计一次实施成效，目标的提出则立足于3～5年。其次，在意大利，“白色证书”实施对象主要是2001年拥有10万户以上的电力和燃气公司，而在英国主要是拥有5万国内用户的配电商和供应商。第三，英国按照用户数量多少来确定能效提高目标，而意大利按照该公司上一年的供应量占总能源消费量的分额来确定目标。

尽管存在这些差别，但两国得出的经验却是相同的，即“白色证书”体系的建立主要有两方面作用。一方面，它是度量工具，通过“白色证书”的结算，可以在规定时间内获得目标能效提高量，可以衡量能效提高目标实现的情况。另一方面，“白色证书”提供了交易平台，供求双方既可以通过双边交易，也可以通过“白色证书”市场进行交易。

1.2 “白色证书”对我国能效市场的启示

“白色证书”给我国能效市场的启示主要有以下四点：

(1)“白色证书”模式激励能源供应商积极参与到能效市场中来，帮助用户开展能效项目，经营效果好的能源供应商还可以从能效市场中获利。

(2) 能效的获得是一个长期的过程，如果加快能效潜力的获取速度，则可以缓解日益增长的能源供应压力。“白色证书”模式规定了能效提高的目标和实现时间，并配以切实可行的市场化运作手段作为实施措施，加快了能效潜力的获取速度，具有较强的操作性。

(3) 合同能源管理是节能工作中一项非常重要的市场化运作手段，能效服务公司在其中发挥着重要的作用，而我国目前合同能源管理还处在起步的阶段，发展空间有限。如能借鉴“白色证书”模式，建立“白色证书”交易平台，让能效服务公司参与到证书的交易市场中来，可以极大地扩充我国能效服务公司的发展空间。

(4)“白色证书”采取市场手段和宏观目标相结合的方式，加强能效管理，为我国建立市场与引导手段相结合的能效运作机制，提供了有益的参考。

2　绿色证书

2.1　绿色证书简介

绿色证书交易制度是建立在配额制度基础上的可再生能源交易制度，是一种对目前相对较弱的可再生能源发电市场做出保护性规定的政策机制。

在绿色证书交易制度中，一个绿色证书被指定代表一定数量的可再生能源发电量，当国家实行法定的可再生能源配额制度时，无法完成配额任务的市场主体需要向拥有绿色证书的市场主体购买绿色证书，来满足自己的法定义务。

“可再生能源配额制”是指在地区电力建设中，可再生能源发电需保持或占有一定的比例。使与配额比例相当的可再生能源电量可在各地区（各电网）间交易，以解决地区间可再生能源资源的差异。

国外的年度配额制度指供电商、消费者每年必须消费一定额度的绿色电力，未能完成的必须向国家支付一定的费用。强制性年度配额制度的实施可保证绿色能源市场的需求，从而增强相关设备生产商和绿色能源生产厂商的投资和生产信心，调动相关技术开发的积极性，以便使绿色能源生产进入良性循环的轨道。

绿色电力证书是国家根据绿色电力生产商实际入网电力的多少而向其颁发的证明书。购入绿色能源证书是供电商、消费者完成其年度配额的手段。绿色电力的价格是由基本价和能源证书价格两部分决定的。基本价是指普通电价格。换句话说，供电商在供电时，及消费者在消费电时是分不清哪个是绿色电，哪个是普通电的。绿色电力的特殊价值只是体现在绿色证书上，只有绿色证书在市场上被售出，发电商回收了成本，绿色能源的真正价值才体现出来。

2.2　各国实施情况

为了达到京都协议目标，选择主要是为了贯彻落实节约能源或再生能源的开发。因此，本着京都缔约方会议精神，不同国家都已经相继开始实施促进使用可再生能源的措施。

在欧洲，该委员会的可再生能源白皮书，它被规定为一个指标，截至2010年，欧盟各国政府必须使其目前的国内能源消费总额中可再生能源供应分额由6%加倍至12%。参与的世界各国都选择了不同的途径，以达到他们的减排目标，有的选择实施的可再生能源配额制。

这些国家主要有：澳大利亚、比利时、丹麦、意大利、荷兰、英国、瑞典和美国的一些州（如得克萨斯州）。第一个引进这种可再生能源配额制的国家是英国，与在1997年颁布的可再生能源义务法相应而生。然而，可再生能源义务法是于2002年才生效的。在1997年，澳大利亚政府也决定走这条途径，他们的绿色证书制度于2001年生效。紧随这些经验之后的第一个是 1998 年初在荷兰实施的自愿绿色证书计划，然后是于 1999 年开始的得克萨斯州可再生能源配额制。意大利政府也于 1999 年成立纲要建立可再生能源配额制，并于 2002 年生效。此后，瑞典也于 2001 年决定采取和这些国家推广可再生能源国家一样的道路，比利时在 2002 年也采取了同样的道路，于 2003 年，他们的绿色证书制度分别生效。

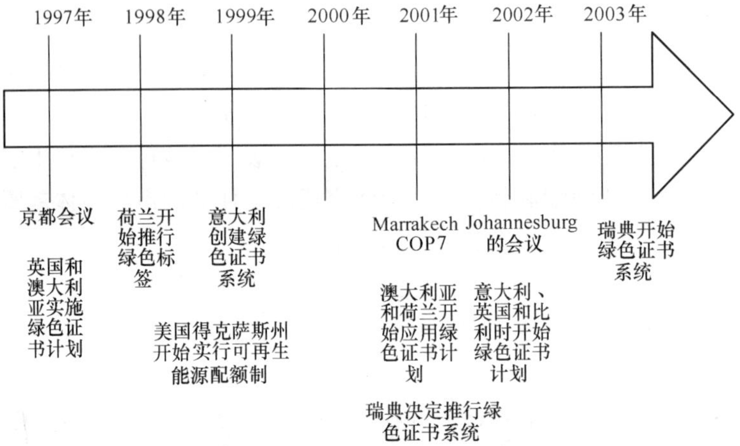

英国

在 1997 年，布莱尔政府通过了一项新政策发展可再生能源，政策声明，截至 2020 年，10%的英国的用电量应来自可再生能源。这导致了 2002 年可再生能源义务法的诞生，该义务法强制规定了大电网购买者的可再生电力使用配额，同时该购买者也可商议可再生电力的价格。合格的供电商供应的每兆瓦时可再生能源电力都将被赋予可再生能源义务证书（ROCs），该证书和电力是可分离的，所以使发电供应商可能出售电力及相关证书给不同的买家。允许公司以每兆瓦时 30 英镑的罚金方式免履行可再生能源义务，这笔钱被转于履行该义务的公司，不允许预存和预借。

澳大利亚

在 1997 年京都缔约方会议前不久，霍华德政府便发布了一系列针对气候变化的措施，并出现了一项主要项目。它们之中有一个致力于对能源零售商和其他大型用电买家设置的强制性的目标，规定至 2010 年他们来自可再生能源的电力增加 2% 。除了大力推广使用可再生能源外，积极倡导可再生能源供应工业的发展的配额能够国际领先。强制性使用可再生能源目标（ MRET）自 2001 年 4 月生效。其核心是要求大型电力买方为 2010 年的 950GWh 时可再生能源电力作出相应贡献，并在未来 10 年内坚持不懈。可再生能源发电供电方和出让可再生能源证书方对遵从制度相当于每兆瓦时合格发电商所提供的可再生能源电力。可再生能源证书是与注册适当数额发电量的发电商在实际发电后相当长一段时间后提供的。（预存）已有的电量有资格参加该计划。自 2001 年开始强制性使用可再生能源目标的持续增加已超过 9 年，未履行其义务的责任方将被处以 40 澳元/MWh 的罚款，罚金归属政府。

荷兰

在荷兰，绿色证书特别复杂，自它产生后，已经被改变了很多。在 1998 年，绿色商标计划（GLS）被引进，以便核实至 2000 年分销公司和政府间达成的关于供应 1700MWh 的可再生能源电力的自愿目标是否顺利实施。不过，税务机关也用该商标核实发电供应商没有受益之前的支持项目及绿色商标计划（GCS），由于商标可以很容易用做交易，使用这种商标的目的是使可再生发电供应商不再依赖于当地的分销公司，从他们那里购买电力该计划包括一套制裁方法加以未能达到目标的公司，其中包括以高出平均价一半的价格强制收购市场上使用的商标。在这项计划中，因进口可再生能源的关系，还存在有大量的不确定性。最终，分销公司同意进口可再生能源不算做其数，故目标只完成了 700GWh。

美国

美国的 10 个州已在强制目标的基础上实施了可再生能源配额制：亚利桑那州、康涅狄格州、缅因州、马塞诸塞州、内华达州、新泽西州、新墨西哥州、宾夕法尼亚州、得克萨斯州和威斯康星州。其中，在得克萨斯州得到了巨大的成功。该计划开始于 1999 年，由州长乔治．布什提倡，要求 2009 年前，在已存在的 880MWh 的可再生能源基础上再增加 2000MWh 的新可再生能源生产能力。这意味着目前耗电量的 3%。这个目标对于拥有庞大的自然资源的得克萨斯州来说是个保守数字，但对全美国来说却是一个难以想象的庞大目标。对电力零售商，配额是强制性的。这些电力零售商必须在以年为单位的时期内供应适当数量的可再生能源电力。只适用于在 1999 年后建立的工厂及处于得克萨斯州内并输送电力给得克萨斯电网的企业。银行在两年内允许在前两个强制执行期内借用高达 5 % 的免履行义务。未履行义务的罚金为最低每兆瓦时 5 美元至证书平均价值的 2 倍金额不等，可再生能源配额制规定是由得克萨斯州公共事业委员会，强制执行机构及充当可再生能源证书运营管理员的独立系统经营者共同完成的。(ERCOT) 加利福尼亚州也实施了绿色证书制度，始于 1998 年，是最早实施绿色证书制度的地区之一。该系统是自愿的，面向愿意提供绿色电力的零售商。

意大利

意大利政府在 1999 年决定实施可再生能源配置政策，但该计划于 2002 年才开始实施。自那时起，电力生产商或进口商至少有 2%的净销售额来自新的可再生能源。独立的输电系统经营者意大利国家电力调度中心负责为在工厂第一八年时期生产的每 100MWh 签发证书。在计划核心中，国家电力调度中心还负责授予发电资格，收集和公布的再生能源发电供应商的资料，控制电力的可再生能源的生产来源和证书需求，国家电力调度中心也需赎回供应商完成他们的配额所提供的证书，并认证电力原产地。如果他们能在 3 年内涵盖实际生产量（预借）的话，国家电力调度中心可以出售虚拟绿色证书。不允许预存，因为证书的有效期是 1 年，未遵守规定的处罚是取缔入网格资格。

瑞典

在 2003 年，瑞典政府采用了一项基于证书交易的配额制，它取代了旧的投资补助和免税制度。该证书的由 svenska kraftnät（瑞典国家网格）根据每兆瓦时的可再生能源电力产量签发和和按月分配（虚拟）向生产者分配 。制度强加给消费者及电力分销商一定比例的来自可再生能源的电量，零售商受法律约束，规定其必须为最终用户履行这项义务（如果最终用户不愿意履行），并且也具有就这项服务向最终用户收取费用的权利。该配额是为了使得2003～2010年来自可再生能源的电力增加10TWh。首年为2003年，电力供应商和用户被强制为每使用的1MWh购买7个证书。因为配额一直逐年递增，且将会继续保持这个趋势，以刺激可再生能源发电的投资。电力密集型行业不被加以任何强制配额，以避免不利的国际竞争。为了保护发电供应商，以免证书价格过低，在介绍期内（2003～2007年）提供价格保证 。这意味着任何未被出售的电力证书，都可以在4月30日～6月30日内兑现。每兆瓦时电力签发一个证书。2003年签发的证书，保证金额是每个电力证书60瑞典克朗，并可以在2004年兑现。价格会随时间跌落，并会在2008年前逐渐停止。不遵守规定的的罚金设定为高出过去12个月平均价一半的金额。在前两个配额期，即2003年和2004年，罚金上限分别为每个证书175克朗和240克朗。该证书不局限于某一个配额时期，因此，跨时期预存是不允许的。

比利时

在比利时，由于其国家体制的复杂性，绿色证书制度显得更加复杂和异构化（因为比利时分为三个独立的区域）。弗拉芒区自2002年1月1日起强制推行了绿色证书制度。瓦隆区也即将推行一项略有不同的绿色证书制度；布鲁塞尔区也于2001年7月采用了新的电力法，并于2003年付诸实践。这为区域证书计划涵盖布鲁塞尔地区开辟了可能性，但目前还不清楚一个绿色电力的市场体系是否会呈现。证书由当地政府（在弗拉芒地区证书是根据每一兆瓦时的绿色发电量签发的，在而瓦隆地区，证书的签发是以每减少250kg二氧化碳排放量为根据的）陆续分发给电力生产者。配额对电力零售商是强制性的，这些电力零售商在年底需对应其销电总量赎回一定数量的证书。配额量在瓦隆和弗拉芒的确也有不同（瓦隆由2003年的3%，将增至2010年的12%，在弗拉芒配额计算时使用了一个方程式，其配额在2001年应为1.41%而在2010年，将为5%)。这两个系统都有未遵守规定的罚金规定，在瓦隆存在最低罚款额，在弗拉芒则不存在（即政府可以通过购买证书来防止价格下降)，收到的罚金会交至一个区域可再生能源基金会。罚金是在这两种情况下都是固定的未达到的证书总额（每兆瓦时)，在2002年，弗拉芒是50欧元，瓦隆是75欧元，且在未来的几年内，这些罚金金额将在瓦隆提高至100欧元和在弗拉芒提高至124欧元。这两项计划，预存年限为5年，但不得预借。我们看到这7个系统是非常不同的，虽然它仍是非常早期的一些计划，我们已经可以作出评估的结果。我们将看到，在未来的一部分，这一结果遇到在某些国家也有不少不同意见。

国家/地区	配额强制力	预存/预借	最高价格/罚金	最低价	罚金用于	有效期限	负责人
英国	大宗能源购买商	预存：无	30£/MWh	无	达标的工厂	两年	
澳大利亚	大电力购买者	预存：有 预借：无	40A 美元/MWh	无	政府		生产商签发证书及管理交易
荷兰	消费者		—	无		一年	TenneT（电网运营商）+Traders
得克萨斯	电力零售商	预存：无 预借：无	最低（5美元，200%证书价值）	无	政府	两年	得克萨斯公共设施委员会（执行签发证书）+交易管理(ERCOT)

续表

国家/地区	配额强制力	预存/预借	最高价格/罚金	最低价	罚金用于	有效期限	负责人
意大利	电力生产或进口商	预存：无 预借：有（3年但有罚金）	无：不允许接入电网	无		一年	GRTN（电网运营商）
瑞典	消费者与电力分销商	预存：有 预借：无	150%证书的平均价格	开始时	政府	无限	Swenska Krafnäl（电网运营商）
比利时	零售商	预存：有 预借：无	弗拉芒：50～124欧元 瓦隆：75～100欧元	弗拉芒：无 瓦隆：有	可再生能源研究基金	五年	地方政府

2.3 实施效果评估

英国

在英国，自该计划实施始，配额就从来没有被履行过。因此，其结果是非常令人失望的。这项政策的实施结果，英国看到了生产可再生能源的成本的缩减，但却没有开展开来。造成这种情况的主要原因是，对未遵守该制度的罚金远远不足以刺激零售商重视的他们的配额。此外，由于罚款收益将被投于已履行配额义务的供应商，那么罚金标准的影响就扩大了（因为它涉及了利润计算）。一方面，生产商不愿意尽量履行配额，因为他们担心，所需履行配额完成的越多，证书的价格就会降低（因为不允许预存）。另一方面，由于罚款收益被投资于已履行配额义务的供应商，于是便增加了证书价值的不确定性（它造成了价格风险）。结果是，只有规模较大的公司才有足够的信心加大开发可再生能源，因为他们有能力接受更大的风险并能内部消化这一风险。没有小公司可以带来广阔的市场发展。此外，英国目前正在并行实施其他政策手段，这引发了政策稳定性问题，并增加了交易成本。

澳大利亚

在澳大利亚，绿色证书计划似乎运作成功，自计划伊始，每年的配额都得以完成了。然而，这个配额定得非常低，因此比较容易完成。此外，现有的大型水电站都被涵括在计划内，并在政策的前3年，水电站在能源结构方面发挥了重大的作用，53%的可再生能源电力都来自水电站。这项计划并没有引发大量投资，由于政府对支持该系统显现出的犹豫态度，使得投资者缺乏信心。虽然该计划看起来似乎达到了目标（非常保守），澳大利亚的绿色证书计划并不可能在全国引发可再生能源的大规模发展。

荷兰

荷兰多年来实施了多个不同政策，这使得结果的绿色证书制度很难评估。不断变化的政策和不稳定性，困惑着潜在的私人投资者（小公司、合作社、农民等），他们期盼着更多的投资。但是，我们可以清楚地看到绿色电力分额指标在该国的能源结构中滞后。这个制度的自愿性特点，对潜在投资者来说，造成了一个不明朗的环境，因为想看看到底在其中的哪些比例会有效遵从该计划是不可能的。此外，由于进口电力也负责配额条件，并在其他一些欧洲国家生产的绿色电力更便宜，该计划并不能真正刺激当地生产商加大自己的可再生能源生产能力。

美国

在美国，10 个州已经实行了可再生能源配额制，并或多或少地取得了成功。得克萨斯是一个成功的案例，因为该机制使得该州成为了全美最大的可再生能源市场之一。特别是风力部门，在该计划的实施后迅速成长。虽然相当高，预期目标还是提前完成了。一些成功案例也出现在了亚利桑那州和威斯康星州，在美国马塞诸塞州、内华达州、新泽西州也很有希望实现其标准，但多数州并没有获得得克萨斯州那样成功，并可能对灌输发展可再生能源工业的理念起不到很大的帮助。美国可再生能源配额制度设计所经历的最大问题包括配额设定不足，可再生能源来源适用范围（例如，在缅因州的目标则订为 30%，这是非常高的，但它包括了在新英格兰地区的绝大多数可再生能源和高效的天然气发电机组热电联产。现有供应量也因此已远远超过了标准本身，因此，可再生能源配额机制将无益于支持新的可再生能源的开发，也不会为现有供应提供大量支持），购买规定的可选择性适用范围（如在康涅狄格州公用事业，为不更换电力供应商的顾客供电可享受免受购买要求限制。这种做法不仅违反公平竞争原则，还使得可再生能源配额机制可能只会造成轻微影响，因为绝大多数的客户都对更改供应商没有兴趣），购买义务或结束日期的不确定性（举例来说，在缅因州，每 5 年就要评估一下该配额机制，在康涅狄格州和马塞诸塞州，何时及如何结束该赔额机制完全是未知数），购买规定执行力度不足（施行细则的，美国的一些可再生能源配置在执行 制度政策对其应用范围的规定的含糊不清，包括这些政策的州有康涅狄格州、缅因州、马萨诸塞州），得克萨斯州成功的关键因素是有一个强有力的行政支持和实施，配合以强有力的执行力度（坚定和严厉的处罚），长远来看，设定一个弹性的可以预见的配额。

意大利

在意大利，配额的完成是平缓的。因为 80%左右的配额仅到 2005 年才完成。这可以解释为罚款金额太低了，而没有得到充分执行。证书的价格是相当高的，这个问题的一个重要的原因是因为工厂开始运营后只能获得 8 年期限证书，这个时期太短了。此外，未来的目标不够清晰，绿色证书市场没有具体能源政策文件设定长远目标的财力支持。投资者把没有明确持续支持来自可再生能源电力来源的承诺视为风险。国家层面上的有重点的可再生能源政策、法令与目标，使新投资者对新市场增加投资信心。

瑞典

在瑞典，证书价格极低，主要是因为旧的生产能力也被涵括在该计划内，故更多生产能力是就生产能力创造的而不是的以证书赎回的，且附加证书是被禁止的。然而，由于这些暴利（旧工厂则成为免费搭车者），可再生能源来源的电力成本较高（是欧洲最高的国家之一），不过这种情况近期发生了变化（2006 年），且现在大多数新能源的能力才有资格领取证书。此项在瑞典的绿色证书计划显现出更倾向于使用生物燃料，并已引导发展并有兴趣致力可再生能源的研发。然而，该计划的推行速度略显迟缓，因为很多不明朗因素仍然很重要。由于政府一直并行推出多种政策，故长远目标还未明确。

比利时

在比利时，证书价格是欧洲最高的国家之一。此外旧的现有生产能力凭借具备领取证书资格，获取暴利，这使得新的可再生能源来源电力非常昂贵。绿色和电力的购买者和供应商数量仍然很少。

2.4　制度设计的关键问题

（1）定义配额是制订一个绿色证书计划的重中之重

我们看到，为保证这个系统的成功运作，配额不能过高（英国）也不能过低（澳大利亚）。正确的配额应视可再生能源预计生产能力而定。这个配额同时也应提前很长时间设定好，使投资者能够增进信任（见例子：意大利，瑞典或美国缅因州）。把不确定性降到了最低是计划发挥最佳功效的关键所在，并且明确规划未来目标是实现这一目标的第一步。

（2）符合资格的技术和生产能力

这里有两个问题：是否赋予旧的可再生能源来源生产能力资格参加绿色证书贸易，以及哪些技术应被包括在该计划。由于绿色证书系统将始终更倾向最为成熟和发达的技术，所以重要确定所包括技术真的需要支持，并协调选择的技术设定配额。我们看到，在美国缅因州，这一直是一个问题，在那里生产能力超出了配额，或在澳大利亚，在该计划中受益的水电站（其实并不需要太大的帮助）。在这些例子中，受损方是新的可再生能源，如果配额设定正确的话，这些新的可再生能源可能就能够发展起来了。前面我们看到，有的国家允许旧的可再生生产能力取得获取证书，并从中受益（如荷兰、英国），也有的国家不允许（如意大利）。当老的生产能力被准许接受证书时，已经赢回投资的旧工厂就会获得丰厚利润，这会使新的可再生能源电力的工厂实际电价更高。然而，当工厂被允许收益于该制度的时间间隔太短时（在意大利，只有8年）会导致投资者不愿意进入市场。所以，正确的解决这两种极端的办法是：只允许新建工厂获得绿色证书，但他们在计划下的受惠期限，这样投资者的不确定性就会降低。有些国家还允许进口的可再生生产能力进入该计划（意大利、荷兰）。这样做是一些可再生能源资源不足的国家为履行京都减排承诺协议书的方法，但在同时，也阻碍了当地的资源得到开发。这在荷兰的案例显现的尤为明显。因此，引进技术不应该被涵括在该计划中，当然，除非在几个有共同制度的国家之间。

（3）执行

严格的执行是良好运作该绿色证书计划的一个先决条件。我们所看到了在英国的例子，及一些在美国和意大利的例子，如果系统不能被正确执行，配额也将永远不会实现。一个良好的执法，包括在不遵从制度情况下的严肃惩罚，及明晰执法任务分配（例如，在得克萨斯州和意大利，由独立的委员会负责）。罚金去向也是一个应当小心处理的问题。我们看到英国的制度造成了加大不确定性的问题，因此，未履行义务者的罚金不给予履行配额者。一种解决办法是像在比利时那样，把资金交予一个独立的基金会，供于可再生能源部门研发。

（4）灵活性

在不同的国家，该证书有不同的使用年限。它的有效期可以是1年，1年以上，或有无限试用期。在一些国家，它们也可以在能源自身未生产之前就签发，作为“虚拟证书”（预借）。允许此证书在一个以上的配额义务期限内使用，并在电力生产前签发，给履行配额义务方更大的灵活性，并可以帮助他们以最具成本效益的途径履行配额义务。这是在美国得克萨斯州的案例，无疑也是该计划在得克萨斯州成功的一个主要因素。为了避免该证书的异质性，他们的有效期应该是无限的。大力鼓励具有约束力的长期合同也是非常重要的，即是根据 Agnolucci（2007），关键是要减少新加入投资者的担心，例如，在美国的康涅狄格州、内华达州、新墨西哥州和加利福尼亚州，市场主体是强制签订长期合同的。

（5）明确的政府支持

这可能是保障可再生能源配额制计划正确运作的最重要条件。政府扮演指引投资者的“灯塔”角色，如果没有明确的和一贯的政策，这将只会带给他们困惑和未知，例如，在澳大利亚，在制度伊始，对相关制度的质疑，对新投资者来说是灾难性的。在瑞典和英国，两国政府并行推出的若干政策，这不仅大大增加了交易成本，而且也使投资者感到困惑，同时增加了不确定性。当前能源市场开放和自由化，这使得可再生能源难以发展且难具竞争力。由于可再生能源是以减少全球气候变暖和污染的良好途径，因此寻求支持发展“绿色能源”与国际交流和经济发展接轨的方法成为一种必然。可再生能源配额机制是一种政策手段，以具成本效益的方式为可再生能源提供支持，并与开放市场接轨。然而，设计一个这样的政策是相当微妙的，而且往往结果与预期效果不符。

鉴于一些国家的经验，现在可以针对最关键的几个设计问题，就良好运作可再生能源配额制计划的特点阐述几个基本规则。配额应根据可再生能源生产能力的预期水平来拟定，且应该提前很长时间经过精心策划。该计划应只包括尚不成熟的技术和新生当地再生能源生产能力。执法应该交予一个独立委员会负责，且不遵从制度收取的罚金应用于收作研发基金。该证书的有效期应该是无限期，且应该允许期货合同，以使其灵活性最大化。政府应该显现出完整的和强有力对该计划的支持，并限制其他并行政策数量。这些规则当然只是一个基础，每一个国家都具有自己的特殊性，制度特色需要结合每个地方的实际特点加以调整。

3 黄金标准

3.1 黄金标准概况

“黄金标准：清洁发展机制和联合履约项目的质量标准”为清洁发展机制（CDM）和联合履约（JI）之下的减排项目，提供了第一个独立的、最佳的实施质量标准。这一标准，可作为项目实施者的工具，用以保证项目的环境效益，并给予东道国和公众一种坚信：这些项目相当于对可持续能源服务的新增投资。

世界自然基金会（WWF）制定了该黄金标准，并将在2003年设计并启动“碳标识”

计划。新计划将基于这一黄金标准，为清洁发展机制和联合履约项目提供经过独立机构认证的质量标识。是确保 CDM 项目产生有利于可持续发展的、真实可靠的环境效益，是帮助优质 CDM 项目获得更高经济效益的有效工具。

黄金标准是针对项目开发过程设计的独立、国际化并具有良好实用性的认证程序，是第一个针对 CDM、JI 以及自愿减排等温室气体减排项目而开发的基准方法，帮助项目产生高质量的碳信用额，环境完整性和对于可持续发展的实际贡献是其核心。

黄金标准建立在 CDM 执行理事会的项目设计文件指南（第 1 版）基础之上。该标准列出了项目设计文件中关于最佳实践的许多规范，并增加了一小部分额外的筛选条件，对于保证项目有利于东道国的可持续发展和带来减缓气候变化的长远效益十分必要。

黄金标准的主要组成部分如下：

（1）项目类型的筛选基于一个技术清单，包括可再生能源、需求端能源效率，以及一些替代技术。

（2）基准和额外性这一标准旨在保证：1）没有 CDM 的介入，项目不能启动；2）与没有 CDM 相比，项目具有更低的排放水平。

（3）可持续发展的标准保证项目评估遵循特定的环境、社会、经济/技术指标，并对可持续发展有积极的效益。

3.2　筛选原则

（1）项目类型合格性筛选

黄金标准的目的在于培育可持续能源项目的市场。因此符合这一标准的项目类型仅限于以下几种：

可再生能源：

1）光伏发电；

2）太阳能热利用；

3）可持续利用的生物质能；

4）能源作物（经过森林管理委员会（FSC）认证）；

5）林业（经过森林管理委员会（FSC）认证）；

6）农产品加工废弃物（如蔗渣等）；

7）风力；

8）地热；

9）小水电；

10）沼气。

以下几个行业的终端能源利用效率：

1）工业；

2）公用事业；

3）商业；

4）居民；

5）农业；

6）交通。

（2）额外性筛选

1）减排量是可测的；

2）额外性论证工具；

3）官方援助资金的额外性；

4）是否遵循保守的原则；

5）技术转让和知识创新。

（3）可持续发展筛选

1）可持续发展；

2）利益相关方咨询；

3）环境影响评价。

3.3 黄金标准与CDM

世界自然基金会认为，工业化国家应把重点放在国内减排上。然而，我们也认识到，如果清洁发展机制和联合履约项目设计符合一定的标准，它们能在促进可持续能源技术传播方面发挥重要的作用，而关键的是“如何正确地管理”。黄金标准将给予项目设计者一个框架来保证项目的正确管理。许多项目设计得有缺陷，特别是在展示“额外性”和环境与社会效益方面令人失望。世界自然基金会和其他环境组织认为，迄今，CDM执行理事会所制定的规则和指南不足以处理这些问题。

黄金标准是针对CDM等温室气体减排项目而开发的基准方法，在申请和注册上比一般的CDM项目有更高的要求，特别是在环境完整性和可持续发展的实际贡献方面。如一般的CDM项目要求其设计文件必须在网络上发布，但这并不能保证利益相关的公众能获取这些资料，特别是农村地区的项目，而且没有规定项目设计文件需要有当地语言的版本，以及除网络之外的其他渠道获取该设计文件；而黄金标准则要求项目开发商在项目所在地召开公众意见征询会，并配有当地语言的翻译，能很好地避免前者存在的问题。当然，高的项目标准也伴随着高的CO_2减排量的单位售价。因此，黄金标准确保CDM项目产生有利于可持续发展的、真实可靠的环境效益，是帮助优质CDM项目获得更高经济效益的有效工具。

通过以下方式，黄金标准将极大促进CDM对于可持续发展的贡献：

（1）坚持最佳的环境影响评价，依靠地方利益相关者的参与，而非仅仅项目开发商和当地政府的参与。

（2）明确的公众参与过程。

（3）“可持续发展矩阵”：首先将这一主题分解为一系列环境、社会、经济/技术指标，然后就各类指标体系评价项目的绩效。只有当项目在每一类指标上都具有正的效益时，才可满足黄金标准的要求。

黄金标准与CDM项目之间不是竞争关系，而是确保CDM项目产生有利于可持续发展的、真实可靠的环境效益，是帮助优质CDM项目获得更高经济效益的有效工具。

黄金标准如何与CDM 相结合

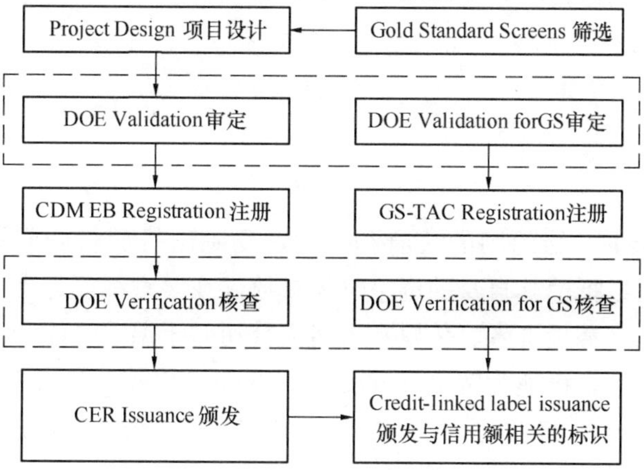

3.4　下一步计划及独立认证计划的建立

黄金标准于2002年10月在印度德里召开的UNFCCC第8次缔约国会议上的公开发布，标志着最后一轮协商过程的开始，这一过程持续到2002年底。主要有两个目的：(1)收集对标准的意见和建议以确保达到最高水平的黄金标准。与此同时，又能作为项目开发商的实用工具。(2)通过这一过程赢得更广泛的对这一黄金标准的理念和内容的支持。最终的黄金标准的草案在德里会议之后，已在世界自然基金会网站上发表(www.panda.org/climate)，并分发给所有对此感兴趣的人和机构，同时还附有一份标准的说明文件和指南问答。

2002年11月底，WWF邀请潜在的认证机构及项目开发商，召开了一个讨论如何实施标准的研讨会。议题主要集中在实施的方面，即如何便利项目开发商和经营实体使用此标准。

意见收集于2002年12月初截止，标准顾问委员会将编辑和评价所收集的建议，并制定最后的黄金标准。由于黄金标准的效力将极大地依赖于相关利益者的支持，在2003年初正式出版之前，最后定稿还会寄发给个人、团体、企业和政府机构，以获得他们的支持。

在开展技术协商过程的同时，世界自然基金会将进一步向环境组织、政府和企业等机构阐述该标准的理念，并继续讨论如何建立独立认证计划。尽管基金会将尽量与所有机构和和地区协商，但重点将是那些迄今还没有广泛介入这一过程的地区，尤其是非洲、拉丁美洲以及一些商业部门。

世界自然基金会期望黄金标准成为CDM和JI项目独立认证计划的核心部分，它将给予高质量项目准确的认可，减少投资者的不确定性，以此取得全球范围内环境团体的支持。黄金标准的公布是这一过程的第一步。同时，该标准被设计为一个独立的工具，无论有或没有认证计划，它仍然可以独立存在。

标识认证计划的启动，目前称为碳标识，将取决于所能获得的广泛支持和资金的援助，以保证其初始的运行费用。世界自然基金会在一系列研讨会和讨论中，已提出碳标识的概念，并得到各个方面的积极响应。一些机构，如非政府组织和私人企业已表明他们对这一计划的支持。这些机构既有来自发达国家的也有来自发展中国家的，还包括几个附件一国家的政府部门。

4 自愿减排

目前《京都议定书》缔约国的政府和企业，受到碳排放权的限制，需要采购 CERs（经核证的减排量），以抵消其自身的温室气体排放。在《京都议定书》非缔约国的发达国家，各政府决策者、私募投资者、传媒和著名大公司对于温室气体和全球气候变化的关注也在与日俱增，并愿意积极地为解决气候变化问题作出贡献，自发地参与 CDM、并认购 CDM 项目产生的 VERs（自发的、公益的减排量）。虽然该类减排量的需求方和认购方没有义务，但出于慈善、环保、公益事业的追求，VERs 的参与方正逐步扩大、VERs 市场正逐步完善。

VERs 碳汇市场的运作和标准遵守《京都议定书》建立的 CERs 碳汇市场规则，并按照联合国制定的 CDM 项目方法学来开发和实施。当符合 CDM 标准的项目，但由于某些原因（例如项目完工日期和申报时间），没有达到联合国气候变化框架 CDM 执行委员会（EB）签发 CERs 的严格标准，在这种情况下，可以考虑申报 VERs。CERs 和 VERs 的主要区别是，CERs 是由联合国 EB 核准并签发的，VERs 是由联合国 EB 指定的认证和审核实体（DOE）签发的。

自愿减排市场的存在可支持小型、有时甚至是村庄级的活动，这些项目虽然无法承担《京都议定书》合规性所需的费用（认证人、证明人及咨询师等相关费用），但可实现真实有效的减排效果及显著的可持续性发展的优点。

为了确保买家能够购得真实有效的减排，确认减排量必须按照确认减排量标准计算。当前全球存在多个确认减排量标准，各标准都规定了不同的项目类型管理规则，这些规则均可接受并可成为测量减排的方式。因标准可为买家提供所购确认减排量的保证，其作用是非常重要。

不过目前尚没有一个监管机构负责制定和执行统一的有关“确认减排量”开发和交易的质量标准。在 CERs 市场之后，这个新兴市场的形成以及 VERs 的认购所带来的影响，将不囿于 CDM 和减排项目实施。VERs 的开发希望能够推动发展中国家更充分的利用清洁能源，以实现环境的有效保护和社会、工业、经济的可持续发展。

附录2　哥本哈根会议中有关CDM的内容[①]

1　概述

（1）注意到2008年、2009年有关CDM的EB年度报告。

（2）指定那些已得到EB认证的经营实体和暂时被指定作为经营实体的机构，行使如本决议附件所列的具体部门的审定职能和/或具体部门的核实职能。

（3）敦促EB采取有效行动，以确保其每一个既定时间表中以及对作为缔约方会议的京都议定书缔约方会议决议的履约情况，并尽可能地缩短既定时间表。

（4）欢迎EB采取的以改善对CDM的运行效率措施，正如年度报告中附件四所概述的那样。

（5）要求EB继续努力提高效率和CDM运作的公正性，并加强其执行监督作用，特别是确保支持结构，包括其委员会、其他外部专家和秘书处的有效利用。考虑到日益增加的工作量，就系统和作为缔约方会议审议的京都议定书缔约方第六次大会及以后的会议的效率和公正性作出进一步改进和改革建议。

2　管理

（6）根据第36/CP.7号决定，鼓励各缔约方积极考虑提名女性作为EB委员和候补委员。

（7）要求EB继续以显著改善其工作作为最高优先事项，特别是透明度，一致性和公正性：

1）继续努力改善其决策的前后一致性；

2）发布决议的详细解释和合理性，其中包括所使用的信息来源，不损害任何EB委员或候补委员个人意见的保密性；

3）除了项目参与方和指定经营实体参与决策过程外，考虑了相关国际组织和缔约方的意见。

（8）要求EB提高其与项目参与方和利益相关者的沟通，包括通过在EB和个别项目的参与方之间建立直接沟通的通信和程序，并对缔约方大会京都议定书缔约方第六届会议报告采取行动。

（9）要求EB充分考虑其工作及适用于东道国工作的支持结构，法律，法规，政策，

① 根据Draft decision-/CMP.5摘录。

标准和准则，并在需要的时候向东道国的指定国家主管部门寻求意见。

（10）申明东道国本身有权决定其设计和执行的政策，为低温室气体排放的燃料或技术给予促进或提供竞争优势。

（11）要求EB确保其政策实施或执行规则和指导方针，与以上第（10）条中促进实现公约的最终目的有关，并且不应发生对减排努力的不正当激励措施。

（12）要求EB，适当地巩固、澄清并调整其关于国家政策待遇的指导方针。

（13）确认EB为其成员采取了一套行为准则。

（14）要求EB建议EB委员成员的职权范围，并明确规定所需的技能和专业知识，包括在委员和候补委员应当贡献的工作时间，以供缔约方大会京都议定书第六次会议考虑。

（15）要求将EB委员的履历，有关利益冲突的陈述，过去和现在专业背景的细节均公布在UNFCCC网站上。

3 评审

（16）鼓励EB继续制定措施，以提高指定经营实体的公正性、独立性和技术能力，以防止那些正在被失去认可资格或者正处于暂停状态的指定经营实体进行审定或者审核的拟议CDM项目受到损害。

（17）再次要求EB将制定经营实体业绩的连续监测系统和业绩改善系统作为优先事项进行开发，并向缔约方京都议定书缔约方第六次大会汇报执行效果。

（18）要求EB提高获得指定经营实体业绩信息的渠道，包括改善的业绩、能力和这些指定经营实体服务机会的汇报。

（19）要求EB采取措施，提高能力和改善指定经营实体的业绩，包括促进审定和审核人员培训水平的提高。

（20）要求EB通过一项程序，使得指定经营实体为秘书处提供根据区域划分的发展中国家中核查员人均审定或核查中的项目数量，CDM项目审定和核查的时间范围和平均费用等信息。

（21）要求秘书处准备不是来自UNFCCC CDM网页的关于这些信息的资料汇编。

（22）要求EB继续更新CDM审定和核查手册，包括进一步探讨可能引入的概念的重要性和确信程度，在缔约方大会京都议定书缔约方第六次会议上汇报。

4 基准线和检测方法及额外性

（23）授权EB根据对方法学的潜在使用，及潜在的减排量分析，优先考虑和发展适用于代表当前运用不足的项目活动类型或者地区的基准线和监测方法，以改善方法运行过程中的效率。

（24）要求EB从下一次会议开始，进一步向缔约方大会京都议定书缔约方会议汇报关于论证和评估额外性，和基准线情景选择方法的客观性和透明度情况，包括以下活动手段：

1）进一步开发对障碍和计算财务参数的标准化方法的论证和评估的指导；

2）对项目参与者使用一视同仁的障碍评定和对常规实践评估的指导，包括使用的地域，类似的技术和渗透率的阈值；

3）针对装机容量小于 5MW 的新能源项目和实现节能每年小于 20 亿千万小时的能源效率项目，建立简化的模式来论证其额外性；

4）开发在额外性分析中对可再生能源项目上网电价的分析指导。

（25）要求科学和技术咨询附属机构提出开发广泛适用的标准化基准线的程序，并在其中考虑到提供高水平的环境完整性，并考虑各国国情，在缔约方大会京都议定书缔约方第六次会议上提交草案。

（26）邀请缔约方，政府间组织和被允许的观察员组织在 2010 年 3 月 22 日之前，向秘书处提交对第（25）条提及的相关事宜的意见。

（27）要求秘书处根据第（26）条涉及的内容将缔约国和政府间组织提交的观点汇编成一个综合文件，供科学和技术咨询附属机构考虑。

（28）还要求科学和技术咨询机构对在 EB 年度报告附件一中所提及的关于对“枯竭的森林”建议的影响进行评估。

（29）认识到碳捕获与地质封存技术能够作为一个可能的减缓温室气体排放的技术，同时需认识到以下所列的突出问题：

1）非持久性，包括长期的持久性；

2）可测量，可汇报，可核查；

3）环境的影响；

4）项目活动的边界；

5）国际法；

6）法律责任；

7）潜在的有害结果；

8）安全；

9）保险的覆盖范围和因渗水或渗漏造成的损害赔偿。

（30）进一步要求科学和技术咨询附属机构，在开展以上第（29）条所列的工作时，继续把碳捕获和地质封存技术纳入 CDM 的可能性领域来开展工作，形成看法并提供给公约缔约方大会京都议定书缔约方第六次会议。

（31）邀请缔约方在 2010 年 3 月 22 日前，向秘书处提交就其对第（29）条所列问题的意见。

（32）要求秘书处根据第（31）条涉及的内容将缔约国和政府间组织提交的观点汇编成一个综合文件，供科学和技术咨询附属机构参考。

（33）考虑到当前 EB 和科技咨询附属机构的工作中，存在可能减少存留在大气中的碳的净浓度或者说二氧化碳净浓度的新技术的工作，邀请感兴趣的实体提交相应的方法学。

（34）针对东道国的相关数据不足的情况，要求 EB 进一步完善“用来计算电力系统排放系数的工具”，包括为计算电网排放因子的灵活性的项目活动。

(35) 鼓励EB在合适的情况下，将缔约国因特殊国情导致的未来人为排放源预计会高于目前排放基准线和监测方法学的可能性，纳入下一轮探讨。

5 清洁发展机制项目的注册和核证减排量的签发

(36) 请EB继续修订项目活动方案的相关程序和指导准则，包括更加明确地界定指定经营实体在什么情况下为错误纳入项目活动单元而承担责任，以减少清洁发展机制下的障碍。

(37) 还请EB尽快采纳，并随后临时应用在修订的注册程序上，以及签发和审核上，应用该时间表，以替代在第3/CMP.1号决议、附件、第41和65款、第4/CMP.1号决议、附件二和第24款中所定义的时间表。

(38) 撤销附件三和附件四的内容至包括现用审核程序在内的第4/CMP.1号决议中。

(39) 请EB确保审核的修订程序：

1) 提供给指定经营实体和项目参与方足够的机会，以解决在复审中提出的问题；

2) 包括由秘书处进行独立的技术评估分析；

3) 包括EB审议其成员对评估结果提出的反对意见这样一个过程；

4) 确保及时有效的注册和签发。

(40) 同时要求EB在第(39)条中提到的修订程序未被EB采纳之前，继续使用现在使用的程序来注册、签发和评估。

(41) 在关于修订程序以及其临时执行的影响的京都议定书的第六届缔约方会议上，请EB将此报告给所有的缔约方，待该修订程序获得缔约方的通过后，将其作为该届会议的京都议定书缔约方会议的观点被采纳。

(42) 考虑到有利益相关者直接参与提出上诉，在清洁发展机制项目活动或拟议的清洁发展机制项目活动的设计、批准或执行方面，请EB与利益相关者以保守的方式共同协商并制定申诉程序，包括：

1) 指定的经营实体可能没有切实履行京都议定书和/或执行局缔约方会议的规则和要求；

2) EB裁定和授权的程序中与上述第(39)条提到的关于拒绝、注册或发放申请的程序的裁决相一致的规定。

(43) 请EB设计在上述42条中重点提到的(但不局限于此)程序，要确保正当的程序得到执行，并将执行情况报告给缔约方会议第六届会议。

6 区域和子区域的分布和能力建设

(44) 欢迎DNA论坛的工作，这有助于人们更广泛地参与清洁发展机制，包括信息和经验交流。

（45）鼓励EB对在指定DNA论坛会议期间提出的问题采取后续措施。

（46）鼓励指定DNA公布他们在评估项目活动对可持续发展的贡献时所使用的标准。

（47）对于已注册的清洁发展机制项目不足10个的国家，决定推迟其注册费用的支付时间至第一次签发。

（48）对于已注册清洁发展机制项目不足10个的国家，请EB在不损害环境完整性的前提下，采取下列措施：

1）发展特别适合于这些国家的自上而下的方法学，并保证其与即将建立的原则和准则相一致；

2）加入一条规定，指定经营实体要将他们在来自这些国家的项目上所进行的工作作为其年度活动报告的一部分，并确保这些内容包括在秘书处向EB所呈交的报告中，以便进行适当的跟踪调查。

（49）请EB对来自清洁发展机制信托基金的累计利息，以及捐助者的自愿捐款这些资金进行分配，提供贷款，从而为那些已注册清洁发展机制项目不足10个的国家提供支持：

1）以支付项目设计开发文件的费用；

2）以支付评审费用，和第一次核查这些项目活动所需的费用。

（50）上述第（49）条中提到的贷款至核证减排量第一次签发时起开始偿还；

（51）请EB为实施以上第（49）条和第（50）条所述的活动制定指导原则和方法，以便在京都议定书缔约方会议的第六届会议上得到考虑。

（52）请秘书处继续促进各伙伴机构在内罗毕框架实施工作上的协调与合作。

（53）鼓励所有缔约方进行双边合作，开发和实施清洁发展机制项目，特别要促进南南合作和能力建设。

（54）鼓励指定经营实体在发展中国家建立办事处，提供清洁发展机制认可标准，以减少这些国家的交易成本，为清洁发展机制项目的公平分配作出贡献。

（55）请秘书处加强对DNA和DNA论坛的支持，其中包括：

1）就清洁发展机制项目周期的不同要素，以连续的方式为清洁发展机制的利益相关者提供培训机会；

2）在区域和子区域层面促进信息的交流和认识的提高；

3）与地方当局密切合作，在上述第（47）条定义的国家中开展清洁发展机制潜力的可行性研究；

4）组织DNA论坛的分区域会议。

7　清洁发展机制的资源情况

（56）为了支持EB的工作，请秘书处迅速执行并达到管理计划所需的人员要求。

（57）请秘书处改善财务公开状况，包括提供详细的收入和支出列表，并解释财政储备的现状和缘由。

（58）请秘书处运用灵活的招聘形式进行人员招聘，以填补由 EB 的管理计划设立的职位空缺，同时在该招聘过程中要确保公平性和透明性原则。

（59）感谢比利时政府和欧洲联盟委员会为指定国家主管部门论坛会议提供资金来源，感谢瑞典政府允许最不发达国家和小岛屿发展中国家更多的参与于 2009 年 10 月 26 日在德国波恩举行的研讨会。

（60）同样也要感谢格林纳达政府于 2009 年 7 月 15 日至 17 日主办的第 58 次 EB 会议，感谢新加坡政府 2009 年 10 月 26 日至 28 日举办的 DNA 论坛第八次会议。

附录 3　哥本哈根协议（中英文版）

1　中文

各国领导人、政府首脑、官员以及其他出席本次在哥本哈根举行的联合国 2009 年气候变化会议的代表：

为最终达成本协议第二款所述的会议目标，在会议原则和愿景的指引下，考虑到两个特别工作组的工作成果，我们同意特别工作组关于长期合作行动的 x/CP. 15 号决议，以及继续按照特别工作组 x/CMP. 5 号决议要求，履行附录Ⅰ根据京都议定书列出的各方义务。

我们同意此哥本哈根协议，并立即开始执行。

(1) 我们强调，气候变化是我们当今面临的最重大挑战之一。我们强调对抗气候变化的强烈政治意愿，以及“共同但区别的责任”原则。为最终达成最终的会议目标，稳定温室气体在大气中的浓度以及防止全球气候继续恶化，我们必须在认识到全球气候升幅不应超过 2℃的科学观点后，在公正和可持续发展的基础上，加强长期合作以对抗气候变化。我们认识到气候变化的重大影响，以及对一些受害尤其严重的国家的应对措施的潜在影响，并强调建立一个全面的应对计划并争取国际支持的重要性。

(2) 我们同意，从科学角度出发，必须大幅度减少全球碳排放，并应当依照 IPCC 第四次评估报告所述愿景，将全球气温升幅控制在 2℃以下，并在公平的基础上行动起来以达成上述基于科学研究的目标。我们应该合作起来以尽快实现全球和各国碳排放峰值，我们认识到发展中国家碳排放达到峰值的时间框架可能较长，并且认为社会和经济发展以及消除贫困对于发展中国家来说仍然是首要的以及更为重要的目标，不过低碳排放的发展战略对可持续发展而言是必不可少的。

(3) 所有国家均面临气候变化的负面影响，为此应当支持并实行旨在降低发展中国家受害程度并加强其应对能力的行动，尤其是最不发达国家和位于小岛屿的发展中国家以及非洲国家，我们认为发达国家应当提供充足的、可预测的和持续的资金资源、技术以及经验，以支持发展中国家实行对抗气候变化举措。

(4) 附件Ⅰ各缔约方将在 2010 年 1 月 31 日之前向秘书处提交经济层面量化的 2020 年排放目标，并承诺单独或者联合执行这些目标。这些目标的格式如附件Ⅰ所示。附件Ⅰ国家中，属于《京都议定书》缔约方的都将进一步加强该议定书提出的碳减排。碳减排和发达国家的资金援助的衡量、报告和核实工作，都将根据现存的或者缔约方大会所采纳的任何进一步的方针进行，并将确保这些目标和融资的计算是严格、健全、透明的。

(5) 附件Ⅰ非缔约方将根据第四条第一款和第四条第七款、在可持续发展的情况下实行延缓气候变化举措，包括在 2010 年 1 月 31 日之前按照附件Ⅱ所列格式向秘书处递交的举措。最不发达国家及小岛屿发展中国家可以在得到扶持的情况下，自愿采取行动。

附件Ⅰ非缔约方采取的和计划采取的减排措施应根据第十二条第一款（b），以缔约方大会采纳的方针为前提，每两年通过国家间沟通来交流。这些通过国家间沟通或者向秘书处报告的减排措施将被添加进附件Ⅱ的列表中。

附件Ⅰ非缔约方采取的减排措施将需要对每两年通过国家间沟通进行报告结果在国内进行衡量、报告和审核。附件Ⅰ非缔约方将根据那些将确保国家主权得到的尊重的、明确界定的方针，通过国家间沟通，交流各国减排措施实施的相关信息，为国际会议和分析做好准备。寻求国际支持的合适的国家减排措施将与相关的技术和能力扶持一起登记在案。那些获得扶持的措施将被添加进附件Ⅱ的列表中。

这些得到扶持的合适的国家减排措施将有待根据缔约方大会采纳的方针进行国际衡量、报告和审核。

（6）我们认识到，减少滥伐森林和森林退化引起的碳排放是至关重要的，我们需要提高森林对温室气体的清除量，我们认为有必要通过立即建立包括 $REDD^{+}$ 在内的机制，为这类举措提供正面激励，促进发达国家提供的援助资金的流动。

（7）我们决定采取各种方法，包括使用碳交易市场的机会，来提高减排措施的成本效益，促进减排措施的实行；应该给发展中国家提供激励，以促使发展中国家实行低排放发展战略。

（8）在符合大会相关规定的前提下，应向发展中国家提供更多的、新的、额外的以及可预测的和充足的资金，并且令发展中国家更容易获取资金，以支持发展中国家采取延缓气候变化的举措，包括提供大量资金以减少滥砍滥伐和森林退化产生的碳排放（$REDD^{+}$）、支持技术开发和转让、提高减排能力等，从而提高该协定的执行力。

发达国家所作出的广泛承诺将向发展中国家提供新的额外资金，包括通过国际机构进行的林业保护和投资，在 2010 年至 2012 年期间提供 300 亿美元。对于那些最容易受到冲击的发展中国家如最不发达国家、小岛屿发展中国家以及非洲国家而言，为该协定的采用提供融资支持将是最优先的任务。

在实际延缓气候变化举措和实行减排措施透明的背景下，发达国家承诺在 2020 年以前每年筹集 1000 亿美元资金用于解决发展中国家的减排需求。这些资金将有多种来源，包括政府资金和私人资金、双边和多边筹资，以及另类资金来源。多边资金的发放将通过实际和高效的资金安排，以及为发达国家和发展中国家提供平等代表权的治理架构来实现。此类资金中的很大一部分将通过哥本哈根绿色气候基金（Copenhagen Green Climate Fund）来发放。

（9）最后，为达成这一目标，一个高水准的工作小组将在缔约方会议的指导下建立并对会议负责，以研究潜在资金资源的贡献度，包括另类资金来源。

（10）我们决定，应该建立哥本哈根气候基金，并将该基金作为缔约方协议的金融机制的运作实体，以支持发展中国家包括 $REDD^{+}$、适应性行动、产能建设以及技术研发和转让等用于延缓气候变化的方案、项目、政策及其他活动。

（11）为了促进技术开发与转让，我们决定建立技术机制（Technology Mechanism），以加快技术研发和转让，支持适应和延缓气候变化的行动。这些行动将由各国主动实行，并基于各国国情确定优先顺序。

（12）我们呼吁，在2015年结束以前完成对该协议及其执行情况的评估，包括该协议的最终目标。这一评估还应包括加强长期目标，比如将全球平均气温升幅控制在1.5℃以内等。

2　英文

The Heads of State, Heads of Government, Ministers, and other heads of the following delegations present at the United Nations Climate Change Conference 2009 in Copenhagen: [*List of Parties*]

In pursuit of the ultimate objective of the Convention as stated in its Article 2,

Being guided by the principles and provisions of the Convention,

Noting the results of work done by the two Ad hoc Working Groups,

Endorsing decision x/CP. 15 on the Ad hoc Working Group on Long-term Cooperative Action and decision x/CMP. 5 that requests the Ad hoc Working Group on Further Commitments of Annex I Parties under the Kyoto Protocol to continue its work,

Have agreed on this Copenhagen Accord which is operational immediately.

1. We underline that climate change is one of the greatest challenges of our time. We emphasise our strong political will to urgently combat climate change in accordance with the principle of common but differentiated responsibilities and respective capabilities. To achieve the ultimate objective of the Convention to stabilize greenhouse gas concentration in the atmosphere at a level that would prevent dangerous anthropogenic interference with the climate system, we shall, recognizing the scientific view that the increase in global temperature should be below 2 degrees Celsius, on the basis ofequity and in the context of sustainable development, enhance our long-term cooperative action to combat climate change. We recognize the critical impacts of climate change and the potential impacts of response measures on countries particularly vulnerable to its adverse effects and stress the need to establish a comprehensive adaptation programme including international support.

2. We agree that deep cuts in global emissions are required according to science, and as documented by the IPCC Fourth Assessment Report with a view to reduce global emissions so as to hold the increase in global temperature below 2 degrees Celsius, and take action to meet this objective consistent with science and on the basis of equity. We should cooperate in achieving the peaking of global and national emissions as soon as possible, recognizing that the time frame for peaking will be longer in developing countries and bearing in mind that social and economic development and poverty eradication are the first and overriding priorities of developing countries and that a low-emission development strategy is indispensable to sustainable development.

3. Adaptation to the adverse effects of climate change and the potential impacts of response measures is a challenge faced by all countries. Enhanced action and international cooperation on adaptation is urgently required to ensure the implementation of the Convention by enabling and supporting the implementation of adaptation actions aimed at reducing vulnerability and building resilience in developing countries, especially in those that are particularly vulnerable, especially least developed countries, small island developing States and Africa. We agree that developed countries shall provide adequate, predictable and sustainable financial resources, technology and capacity-building to support the implementation of adaptation action in developing countries.

4. Annex I Parties commit to implement individually or jointly the quantified economy-wide emissions targets for 2020, to be submitted in the format given in Appendix I by Annex I Parties to the secretariat by 31 January 2010 for compilation in an INF document. Annex I Parties that are Party to the Kyoto Protocol will thereby further strengthen the emissions reductions initiated by the Kyoto Protocol. Delivery of reductions and financing by developed countries will be measured, reported and verified in accordance with existing and any further guidelines adopted by the Conference of the Parties, and will ensure that accounting of such targets and finance is rigorous, robust and transparent.

5. Non-Annex I Parties to the Convention will implement mitigation actions, including those to be submitted to the secretariat by non-Annex I Parties in the format given in Appendix II by 31 January 2010, for compilation in an INF document, consistent with Article 4.1 and Article 4.7 and in the context of sustainable development. Least developed countries and small island developing States may undertake actions voluntarily and on the basis of support. Mitigation actions subsequently taken and envisaged by Non-Annex I Parties, including national inventory reports, shall be communicated through national communications consistent with Article 12.1 (b) every two years on the basis of guidelines to be adopted by the Conference of the Parties. Those mitigation actions in national communications or otherwise communicated to the Secretariat will be added to the list in appendix II. Mitigation actions taken by Non-Annex I Parties will be subject to their domestic measurement, reporting and verification the result of which will be reported through their national communications every two years. Non-Annex I Parties will communicate information on the implementation of their actions through National Communications, with provisions for international consultations and analysis under clearly defined guidelines that will ensure that national sovereignty is respected. Nationally appropriate mitigation actions seeking international support will be recorded in a registry along with relevant technology, finance and capacity building support. Those actions supported will be added to the list in appendix II. These supported nationally appropriate mitigation actions will be subject to international measurement, reporting and verification in accordance with guidelines adopted by the Conference of the Parties.

6. We recognize the crucial role of reducing emission from deforestation and forest degradation and the need to enhance removals of greenhouse gas emission by forests and agree on the need to provide positive incentives to such actions through the immediate establishment of a mechanism including REDD-plus, to enable the mobilization of financial resources from developed countries.

7. We decide to pursue various approaches, including opportunities to use markets, to enhance the cost-effectiveness of, and to promote mitigation actions. Developing countries, especially those with low emitting economies should be provided incentives to continue to develop on a low emission pathway.

8. Scaled up, new and additional, predictable and adequate funding as well as improved access shall be provided to developing countries, in accordance with the relevant provisions of the Convention, to enable and support enhanced action on mitigation, including substantial finance to reduce emissions from deforestation and forest degradation (REDD-plus), adaptation, technology development and transfer and capacity-building, for enhanced implementation of the Convention. The collective commitment by developed countries is to provide new and additional resources, including forestry and investments through international institutions, approaching USD 30 billion for the period 2010～2012 with balanced allocation between adaptation and mitigation. Funding for adaptation will be prioritized for the most vulnerable developing countries, such as the least developed countries, small island developing States and Africa. In the context of meaningful mitigation actions and transparency on implementation, developed countries commit to a goal of mobilizing jointly USD 100 billion dollars a year by 2020 to address the needs of developing countries. This funding will come from a wide variety of sources, public and private, bilateral and multilateral, including alternative sources of finance. New multilateral funding for adaptation will be delivered through effective and efficient fund arrangements, with a governance structure providing for equal representation of developed and developing countries. A significant portion of such funding should flow through the Copenhagen Green Climate Fund.

9. To this end, a High Level Panel will be established under the guidance of and accountable to the Conference of the Parties to study the contribution of the potential sources of revenue, including alternative sources of finance, towards meeting this goal.

10. We decide that the Copenhagen Green Climate Fund shall be established as an operating entity of the financial mechanism of the Convention to support projects, programme, policies and other activities in developing countries related to mitigation including REDD-plus, adaptation, capacity-building, technology development and transfer.

11. In order to enhance action on development and transfer of technology we decide to establish a Technology Mechanism to accelerate technology development and transfer in support of action on adaptation and mitigation that will be guided by a country-driven ap-

proach and be based on national circumstances and priorities.

12. We call for an assessment of the implementation of this Accord to be completed by 2015, including in light of the Convention's ultimate objective. This would include consideration of strengthening the long-term goal referencing various matters presented by the science, including in relation to temperature rises of 1.5 degrees Celsius.

附录 4　2009 年中国区域电网基准线排放因子

1　区域电网划分

为了便于中国 CDM 发电项目确定基准线排放因子，现将电网边界统一划分为东北、华北、华东、华中、西北和南方区域电网，不包括西藏自治区、香港特别行政区、澳门特别行政区和台湾省。由于南方电网下属的海南省为孤立岛屿电网，海南电网的排放因子单独计算。上述电网边界包括的地理范围如下表所示：

电网名称	覆盖省市
华北区域电网	北京市、天津市、河北省、山西省、山东省、内蒙古自治区
东北区域电网	辽宁省、吉林省、黑龙江省
华东区域电网	上海市、江苏省、浙江省、安徽省、福建省
西北区域电网	陕西省、甘肃省、青海省、宁夏回族自治区、新疆维吾尔自治区
华中区域电网	河南省、湖北省、湖南省、江西省、四川省、重庆市
南方区域电网	广东省、广西壮族自治区、云南省、贵州省
海南电网	海南省

2　排放因子计算方法

根据"电力系统排放因子计算工具"（01.1 版），计算电量边际排放因子（OM）采用步骤 3（a）"简单 OM"方法中选项 C，即根据电力系统中所有电厂的总净上网电量、燃料类型及燃料总消耗量计算。公式如下：

$$EF_{\text{grid,OMsimple},y} = \frac{\sum_i FC_{i,y} \times NCV_{i,y} \times EF_{CO_2 i,y}}{EG_y} \tag{1}$$

式中　$EF_{\text{grid,OMsimple},y}$——第 y 年简单电量边际 CO_2 排放因子，tCO_2/MWh；

$FC_{i,y}$——第 y 年项目所在电力系统燃料 i 的消耗量，质量或体积单位；

$NCV_{i,y}$——第 y 年燃料 i 的净热值，能源含量，GJ/质量或体积单位；

$EF_{CO_2,i,y}$——第 y 年燃料 i 的 CO_2 排放因子，tCO_2/GJ；

EG_y——电力系统第 y 年向电网提供的电量，MWh，不包括低成本/必须运行电厂/机组；

i——第 y 年电力系统消耗的所有化石燃料种类；

y——提交 PDD 时可获得数据的最近三年（事先计算）。

另外，在电网存在净调入的情况下，采用调出电力电网的简单电量边际排放因子。

OM 计算中供电量和燃料消耗量的数据选取遵循了保守原则，计算过程详见附件 1。

根据“电力系统排放因子计算工具”（01.1 版），BM 可按 m 个样本机组排放因子的发电量加权平均求得，公式如下：

$$EF_{\text{grid,BM,y}} = \frac{\sum_{m} EG_{m,\text{y}} \times EF_{\text{EL},m,\text{y}}}{\sum_{m} EG_{m,\text{y}}} \tag{2}$$

式中 $EF_{\text{grid,BM,y}}$——第 y 年的 BM 排放因子，tCO_2/MWh；

$EF_{\text{EL},m,\text{y}}$——第 m 个样本机组在第 y 年的排放因子，tCO_2/MWh；

$EG_{m,\text{y}}$——第 m 个样本机组在第 y 年向电网提供的电量，MWh，也即上网电量；

m——样本机组；

y——能够获得发电历史数据的最近年份。

其中第 m 个机组的排放因子 $EF_{\text{EL,m,y}}$ 根据“电力系统排放因子计算工具”（01.1 版）的步骤 3（a）“简单 OM”中的选项 B2 计算。

“电力系统排放因子计算工具”（01.1 版）提供了计算 BM 的两种选择：1）在第一个计入期，基于 PDD 提交时可得的最新数据事前计算；在第二个计入期，基于计入期更新时可得的最新数据更新；第三个计入期沿用第二个计入期的排放因子；2）在第一计入期内按项目活动注册年或注册年可得的最新信息逐年事后更新 BM；在第二个计入期内按选择 1）的方法事前计算 BM，第三个计入期沿用第二个计入期的排放因子。

本次公布的排放因子 BM 的结果是基于选择 1）的事前计算，不需要事后的监测和更新。

由于数据可得性的原因，本计算仍然沿用了 CDM EB 同意的变通办法，即首先计算新增装机容量及其中各种发电技术的组成，然后计算各种发电技术的新增装机权重，最后利用各种发电技术商业化的最优效率水平计算排放因子。

由于现有统计数据中无法从火电中分离出燃煤、燃油和燃气的各种发电技术的容量，本计算过程中采用如下方法：首先，利用最近一年的可得能源平衡表数据，计算出发电用固体、液体和气体燃料对应的 CO_2 排放量在总排放量中的比重；其次，以此比重为权重，以商业化最优效率技术水平对应的排放因子为基础，计算出各电网的火电排放因子；最后，用此火电排放因子乘以火电在该电网新增的 20% 容量中的比重，结果即为该电网的 BM 排放因子。此 BM 排放因子近似计算过程是遵循了保守原则。

具体步骤和公式如下：

步骤 1：计算发电用固体、液体和气体燃料对应的 CO_2 排放量在总排放量中的比重。

$$\lambda_{\text{Coal,y}} = \frac{\sum_{i=\text{COAI},j} F_{i,j,\text{y}} \times NCV_{i,\text{y}} \times EF_{CO_2 i,j,\text{y}}}{\sum_{i,j} F_{i,j,\text{y}} \times NCV_{i,\text{y}} \times EF_{CO_2 i,j,\text{y}}} \tag{3}$$

$$\lambda_{\text{Oil,y}} = \frac{\sum_{i=\text{OIL},j} F_{i,j,\text{y}} \times NCV_{i,\text{y}} \times EF_{CO_2 i,j,\text{y}}}{\sum_{i,j} F_{i,j,\text{y}} \times NCV_{i,\text{y}} \times EF_{CO_2 i,j,\text{y}}} \tag{4}$$

$$\lambda_{\text{Gas,y}} = \frac{\sum_{i=\text{GAS},j} F_{i,j,\text{y}} \times NCV_{i,\text{y}} \times EF_{CO_2 i,j,\text{y}}}{\sum_{i,j} F_{i,j,\text{y}} \times NCV_{i,\text{y}} \times EF_{CO_2 i,j,\text{y}}} \tag{5}$$

式中　$F_{i,j,y}$——第 j 个省份在第 y 年的燃料 i 消耗量，质量或体积单位，其中固体和液体燃料单位为t，气体燃料单位为 m^3；

$NCV_{i,y}$——燃料 i 在第 y 年的净热值，固体和液体燃料单位为GJ/t，气体燃料单位为 GJ/m^3；

$EF_{CO_2,i,j,y}$——燃料 i 的排放因子，tCO_2/GJ。

COAL，OIL和GAS——分别为固体燃料、液体燃料和气体燃料的脚标集合。

步骤2：计算对应的火电排放因子。

$$EF_{Trermal,y} = \lambda_{Coal,y} \times EF_{Coal,Adv,y} + \lambda_{Oil,y} \times EF_{Oil,Adv,,y} + \lambda_{Gas,y} \times EF_{Gas,Ad} \tag{6}$$

其中，$EF_{Coal,Adv,y}$，$EF_{Oil,Adv,y}$ 和 $EF_{Gas,Adv,y}$ 分别是商业化最优效率的燃煤、燃油和燃气发电技术所对应的排放因子，具体参数及计算过程详见附件2。

步骤3：计算电网的BM

$$EF_{grid,Ba,y} = \frac{CAP_{Thermal,y}}{CAP_{Total,y}} \times EF_{Thermal,y}$$

式中　$CAP_{Total,y}$——超过现有容量20%的新增总容量；

$CAP_{Thermal,y}$——新增火电容量。

3　数据来源

计算OM和BM所需的发电量、装机容量和厂用电率等数据来源为2005～2008年《中国电力年鉴》；发电燃料消耗以及发电燃料的低位发热值等数据来源为2006～2008年《中国能源统计年鉴》；电网间电量交换的数据来源分别为《2005～2006年电力工业统计资料提要》和《2007年电力工业统计资料汇编》；分燃料品种的潜在排放因子和碳氧化率来源为"2006IPCC Guidelines for National Greenhouse Gas Inventories" Volume 2 Energy，第一章的表1.3和表1.4。本次分燃料品种的潜在排放因子采用了上述表1.4中的95%置信区间下限值。

4　排放因子数值

	$EF_{grid,OM,y}$ (tCO_2/MWh)	$EF_{grid,BM,y}$ (tCO_2/MWh)
华北区域电网	1.0069	0.7802
东北区域电网	1.1293	0.7242
华东区域电网	0.8825	0.6826
华中区域电网	1.1255	0.5802
西北区域电网	1.0246	0.6433
南方区域电网	0.9987	0.5772
海南省电网	0.8154	0.7297

注：表中OM为2005～2007年电量边际排放因子的加权平均值；BM为截至2007年的容量边际排放因子。

(1) 基准线信息

1) OM 计算过程

①华北电网 OM 计算说明

2005 年华北电网电量边际排放因子计算表

燃料分类	单位	北京市	天津市	河北省	山西省	内蒙古自治区	山东省	小计	含碳量	碳氧化率	燃料排放因子	平均低位发热量	CO_2排放量(tCO_2e)
									(tc/TJ)	(%)	($kgCO_2$/TJ)	[MJ/(t·km^3)]	$L=G\times J\times K/100000$(质量单位)
		A	B	C	D	E	F	$G=A+B+C+D+E+F$	H	I	J	K	$L=G\times J\times K/10000$(体积单位)
原煤	万 t	897.75	1675.2	6726.5	6176.45	6277.23	10405.4	32158.53	25.8	100	87300	20908	586979486
洗精煤	万 t						42.18	42.18	25.8	100	87300	26344	970069
其他洗煤	万 t	6.57		167.45	373.65		108.69	656.36	25.8	100	87300	8363	4792018
焦炭	万 t					0.21	0.11	0.32	29.2	100	95700	28435	8708
焦炉煤气	亿 m^3	0.64	0.75	0.62	21.08	0.39		23.48	12.1	100	37300	16726	1464870
其他煤气	亿 m^3	16.09	7.86	38.83	9.88	18.37		91.03	12.1	100	37300	5227	1774786
原油	万 t					0.73		0.73	20	100	71100	41816	21704
汽油	万 t			0.01				0.01	18.9	100	67500	43070	291
柴油	万 t	0.48		3.54		0.12		4.14	20.2	100	72600	42652	128197
燃料油	万 t	12.25		0.23		0.06		12.54	21.1	100	75500	41816	395901
液化石油气	万 t							0	17.2	100	61600	50179	0
炼厂干气	万 t			9.02				9.02	15.7	100	48200	46055	200231
天然气	亿 m^3	0.28	0.08		2.76			3.12	15.3	100	54300	38931	659553
其他石油制品	万 t							0	20	100	75500	41816	0
其他焦化产品	万 t							0	25.8	100	95700	28435	0
其他能源	万 t 标准煤	8.58		32.35	69.31	7.27	118.9	236.41	0	0	0	0	0
												小计	597395812

资料来源:《中国能源统计年鉴 2006》。

2005 年华北电网从东北净调入电量：3929000MWh；

2005 年东北电网简单 OM：1.16489。

2005 年华北电网火力发电量

省名称	发电量（亿 kWh）	发电量（MWh）	厂用电率（%）	供电量（MWh）
北京市	208.8	20880000	7.73	19265976
天津市	369.93	36993000	6.63	34540364
河北省	1343.48	134348000	6.57	125521336
山西省	1287.85	128785000	7.42	119229153
内蒙古自治区	923.45	92345000	7.01	85871616
山东省	1898.8	189880000	7.14	176322568
总　计		603231000		560751013

资料来源：《中国电力年鉴 2006》。

2005 年华北电网总供电量：564680013MWh；

2005 年华北电网总排放量：601972682tCO_2；

2005 年华北电网平均排放因子：1.06604。

2006 年华北电网电量边际排放因子计算表

燃料分类	单位	北京市	天津市	河北省	山西省	内蒙古自治区	山东省	小计	含碳量	碳氧化率	燃料排放因子	平均低位发热量	CO_2排放量(tCO_2e)
									(tc/TJ)	(%)	($kgCO_2$/TJ)	[$MJ/(t\cdot km^3)$]	$L=G\times J\times K/100000$(质量单位)
		A	B	C	D	E	F	$G=A+B+C+D+E+F$	H	I	J	K	$L=G\times J\times K/10000$(体积单位)
原煤	万 t	796.63	1639.2	6867.99	6968.88	8404.05	10930.66	35607.41	25.8	100	87300	20908	649930803
洗精煤	万 t						39.77	39.77	25.8	100	87300	26344	914643
其他洗煤	万 t	6.36		214.13	371.14	61.77	544.6	1198	25.8	100	87300	8363	8746477
型煤	万 t	7.97					27.77	35.74	26.6	100	87300	20908	652351
焦炭	万 t						3.23	3.23	29.2	100	95700	28435	87896
焦炉煤气	亿 m^3	0.38	0.63	5.8	22.32	0.64	5.79	35.56	12.1	100	37300	16726	2218517
其他煤气	亿 m^3	20.66	6.58	69.72	13.79	22.76	7.22	140.73	12.1	100	37300	5227	2743772
原油	万 t					0.74		0.74	20	100	71100	41816	22001
汽油	万 t			0.01				0.01	18.9	100	67500	43070	291
柴油	万 t	0.21		3.01		0.07	6.32	9.61	20.2	100	72600	42652	297577
燃料油	万 t	6.38		0.08			4.1	10.56	21.1	100	75500	41816	333391
液化石油气	万 t						0.01	0.01	17.2	100	61600	50179	309
炼厂干气	万 t			2.43			2.32	4.75	15.7	100	48200	46055	105443
天然气	亿 m^3	3.41	0.73		0.53			4.67	15.3	100	54300	38931	987216
其他石油制品	万 t						0.28	0.28	20	100	75500	41816	8840
其他焦化产品	万 t							0	25.8	100	95700	28435	0
其他能源	万 t 标准煤	6.83		47.11	230.76	12.51	132.29	429.5	0	0	0	0	0
												小计	667049525

资料来源：《中国能源统计年鉴 2007》。

2006 年华北电网从东北电网净调入电量：2618060MWh；
2006 年东北电网平均排放因子：1.16688；
2006 年华北电网从华中电网净调入电量：497060MWh；
2006 年华中电网平均排放因子：0.87599。

2006 年华北电网火力发电量

省名称	发电量	发电量	厂用电率	供电量
	(亿 kWh)	(MWh)	(%)	(MWh)
北京市	207.05	20705000	7.51	19150055
天津市	359.24	35924000	6.86	33459614
河北省	1438.88	143888000	6.63	134348226
山西省	1502.5	150250000	7.45	139056375
内蒙古自治区	1395.93	139593000	7.58	129011851
山东省	2309.22	230922000	7.12	214480354
总　计		721282000		669506473

资料来源：《中国能源统计年鉴 2007》，《中国电力年鉴 2007》。

2006 年华北电网总供电量：672621593MWh；
2006 年华北电网总排放量：726789038tCO_2e；
2006 年华北电网平均排放因子：1.08053。

2007年华北电网电量边际排放因子计算表

燃料分类	单位	北京市	天津市	河北省	山西省	内蒙古自治区	山东省	小计	排放因子	碳氧化率	低位发热量	CO_2 排放量(tCO_2e)
									(tc/TJ)	(%)	[MJ/(t·km³)]	$K=G\times H\times I\times J\times 44/12/10000$（质量单位）
		A	B	C	D	E	F	$G=A+B+C+D+E+F$	H	I	J	$K=G\times H\times I\times J\times 44/12/1000$（体积单位）
原煤	万t	816.17	1753.99	7716.13	7510.06	10434.25	11884.83	40115.43	25.8	100	20908	732214267
洗精煤	万t						18.43	18.43	25.8	100	26344	423859
其他洗煤	万t	5.76		156.89	478.81	48.57	756.84	1446.87	25.8	100	8363	10563452
型煤	万t	7.93					42.86	50.79	26.6	100	20908	927054
焦炭	万t			0.02			4.09	4.11	29.2	100	28435	111843
焦炉煤气	亿m³	0.07	0.72	3.13	25.46	2.58	13.61	45.57	12.1	100	16726	2843020
其他煤气	亿m³	11.8	7.6	88.38	72.8	28.17	29.64	238.39	12.1	100	5227	4647821
原油	万t							0	20	100	41816	0
汽油	万t			0.01				0.01	18.9	100	43070	291
柴油	万t	0.33		2.35		0.62	5.08	8.38	20.2	100	42652	259490
燃料油	万t	4.74		0.18			2.35	7.27	21.1	100	41816	229522
液化石油气	万t							0	17.2	100	50179	0
炼厂干气	万t	0.06		2.85			1.65	4.56	15.7	100	46055	101225
天然气	亿m³	5.03	0.73		0.54	4.22	0.01	10.53	15.3	100	38931	2225993
其他石油制品	万t	1.72						1.72	20	100	38369	54302
其他焦化产品	万t	4.74						4.74	25.8	100	28435	128986
其他能源	万t标准煤	11.94		77.25	360.26	30.75	163.48	643.68	0	100	0	0
											小计	754731124

资料来源：《中国能源统计年鉴2008》。

2007 年华北电网从东北净调入电量：1789750MWh；
2007 年东北电网简单 OM：1.08186；
2007 年华北电网从华中净调入电量：803000MWh；
2007 年华中电网简单 OM：1.10197。

2007 年华北电网火力发电量

省名称	发电量（亿 kWh）	发电量（MWh）	厂用电率（%）	供电量（MWh）
北京市	223	22300000	7.51	20625270
天津市	399	39900000	6.53	37294530
河北省	1633	163300000	6.67	152407890
山西省	1734	173400000	7.99	159545340
内蒙古自治区	1801	180100000	7.77	166106230
山东省	2591	259100000	7.23	240367070
总　计		838100000		776346330

资料来源：《中国电力年鉴 2008》。

2007 年华北电网总供电量：778939080MWh；
2007 年华北电网总排放量：757552268 tCO_2；
2007 年华北电网平均排放因子：0.97254；
三年加权排放因子：1.00689。

②东北电网 OM 计算说明

2005 年东北电网电量边际排放因子计算表

燃料分类	单位	辽宁省	吉林省	黑龙江省	小计	含碳量	碳氧化率	燃料排放因子	平均低位发热量	CO_2 排放量(tCO_2e)
						(tc/TJ)	(%)	($kgCO_2$/TJ)	[MJ/(t·km^3)]	$I=D\times G\times H/100000$(质量单位)
		A	B	C	$D=A+B+C$	E	F	G	H	$I=D\times G\times H/10000$ (体积单位)
原煤	万 t	4305.41	2446.13	3383.21	10134.75	25.8	100	87300	20908	184986389
洗精煤	万 t				0	25.8	100	87300	26344	0
其他洗煤	万 t	524.74	19.26	24.16	568.16	25.8	100	87300	8363	4148079
焦炭	万 t				0	29.2	100	95700	28435	0
焦炉煤气	亿 m^3	1.03	3.57	0.68	5.28	12.1	100	37300	16726	329409
其他煤气	亿 m^3	12.62	8.37		20.99	12.1	100	37300	5227	409236
原油	万 t	1.16			1.16	20	100	71100	41816	34488
汽油	万 t				0	18.9	100	67500	43070	0
柴油	万 t	1.18	1.48	0.57	3.23	20.2	100	72600	42652	100018
燃料油	万 t	9.32	2.46	1.55	13.33	21.1	100	75500	41816	420842
液化石油气	万 t	0.12			0.12	17.2	100	61600	50179	3709
炼厂干气	万 t	5.48		1.32	6.8	15.7	100	48200	46055	150950
天然气	亿 m^3		0.84	2.24	3.08	15.3	100	54300	38931	651098
其他石油制品	万 t				0	20	100	75500	41816	0
其他焦化产品	万 t				0	25.8	100	95700	28435	0
其他能源	万 t 标准煤	16.18			16.18	0	0	0	0	0
									小计	191234218

资料来源：《中国能源统计年鉴 2006》。

2005 年东北电网火力发电量

省名称	发电量(亿 kWh)	发电量(MWh)	厂用电率(%)	供电量(MWh)
辽宁省	836.97	83697000	7.03	77813101
吉林省	352.94	35294000	6.59	32968125
黑龙江	580	58000000	7.96	53383200
总　计				164164426

资料来源：《中国电力年鉴 2006》。

2005 年东北电网总供电量：164164426MWh；

2005 年东北电网总排放量：191234218 tCO_2；

2005 年东北电网平均排放因子：1.16489。

2006年东北电网电量边际排放因子计算表

燃料分类	单位	辽宁省	吉林省	黑龙江省	小计	含碳量	碳氧化率	燃料排放因子	平均低位发热量	CO_2 排放量(tCO_2e)
						(tc/TJ)	(%)	($kgCO_2$/TJ)	[MJ/(t·km^3)]	$I=D\times G\times H/100000$(质量单位)
		A	B	C	$D=A+B+C$	E	F	G	H	$I=D\times G\times H/10000$(体积单位)
原煤	万t	4681.99	2738.24	3698.29	11118.52	25.8	100	87300	20908	202942832
洗精煤	万t	0.03			0.03	25.8	100	87300	26344	690
其他洗煤	万t	674.74	17.83	96	788.57	25.8	100	87300	8363	5757270
焦炭	万t	3.32			3.32	29.2	100	95700	28435	90345
焦炉煤气	亿m^3	2.68	0.16	1.44	4.28	12.1	100	37300	16726	267021
其他煤气	亿m^3	55.26	1.43		56.69	12.1	100	37300	5227	1105268
原油	万t	0.49			0.49	20	100	71100	41816	14568
汽油	万t				0	18.9	100	67500	43070	0
柴油	万t	0.75	0.39	0.3	1.44	20.2	100	72600	42652	44590
燃料油	万t	11.73	0.45	1.44	13.62	21.1	100	75500	41816	429998
液化石油气	万t				0	17.2	100	61600	50179	0
炼厂干气	万t	8.55		4.27	12.82	15.7	100	48200	46055	284585
天然气	亿m^3		0.19	2.1	2.29	15.3	100	54300	38931	484095
其他石油制品	万t				0	20	100	75500	41816	0
其他焦化产品	万t				0	25.8	100	95700	28435	0
其他能源	万吨标煤	12.16	17.6	82.77	112.53	0	0	0	0	0
									小计	211421263

资料来源：《中国能源统计年鉴2007》。

2006年东北电网火力发电量

省名称	发电量(亿kWh)	发电量(MWh)	厂用电率(%)	供电量(MWh)
辽宁省	836.97	83697000	7.03	77813101
吉林省	352.94	35294000	6.59	32968125
黑龙江	580	58000000	7.96	53383200
总计				164164426

资料来源：《中国电力年鉴2007》,《中国能源统计年鉴2007》。

2006年东北电网总供电量：183890005MWh；

2006年东北电网总排放量：211421263 tCO_2；

2006年东北电网平均排放因子：1.14972。

2007 年东北电网电量边际排放因子计算表

燃料分类	单位	辽宁省	吉林省	黑龙江	小计	潜在排放因子	碳氧化率	平均低位发热量	CO_2 排放量(tCO_2e)
						(tc/TJ)	(%)	[MJ/(t・km³)]	$H=G\times D\times E\times F\times 44/12/10000$(质量单位)
		A	B	C	$D=A+B+C$	E	F	G	$H=G\times D\times E\times F\times 44/12/1000$ (体积单位)
原煤	万 t	4869.32	2873.45	3736.11	11478.88	25.8	100	20908	209520369
洗精煤	万 t				0	25.8	100	26344	0
其他洗煤	万 t	747.85	16.52	106.81	871.18	25.8	100	8363	6360397
型煤	万 t				0	26.6	100	20908	0
焦炭	万 t	4.99			4.99	29.2	100	28435	135789
焦炉煤气	亿 m³	5.53	1.44	1.89	8.86	12.1	100	16726	552758
其他煤气	亿 m³	68.38	9.06		77.44	12.1	100	5227	1509825
原油	万 t	0.24			0.24	20	100	41816	7135
汽油	万 t				0	18.9	100	43070	0
柴油	万 t	0.96	0.39	0.47	1.82	20.2	100	42652	56357
燃料油	万 t	8.43	0.45	1.48	10.36	21.1	100	41816	327076
液化石油气	万 t				0	17.2	100	50179	0
炼厂干气	万 t	7.33		1.99	9.32	15.7	100	46055	206890
天然气	亿 m³		0.02	2.03	2.05	15.3	100	38931	433360
其他石油制品	万 t	0.01			0.01	20	100	41816	316
其他焦化产品	万 t	0.46			0.46	25.8	100	28435	12518
其他能源	万吨标煤	12.41	2.43	51.35	66.19	0	100	0	0
								小计	219122791

资料来源：《中国能源统计年鉴 2008》。

2007 年东北电网火力发电量

省名称	发电量(亿 kWh)	发电量(MWh)	厂用电率(%)	供电量(MWh)
辽宁省	1065	106500000	7	99045000
吉林省	437	43700000	7.68	40343840
黑龙江	684	68400000	7.67	63153720
总计				202542560

资料来源：《中国电力年鉴 2008》。

2007 年东北电网总供电量：202542560MWh；

2007 年东北电网总排放量：219122791 tCO_2；

2007 年东北电网平均排放因子：1.08186；

三年加权平均排放因子：1.12928。

③华东电网 OM 计算说明

2005 年华东电网电量边际排放因子计算表

燃料分类	单位	上海市	江苏省	浙江省	安徽省	福建省	小计	含碳量	碳氧化率	燃料排放因子	平均低位发热量	CO_2 排放量(tCO_2e)
								(tc/TJ)	(%)	($kgCO_2$/TJ)	[MJ/(t・km^3)]	$K=F\times I\times J/100000$（质量单位）
		A	B	C	D	E	$F=A+B+C+D+E$	G	H	I	J	$K=F\times I\times J/10000$（体积单位）
原煤	万 t	2847.31	9888.06	4801.52	3082.9	2107.69	22727.48	25.8	100	87300	20908	414837511
洗精煤	万 t						0	25.8	100	87300	26344	0
其他洗煤	万 t						0	25.8	100	87300	8363	0
焦炭	万 t			0.03			0.03	29.2	100	95700	28435	816
焦炉煤气	亿 m^3	1.68	1.38		1.71		4.77	12.1	100	37300	16726	297591
其他煤气	亿 m^3	83.72	24.97	0.06	30		138.75	12.1	100	37300	5227	2705169
原油	万 t			27.01			27.01	20	100	71100	41816	803039
汽油	万 t						0	18.9	100	67500	43070	0
柴油	万 t	1.25	16	4.52		1.67	23.44	20.2	100	72600	42652	725828
燃料油	万 t	59.39	13.22	153.22		7.45	233.28	21.1	100	75500	41816	7364902
液化石油气	万 t						0	17.2	100	61600	50179	0
炼厂干气	万 t	0.57	0.83				1.4	15.7	100	48200	46055	31078
天然气	亿 m^3	1.09	1.85	0.62			3.56	15.3	100	54300	38931	752567
其他石油制品	万 t	21	8.38	34.8			64.18	20	100	75500	41816	2026232

续表

燃料分类	单位	上海市	江苏省	浙江省	安徽省	福建省	小计	含碳量	碳氧化率	燃料排放因子	平均低位发热量	CO_2 排放量(tCO_2e)
								(tc/TJ)	(%)	($kgCO_2$/TJ)	[MJ/(t·km^3)]	$K=F\times I\times J/100000$ (质量单位)
		A	B	C	D	E	$F=A+B+C+D+E$	G	H	I	J	$K=F\times I\times J/10000$ (体积单位)
其他焦化产品	万 t						0	25.8	100	95700	28435	0
其他能源	万吨标煤	12.36		15.29			27.65	0	0	0	0	0
											小计	429544732

资料来源：《中国能源统计年鉴 2006》。

2005 年山西阳城送华东电量：11282000MWh；

2005 年阳城排放因子：1.06604；

2005 年华东从华中净调入电量：27039000MWh；

2005 华中简单 OM：1.16148。

2005 年华东电网火力发电量

省名称	发电量(亿 kWh)	发电量(MWh)	厂用电率(%)	供电量(MWh)
上海市	746.06	74606000	5.05	70838397
江苏省	2114.29	211429000	5.96	198827832
浙江省	1081.1	108110000	5.59	102066651
安徽省	629.18	62918000	5.9	59205838
福建省	486	48600000	4.57	46378980
总计				477317698

资料来源：《中国电力年鉴 2006》。

2005 年华东电网总供电量：515638698MWh；

2005 年华东电网总排放量：472977179 tCO_2；

2005 年华东电网平均排放因子：0.91726。

2006年华东电网电量边际排放因子计算表

燃料分类	单位	上海市	江苏省	浙江省	安徽省	福建省	小计	含碳量	碳氧化率	燃料排放因子	平均低位发热量	CO_2 排放量(tCO_2e)
								(tc/TJ)	(%)	($kgCO_2$/TJ)	[MJ/(t·km^3)]	$K=F\times I\times J/100000$（质量单位）
		A	B	C	D	E	$F=A+B+C+D+E$	G	H	I	J	$K=F\times I\times J/10000$（体积单位）
原煤	万t	2744.45	10945.42	6065	3455.2	2369.63	25579.7	25.8	100	87300	20908	466898181
洗精煤	万t						0	25.8	100	87300	26344	0
其他洗煤	万t		150.54		23.06		173.6	25.8	100	87300	8363	1267436
焦炭	万t			39.07			39.07	29.2	100	95700	28435	1063184
焦炉煤气	亿m^3	1.71	3.13	0.23	0.71		5.78	12.1	100	37300	16726	360603
其他煤气	亿m^3	84.64	106.54	3.28	25.12		219.58	12.1	100	37300	5227	4281088
原油	万t			20.3			20.3	20	100	71100	41816	603543
汽油	万t						0	18.9	100	67500	43070	0
柴油	万t	2.13	3.7	4.11	1.21	1.11	12.26	20.2	100	72600	42652	379635
燃料油	万t	44.51	3.77	71.98	0.02	4.5	124.78	21.1	100	75500	41816	3939439
液化石油气	万t						0	17.2	100	61600	50179	0
炼厂干气	万t	0.29	0.4		2.95		3.64	15.7	100	48200	46055	80803
天然气	亿m^3	3.2	13.5	9.18			25.88	15.3	100	54300	38931	5470911
其他石油制品	万t	18.82	3.57				22.39	20	100	75500	41816	706876

续表

燃料分类	单位	上海市	江苏省	浙江省	安徽省	福建省	小计	含碳量	碳氧化率	燃料排放因子	平均低位发热量	CO_2 排放量(tCO_2e)
								(tc/TJ)	(%)	($kgCO_2/TJ$)	[$MJ/(t \cdot km^3)$]	$K=F\times I\times J/100000$ (质量单位)
		A	B	C	D	E	$F=A+B+C+D+E$	G	H	I	J	$K=F\times I\times J/10000$ (体积单位)
其他焦化产品	万 t						0	25.8	100	95700	28435	0
其他能源	万吨标煤	6.66	2.8	27.45	3.21		40.12	0	0	0	0	0
											小计	485051699

资料来源：《中国能源统计年鉴 2007》。

2006 年山西阳城送华东电量：11150820MWh；

2006 年阳城排放因子：0.997020；

2006 年华东从华中净调入电量：24029150MWh；

2006 华中简单 OM：1.12157。

2006 年华东电网火力发电量

省名称	发电量(亿 kWh)	发电量(MWh)	厂用电率(%)	供电量(MWh)
上海市	720.33	72033000	5.06	68388130
江苏省	2512.58	251258000	5.69	236961420
浙江省	1403.49	140349000	5.62	132461386
安徽省	718.67	71867000	6.05	67519047
福建省	555.8	55580000	4.51	53073342
总计				558403325

资料来源：《中国能源统计年鉴 2007》，《中国电力年鉴 2007》。

2006 年华东电网总供电量：593583295MWh；

2006 年华东电网总排放量：523119600 tCO_2；

2006 年华东电网平均排放因子：0.88129。

2007 年华东电网电量边际排放因子计算表

燃料分类	单位	上海市	江苏省	浙江省	安徽省	福建省	小计	含碳量	碳氧化率	燃料排放因子	平均低位发热量	CO_2 排放量(tCO_2e)
								(tc/TJ)	(%)	($kgCO_2/TJ$)	[MJ/(t・km^3)]	$K=F\times I\times J/100000$ (质量单位)
		A	B	C	D	E	$F=A+B+C+D+E$	G	H	I	J	$K=F\times I\times J/10000$ (体积单位)
原煤	万 t	2754.04	11060.78	7350	3929.9	3097.87	28192.59	25.8	100	87300	20908	514590436
洗精煤	万 t						0	25.8	100	87300	26344	0
其他洗煤	万 t		459.17		29.32		488.49	25.8	100	87300	8363	3566416
焦炭	万 t			35.06			35.06	29.2	100	95700	28435	954063
焦炉煤气	亿 m^3	0.89	9.73	0.22	1.56	0.75	13.15	12.1	100	37300	16726	820402
其他煤气	亿 m^3	98.92	70.45	3.41	36.3	1.71	210.79	12.1	100	37300	5227	4109712
原油	万 t			15.15			15.15	20	100	71100	41816	450427
汽油	万 t						0	18.9	100	67500	43070	0
柴油	万 t	1.23	5.37	2.76		1.01	10.37	20.2	100	72600	42652	321111
燃料油	万 t	40.76	1.55	29.52		2.04	73.87	21.1	100	75500	41816	2332156
液化石油气	万 t						0	17.2	100	61600	50179	0
炼厂干气	万 t	0.2	0.63		2.55		3.38	15.7	100	48200	46055	75031
天然气	亿 m^3	4.61	19.17	11.01			34.79	15.3	100	54300	38931	7354444
其他石油制品	万 t	20.39	2.78				23.17	20	100	75500	41816	731502
其他焦化产品	万 t						0	25.8	100	95700	28435	0

续表

燃料分类	单位	上海市	江苏省	浙江省	安徽省	福建省	小计	含碳量	碳氧化率	燃料排放因子	平均低位发热量	CO_2 排放量(tCO_2e)
								(tc/TJ)	(%)	($kgCO_2$/TJ)	[MJ/(t·km^3)]	$K=F\times I\times J/100000$（质量单位）
		A	B	C	D	E	$F=A+B+C+D+E$	G	H	I	J	$K=F\times I\times J/10000$（体积单位）
其他能源	万吨标煤	6.89	28.88	44.93	7.52	9.43	97.65	0	0	0	0	0
											小计	535305699

资料来源：《中国能源统计年鉴 2008》。

2007 年山西阳城送华东电量：12773620MWh；

2007 年阳城排放因子：0.972544；

2007 年华东从华中净调入电量：31823310MWh；

2007 华中简单 OM：1.10197。

2007 年华东电网火力发电量

省名称	发电量（亿 kWh）	发电量（MWh）	厂用电率（%）	供电量（MWh）
上海市	726	72600000	4.72	69173280
江苏省	2709	270900000	5.55	255865050
浙江省	1723	172300000	5.83	162254910
安徽省	848	84800000	5.92	79779840
福建省	723	72300000	5.59	68258430
总计				635331510

资料来源：《中国电力年鉴 2008》。

2007 年华东电网总供电量：679928440MWh；

2007 年华东电网总排放量：582797047 tCO_2；

2007 年华东电网平均排放因子：0.85714 tCO_2/MWh；

三年加权平均排放因子：0.88248。

④西北电网 OM 计算说明

2005 年西北电网电量边际排放因子计算表

燃料分类	单位	陕西省	甘肃省	青海省	宁夏回族自治区	新疆维吾尔自治区	小计	含碳量	碳氧化率	燃料排放因子	平均低位发热量	CO_2 排放量（tCO_2e）
								(tc/TJ)	(%)	($kgCO_2$/TJ)	[MJ/(t·km^3)]	$K=F\times I\times J/100000$（质量单位）
		A	B	C	D	E	$F=A+B+C+D+E$	G	H	I	J	$K=F\times I\times J/10000$（体积单位）
原煤	万 t	2461.28	1597	345.1	1467.7	1358.09	7229.17	25.8	100	87300	20908	131951756
洗精煤	万 t	16.22					16.22	25.8	100	87300	26344	373033
其他洗煤	万 t	35.56			101.95	10.2	147.71	25.8	100	87300	8363	1078416
焦炭	万 t	3.23					3.23	29.2	100	95700	28435	87896
焦炉煤气	亿 m^3						0	12.1	100	37300	16726	0
其他煤气	亿 m^3						0	12.1	100	37300	5227	0
原油	万 t					0.18	0.18	20	100	71100	41816	5352
汽油	万 t	0.02				0.01	0.03	18.9	100	67500	43070	872
柴油	万 t	2.24	0.46	0.06		0.5	3.26	20.2	100	72600	42652	100947
燃料油	万 t	0.01	0.57			0.25	0.83	21.1	100	75500	41816	26204
液化石油气	万 t						0	17.2	100	61600	50179	0
炼厂干气	万 t					7.71	7.71	15.7	100	48200	46055	171151
天然气	亿 m^3	1.46	0.52	1.33		7.81	11.12	15.3	100	54300	38931	2350716
其他石油制品	万 t						0	20	100	75500	41816	0
其他焦化产品	万 t						0	25.8	100	95700	28435	0
其他能源	万吨标煤	8.24	1.3				9.54	0	0	0	0	0
											小计	136146341

资料来源：《中国能源统计年鉴 2006》。

2005 年西北电网火力发电量

省名称	发电量(亿 kWh)	发电量(MWh)	厂用电率(%)	供电量(MWh)
陕西省	411	41100000	7.16	38157240
甘肃省	331.06	33106000	4.23	31705616
青海省	55	5500000	2.96	5352050
宁夏回族自治区	276.43	27643000	5.73	26059056
新疆维吾尔自治区	265.6	26560000	8.8	24222720
总计				125496682

资料来源：《中国电力年鉴 2006》。

2005 年西北电网总供电量：125496682MWh；

2005 年西北电网总排放量：136146341 tCO_2；

2005 年西北电网平均排放因子：1.08486。

2006 年西北电网电量边际排放因子计算表

燃料分类	单位	陕西省	甘肃省	青海省	宁夏回族自治区	新疆维吾尔自治区	小计	含碳量	碳氧化率	燃料排放因子	平均低位发热量	CO_2 排放量(tCO_2e)
								(tc/TJ)	(%)	($kgCO_2$/TJ)	[MJ/(t·km^3)]	$K=F\times I\times J/100000$(质量单位)
		A	B	C	D	E	$F=A+B+C+D+E$	G	H	I	J	$K=F\times I\times J/10000$(体积单位)
原煤	万 t	2834.44	1660.92	421.86	1833.72	1547.69	8298.63	25.8	100	87300	20908	151472271
洗精煤	万 t						0	25.8	100	87300	26344	0
其他洗煤	万 t				112.7	8.45	121.15	25.8	100	87300	8363	884504
焦炭	万 t				0.01		0.01	29.2	100	95700	28435	272
焦炉煤气	亿 m^3	0.2				0.08	0.28	12.1	100	37300	16726	17469
其他煤气	亿 m^3	0.1					0.1	12.1	100	37300	5227	1950
原油	万 t					0.02	0.02	20	100	71100	41816	595
汽油	万 t	0.01					0.01	18.9	100	67500	43070	291
柴油	万 t	1.14	0.24	0.61		1.25	3.24	20.2	100	72600	42652	100328
燃料油	万 t		0.6			0.11	0.71	21.1	100	75500	41816	22415
液化石油气	万 t						0	17.2	100	61600	50179	0
炼厂干气	万 t						0	15.7	100	48200	46055	0
天然气	亿 m^3	1.59	0.56	1.06		7.49	10.7	15.3	100	54300	38931	2261930
其他石油制品	万 t						0	20	100	75500	41816	0
其他焦化产品	万 t	1.86					1.86	25.8	100	95700	28435	50615
其他能源	万吨标煤	33.57	8.81			2.2	44.58	0	0	0	0	0
											小计	154812639

资料来源：《中国能源统计年鉴 2007》。

2006 年西北电网火力发电量

省名称	发电量(亿 kWh)	发电量(MWh)	厂用电率(%)	供电量(MWh)
陕西省	544.82	54482000	6.97	50684605
甘肃省	357.38	35738000	4.29	34204840
青海省	72.04	7204000	2.57	7018857
宁夏回族自治区	367.31	36731000		36731000
新疆维吾尔自治区	299.01	29901000	8.02	27502940
总计				156142241

资料来源：《中国电力年鉴 2007》，《中国能源统计年鉴 2007》。

2006 年西北电网总供电量：156142241MWh；

2006 年西北电网总排放量：154812639 tCO_2；

2006 年西北电网平均排放因子：0.99148。

2007年西北电网电量边际排放因子计算表

燃料分类	单位	陕西省	甘肃省	青海省	宁夏回族自治区	新疆维吾尔自治区	小计	排放因子	碳氧化率	低位发热量	CO_2 排放量(tCO_2e)
								(tc/TJ)	(%)	[MJ/(t·km^3)]	$J=G\times H\times I\times F\times 44/12/10000$ (质量单位)
		A	B	C	D	E	$F=A+B+C+D+E$	G	H	I	$J=G\times H\times I\times F\times 44/12/1000$ (体积单位)
原煤	万t	3303.44	1969.03	470.85	2165.8	1762.11	9671.23	25.8	100	20908	176525905
洗精煤	万t						0	25.8	100	26344	0
其他洗煤	万t	3.73			124.31	7.73	135.77	25.8	100	8363	991243
型煤	万t	3.53					3.53	26.6	100	20908	64432
焦炭	万t						0	29.2	100	28435	0
焦炉煤气	亿m^3	0.52	0.65			0.26	1.43	12.1	100	16726	89215
其他煤气	亿m^3	14.14	0.71				14.85	12.1	100	5227	289526
原油	万t					0.09	0.09	20	100	41816	2676
汽油	万t	0.02					0.02	18.9	100	43070	581
柴油	万t	1.12	0.26	0.42		1.77	3.57	20.2	100	42652	110546
燃料油	万t	0.01	1.05	0.04		0.05	1.15	21.1	100	41816	36307
液化石油气	万t						0	17.2	100	50179	0
炼厂干气	万t					5.99	5.99	15.7	100	46055	132969
天然气	亿m^3	1.68	0.49	1.93		8.66	12.76	15.3	100	38931	2697404
其他石油制品	万t						0	20	100	38369	0

续表

燃料分类	单位	陕西省	甘肃省	青海省	宁夏回族自治区	新疆维吾尔自治区	小计	排放因子	碳氧化率	低位发热量	CO_2 排放量(tCO_2e)
								(tc/TJ)	(%)	[MJ/(t·km³)]	$J=G\times H\times I\times F\times 44/12/10000$（质量单位）
		A	B	C	D	E	$F=A+B+C+D+E$	G	H	I	$J=G\times H\times I\times F\times 44/12/1000$（体积单位）
其他焦化产品	万 t						0	25.8	100	28435	0
其他能源	万吨标煤	94.36	9.73				104.09	0	100	0	0
										小计	180940805

资料来源：《中国能源统计年鉴 2008》。

2007 年西北电网火力发电量

省名称	发电量(亿 kWh)	发电量(MWh)	厂用电率(%)	供电量(MWh)
陕西省	591	59100000	6.77	55098930
甘肃省	424	42400000	5.89	39902640
青海省	97	9700000	7.19	9002570
宁夏回族自治区	435	43500000		43500000
新疆维吾尔自治区	346	34600000	9.2	31416800
总计				178920940

资料来源：《中国电力年鉴 2008》。

2007 年西北电网总供电量：178920940MWh；

2007 年西北电网总排放量：180940805 tCO_2；

2007 年西北电网平均排放因子：1.01129 tCO_2/MWh；

三年加权平均排放因子：1.02462。

⑤华中电网 OM 计算说明

2005 年华中电网电量边际排放因子计算表

燃料分类	单位	江西省	河南省	湖北省	湖南省	重庆市	四川省	小计	含碳量	碳氧化率	燃料排放因子	平均低位发热量	CO₂ 排放量（tCO_2e）
									（tc/TJ）	（%）	（$kgCO_2$/TJ）	[MJ/（t・km^3）]	$L=G\times J\times K/100000$（质量单位）
		A	B	C	D	E	F	$G=A+B+C+D+E+F$	H	I	J	K	$L=G\times J\times K/10000$（体积单位）
原煤	万 t	1869.29	7638.87	2732.15	1712.27	875.4	2999.77	17827.75	25.8	100	87300	20908	325404287
洗精煤	万 t	0.02						0.02	25.8	100	87300	26344	460
其他洗煤	万 t		138.12			89.99		228.11	25.8	100	87300	8363	1665408
焦炭	万 t		25.95		105			130.95	29.2	100	95700	28435	3563450
焦炉煤气	亿 m^3			1.15		0.36		1.51	12.1	100	37300	16726	94206
其他煤气	亿 m^3		10.2			3.12		13.32	12.1	100	37300	5227	259696
原油	万 t		0.82	0.36				1.18	20	100	71100	41816	35083
汽油	万 t		0.02			0.02		0.04	18.9	100	67500	43070	1163
柴油	万 t	1.3	3.03	2.39	1.39	1.38		9.49	20.2	100	72600	42652	293861
燃料油	万 t	0.64	0.29	3.15	1.68	0.89	2.22	8.87	21.1	100	75500	41816	280035
液化石油气	万 t							0	17.2	100	61600	50179	0
炼厂干气	万 t	0.71	3.41	1.76	0.78			6.66	15.7	100	48200	46055	147842
天然气	亿 m^3						3	3	15.3	100	54300	38931	634186
其他石油制品	万 t							0	20	100	75500	41816	0
其他焦化产品	万 t				1.5			1.5	25.8	100	95700	28435	40818
其他能源	万吨标煤		2.88		1.74	32.8		37.42	0	0	0	0	0
												小计	332420496

资料来源：《中国能源统计年鉴 2006》。

2005 年华中电网火力发电量

省名称	发电量（亿 kWh）	发电量（MWh）	厂用电率（%）	供电量（MWh）
江西省	300	30000000	6.48	28056000
河南省	1315.9	131590000	7.32	121957612
湖北省	477	47700000	2.51	46502730
湖南省	399	39900000	5	37905000
重庆市	175.84	175840000	8.05	16168488
四川省	372.02	37202000	4.27	35613475
总计				286203305

资料来源：《中国电力年鉴 2006》。

2005 年华中电网总供电量：286203305MWh；

2005 年华中电网总排放量：332420496 tCO_2；

2005 年华中电网平均排放因子：1.16148。

2006年华中电网电量边际排放因子计算表

燃料分类	单位	江西省	河南省	湖北省	湖南省	重庆市	四川省	小计	含碳量	碳氧化率	燃料排放因子	平均低位发热量	CO_2 排放量(tCO_2e)
									(tc/TJ)	(%)	($kgCO_2$/TJ)	[MJ/(t·km^3)]	$L=G\times J\times K/100000$（质量单位）
		A	B	C	D	E	F	$G=A+B+C+D+E+F$	H	I	J	K	$L=G\times J\times K/10000$（体积单位）
原煤	万t	1926.02	8098.01	3179.79	2454.48	1184.3	3285.22	20127.82	25.8	100	87300	20908	367386738
洗精煤	万t					5.79		5.79	25.8	100	87300	26344	133160
其他洗煤	万t	4.51	104.12		8.59	79.21		196.43	25.8	100	87300	8363	1434116
型煤	万t						0.01	0.01	26.6	100	87300	20908	183
焦炭	万t		17.23		0.32			17.55	29.2	100	95700	28435	477576
焦炉煤气	亿m^3		0.52	1.07	4.24	0.38	0.01	6.22	12.1	100	37300	16726	388053
其他煤气	亿m^3	12.69	3.95		1.7	4.36	0.01	22.71	12.1	100	37300	5227	442770
原油	万t		0.49					0.49	20	100	71100	41816	14568
汽油	万t		0.01					0.01	18.9	100	67500	43070	291
柴油	万t	0.91	2.23	1.41	1.78	0.96		7.29	20.2	100	72600	42652	225737
燃料油	万t	0.51	1.26	1.31	0.8	0.57	3.49	7.94	21.1	100	75500	41816	250674
液化石油气	万t							0	17.2	100	61600	50179	0
炼厂干气	万t	0.86	8.1	1	0.97			10.93	15.7	100	48200	46055	242630
天然气	亿m^3			0.28		0.16	18.63	19.07	15.3	100	54300	38931	4031309
其他石油制品	万t							0	20	100	75500	41816	0
其他焦化产品	万t						0.01	0.01	25.8	100	95700	28435	272

续表

燃料分类	单位	江西省	河南省	湖北省	湖南省	重庆市	四川省	小计	含碳量	碳氧化率	燃料排放因子	平均低位发热量	CO_2 排放量(tCO_2e)
									(tc/TJ)	(%)	($kgCO_2$/TJ)	[MJ/(t·km^3)]	$L=G\times J\times K/100000$ (质量单位)
		A	B	C	D	E	F	$G=A+B+C+D+E+F$	H	I	J	K	$L=G\times J\times K/10000$ (体积单位)
其他能源	万吨标煤	17.45	37.36	31.55	18.29	29.35		134	0	0	0	0	0
												小计	375028077

资料来源：《中国能源统计年鉴 2007》。

2006 年华中从西北净进口电量：3028950MWh；

2006 年西北电网简单 OM：0.99148。

2006 年华中电网火力发电量

省名称	发电量(亿 kWh)	发电量(MWh)	厂用电率(%)	供电量(MWh)
江西省	344.49	34449000	6.17	32323497
河南省	1512.35	151235000	7.06	140557809
湖北省	548.41	54841000	2.75	53332873
湖南省	464.08	464080000	4.95	44110804
重庆市	234.87	23487000	8.45	21502349
四川省	441.93	44193000	4.51	42199896
总计				334027226

资料来源：《中国电力年鉴 2007》，《中国能源统计年鉴 2007》。

2006 年华中电网总供电量：337056176MWh；

2006 年华中电网总排放量：378031235 tCO_2；

2006 年华中电网平均排放因子：1.12157。

2007 年华中电网电量边际排放因子计算表

燃料分类	单位	江西省	河南省	湖北省	湖南省	重庆市	四川省	小计	含碳量	碳氧化率	燃料排放因子	平均低位发热量	CO_2 排放量(tCO_2e)
									(tc/TJ)	(%)	($kgCO_2$/TJ)	[MJ/(t·km^3)]	$L=G\times J\times K/100000$ (质量单位)
		A	B	C	D	E	F	$G=A+B+C+D+E+F$	H	I	J	K	$L=G\times J\times K/10000$ (体积单位)
原煤	万 t	2200.57	9357	3479.81	2683.81	1547.7	3239	22507.89	25.8	100	87300	20908	410829404
洗精煤	万 t		3.07			3.8		6.87	25.8	100	87300	26344	157998
其他洗煤	万 t	0.04	87.16		2.06	96.42		185.68	25.8	100	87300	8363	1355631
型煤	万 t						0.01	0.01	26.6	100	87300	20908	183
焦炭	万 t							0	29.2	100	95700	28435	0
焦炉煤气	亿 m^3	0.08	2.61	0.25	0.31	0.91		4.16	12.1	100	37300	16726	259534
其他煤气	亿 m^3	29.17	25.79		24.69		23.98	103.63	12.1	100	37300	5227	2020444
原油	万 t		0.43					0.43	20	100	71100	41816	12784
汽油	万 t				0.04	0.01		0.05	18.9	100	67500	43070	1454
柴油	万 t	0.98	3.21	2.51	2.83	1.93		11.46	20.2	100	72600	42652	354863
燃料油	万 t	0.42	1.25	1.33	0.63	0.64	1.74	6.01	21.1	100	75500	41816	189742
液化石油气	万 t							0	17.2	100	61600	50179	0
炼厂干气	万 t	1.43	10.01	0.97	0.7			13.11	15.7	100	48200	46055	291022
天然气	亿 m^3		0.12	0.18		0.2	1.87	2.37	15.3	100	54300	38931	501007
其他石油制品	万 t							0	20	100	75500	41816	0

续表

燃料分类	单位	江西省	河南省	湖北省	湖南省	重庆市	四川省	小计	含碳量	碳氧化率	燃料排放因子	平均低位发热量	CO_2 排放量(tCO_2e)
									(tc/TJ)	(%)	($kgCO_2$/TJ)	[MJ/(t·km^3)]	$L=G\times J\times K/100000$（质量单位）
		A	B	C	D	E	F	$G=A+B+C+D+E+F$	H	I	J	K	$L=G\times J\times K/10000$（体积单位）
其他焦化产品	万 t							0	25.8	100	95700	28435	0
其他能源	万吨标煤	23.43	63.65	35.95	29.46	23.21		175.7	0	0	0	0	0
												小计	415974066

资料来源：《中国能源统计年鉴 2008》。

2007 年华中从西北净进口电量：3005400MWh；

2007 年西北电网 2007 年平均排放因子：1.01129。

2007 年华中电网火力发电量

省名称	发电量(亿 kWh)	发电量(MWh)	厂用电率(%)	供电量(MWh)
江西省	421	42100000	7.72	38849880
河南省	1773	177300000	7.55	163913850
湖北省	609	60900000	6.69	56825790
湖南省	542	54200000	7.18	50308440
重庆市	288	28800000	9.2	26150400
四川省	451	45100000	8.68	41185320
总计				377233680

资料来源：《中国电力年鉴 2008》。

2007 年华中电网总供电量：380239080MWh；

2007 年华中电网总排放量：419013395 tCO_2；

2007 年华中电网平均排放因子：1.10197；

三年加权排放因子：1.125。

⑥南方电网 OM 计算说明

2005 年南方电网电量边际排放因子计算表

燃料分类	单位	广东省	广西壮族自治区	贵州省	云南省	小计	含碳量	碳氧化率	燃料排放因子	平均低位发热量	CO_2 排放量(tCO_2e)
							(tc/TJ)	(%)	($kgCO_2$/TJ)	[MJ/(t·km^3)]	$J=E\times H\times I/100000$(质量单位)
		A	B	C	D	$E=A+B+C+D$	F	G	H	I	$J=E\times H\times I/10000$ (体积单位)
原煤	万 t	6696.47	1435	3212.31	1975.55	13319.33	25.8	100	87300	20908	243113522
洗精煤	万 t				0.15	0.15	25.8	100	87300	26344	3450
其他洗煤	万 t			10.39	33.88	44.27	25.8	100	87300	8363	323211
焦炭	万 t	4.79			8.05	12.84	29.2	100	95700	28435	349406
焦炉煤气	亿 m^3				0.79	0.79	12.1	100	37300	16726	49287
其他煤气	亿 m^3	1.87			15.96	17.83	12.1	100	37300	5227	347626
原油	万 t	10.91				10.91	20	100	71100	41816	324367
汽油	万 t	0.68				0.68	18.9	100	67500	43070	19769
柴油	万 t	31.96	2.02		1.81	35.79	20.2	100	72600	42652	1108250
燃料油	万 t	887.21				887.21	21.1	100	75500	41816	28010178
液化石油气	万 t					0	17.2	100	61600	50179	0
炼厂干气	万 t	4.92				4.92	15.7	100	48200	46055	109217
天然气	亿 m^3	0.93				0.93	15.3	100	54300	38931	196598
其他石油制品	万 t	1.7				1.7	20	100	75500	41816	53671
其他焦化产品	万 t					0	25.8	100	95700	28435	0

续表

燃料分类	单位	广东省	广西壮族自治区	贵州省	云南省	小计	含碳量	碳氧化率	燃料排放因子	平均低位发热量	CO_2 排放量(tCO_2e)
							(tc/TJ)	(%)	($kgCO_2$/TJ)	[MJ/(t·km³)]	$J=E\times H\times I/100000$(质量单位)
		A	B	C	D	$E=A+B+C+D$	F	G	H	I	$J=E\times H\times I/10000$ (体积单位)
其他能源	万吨标煤	104.66	133.15		59.72	297.53	0	0	0	0	0
										小计	274008550

资料来源：《中国能源统计年鉴 2006》。

2005 年南方从华中净调入电量：20264000MWh；
2005 年西北电网简单 OM：1.16148。

2006 年华中电网火力发电量

省名称	发电量(亿 kWh)	发电量(MWh)	厂用电率(%)	供电量(MWh)
广东省	1764.53	176453000	5.58	166606923
广西壮族自治区	250.23	25023000	7.95	23033672
贵州省	584.3	58430000	6.94	54141238
云南省	272.81	27281000	7.34	25387699
总计				269169531

资料来源：《中国电力年鉴 2006》。

2005 年华中电网总供电量：289433531MWh；
2005 年华中电网总排放量：297544857 tCO_2；
2005 年华中电网平均排放因子：1.02802。

2006年南方电网电量边际排放因子计算表

燃料分类	单位	广东省	广西壮族自治区	贵州省	云南省	小计	含碳量	碳氧化率	燃料排放因子	平均低位发热量	CO_2 排放量(tCO_2e)
							(tc/TJ)	(%)	($kgCO_2$/TJ)	[MJ/(t・km^3)]	$J=E\times H\times I/100000$(质量单位)
		A	B	C	D	$E=A+B+C+D$	F	G	H	I	$J=E\times H\times I/10000$ (体积单位)
原煤	万t	7303.19	1490.01	4001.54	2735.88	15530.62	25.8	100	87300	20908	283475499
洗精煤	万t					0	25.8	100	87300	26344	0
其他洗煤	万t			19.53	45.8	65.33	25.8	100	87300	8363	476968
型煤	万t	133.75				133.75	26.6	100	87300	20908	2441296
焦炭	万t				1.31	1.31	29.2	100	95700	28435	35648
焦炉煤气	亿m^3		0.84		2.06	2.9	12.1	100	37300	16726	180925
其他煤气	亿m^3	0.89			19.15	20.04	12.1	100	37300	5227	390714
原油	万t	0.87				0.87	20	100	71100	41816	25866
汽油	万t					0	18.9	100	67500	43070	0
柴油	万t	29.92	1.26		3	34.18	20.2	100	72600	42652	1058396
燃料油	万t	685.85	0.09			685.94	21.1	100	75500	41816	21655867
液化石油气	万t					0	17.2	100	61600	50179	0
炼厂干气	万t					0	15.7	100	48200	46055	0
天然气	亿m^3	7.92				7.92	15.3	100	54300	38931	1674251
其他石油制品	万t	0.67				0.67	20	100	75500	41816	21153
其他焦化产品	万t					0	25.8	100	95700	28435	0

续表

燃料分类	单位	广东省	广西壮族自治区	贵州省	云南省	小计	含碳量	碳氧化率	燃料排放因子	平均低位发热量	CO_2 排放量(tCO_2e)
							(tc/TJ)	(%)	($kgCO_2$/TJ)	[MJ/(t·km^3)]	$J=E\times H\times I/100000$(质量单位)
		A	B	C	D	$E=A+B+C+D$	F	G	H	I	$J=E\times H\times I/10000$ (体积单位)
其他能源	万吨标煤	93.54	189.68		20.29	303.51	0	0	0	0	0
										小计	311436583

资料来源：《中国能源统计年鉴 2007》。

2006 年南方从华中净调入电量：20264000MWh；

2006 年西北电网简单 OM：1.16148。

2006 年华中电网火力发电量

省名称	发电量(亿 kWh)	发电量(MWh)	厂用电率(%)	供电量(MWh)
广东省	1764.53	176453000	5.58	166606923
广西壮族自治区	250.23	25023000	7.95	23033672
贵州省	584.3	58430000	6.94	54141238
云南省	272.81	27281000	7.34	25387699
总计				269169531

资料来源：《中国能源统计年鉴 2007》，《中国电力年鉴 2007》。

2006 年华中电网总供电量：336534748MWh；

2006 年华中电网总排放量：335809186 tCO_2；

2006 年华中电网平均排放因子：0.99784。

2007 年南方电网电量边际排放因子计算表

燃料分类	单位	广东省	广西壮族自治区	贵州省	云南省	小计	含碳量	碳氧化率	燃料排放因子	平均低位发热量	CO_2 排放量(tCO_2e)
							(tc/TJ)	(%)	($kgCO_2$/TJ)	[MJ/(t·km^3)]	$J=E\times H\times I/100000$(质量单位)
		A	B	C	D	$E=A+B+C+D$	F	G	H	I	$J=E\times H\times I/10000$(体积单位)
原煤	万 t	8214.78	1750.63	4298.8	3170.79	17435	25.8	100	87300	20908	318235546
洗精煤	万 t	3.46				3.46	25.8	100	87300	26344	79574
其他洗煤	万 t		0.65	21.58	14.64	36.87	25.8	100	87300	8363	269184
型煤	万 t	271.25				271.25	26.6	100	87300	20908	4951041
焦炭	万 t	0.04	1.69		2.15	3.88	29.2	100	95700	28435	105584
焦炉煤气	亿 m^3		0.96	3.19	1.8	5.95	12.1	100	37300	16726	371208
其他煤气	亿 m^3		30.77		21.63	52.4	12.1	100	37300	5227	1021628
原油	万 t					0	20	100	71100	41816	0
汽油	万 t					0	18.9	100	67500	43070	0
柴油	万 t	21.37	2.13		2.29	25.79	20.2	100	72600	42652	798596
燃料油	万 t	467.97	0.41			468.38	21.1	100	75500	41816	14787262
液化石油气	万 t					0	17.2	100	61600	50179	0
炼厂干气	万 t	0.37				0.37	15.7	100	48200	46055	8213
天然气	亿 m^3	32.17				32.17	15.3	100	54300	38931	6800588
其他石油制品	万 t	8.47				8.47	20	100	75500	41816	267407
其他焦化产品	万 t					0	25.8	100	95700	28435	0
其他能源	万 t 标准煤	118.04	81.89	44.1	50.3	294.33	0	0	0	0	0
										小计	347695831

资料来源：《中国能源统计年鉴 2008》。

2007 年南方从华中净调入电量：24237240MWh；

2007 年西北电网简单 OM：1.10197。

2006 年南方电网火力发电量

省份名称	发电量	发电量	厂用电率	供电量
	(亿 kWh)	(MWh)	(%)	(MWh)
广东省	2157	215700000	6.01	202736430
广西壮族自治区	361	36100000	7.42	33421380
贵州省	843	84300000	6.62	78719340
云南省	474	47400000	7.23	43972980
总计				358850130

资料来源：《中国电力年鉴 2008》。

2007年南方电网总供电量：383087370MWh；

2007年南方电网总排放量：374404628tCO_2；

2007年南方电网平均排放因子：0.97733；

三年加权平均排放因子：0.99871。

⑦海南电网运行边际排放因子计算表

燃料分类		海南省	海南省	海南省	小计	含碳量	碳氧化率	燃料排放因子	平均低位发热量	CO_2 排放量（tCO_2e）			
		2005年	2006年	2007年		（tc/TJ）	（%）	（$kgCO_2$/TJ）	（MJ/t，m^3，tce）	$I=D\times G\times H/100000$（质量单位）	排放量	排放量	排放量
		A	B	C	$D=A+B+C$	E	F	G	H	$I=D\times G\times H/10000$（体积单位）	2005年	2006年	2007年
原煤	万t	228.95	255.73	339.06	823.74	25.8	100	87300	20908	15035466	4178952	4667759	6188755
洗精煤	万t				0	25.8	100	87300	26344	0	0	0	0
其他洗煤	万t				0	25.8	100	87300	8363	0	0	0	0
焦炭	万t				0	29.2	100	95700	28435	0	0	0	0
焦炉煤气	亿m^3				0	12.1	100	37300	16726	0	0	0	0
其他煤气	亿m^3				0	12.1	100	37300	5227	0	0	0	0
原油	万t				0	20	100	71100	41816	0	0	0	0
汽油	万t				0	18.9	100	67500	43070	0	0	0	0
柴油	万t	1.5	0.86	0.56	2.92	20.2	100	72600	42652	90419	46448	26630	17341
燃料油	万t		1.13	0.15	1.28	21.1	100	75500	41816	40411	0	35675	4736
液化石油气	万t				0	17.2	100	61600	50179	0	0	0	0
炼厂干气	万t				0	15.7	100	48200	46055	0	0	0	0
天然气	亿m^3	6.53	7.54	5.46	19.53	15.3	100	54300	38931	4128551	1380412	1593921	1154219
其他石油制品	万t				0	20	100	75500	41816	0	0	0	0
其他焦化产品	万t				0	25.8	100	95700	28435	0	0	0	0
其他能源	万t标准煤		0.19		0.19	0	0	0	0	0	0	0	0
									小计	19294847	5605812	6323985	7365050

资料来源：《中国能源统计年鉴2006》，《中国能源统计年鉴2007》，《中国能源统计年鉴2008》。

2005 年海南电网平均排放因子：0.85533；

2006 年海南电网平均排放因子：0.80409；

2007 年海南电网平均排放因子：0.79669。

2005～2007 年海南火力发电量

省份名称	发电量	发电量	厂用电率	供电量
	（亿 kWh）	（MWh）	（%）	（MWh）
海南省 2005 年	71.55	7155000	8.4	6553980
海南省 2006 年	85.08	8508000	7.56	7864795
海南省 2007 年	101	10100000	8.47	9244530
合计				23663305

资料来源：《中国电力年鉴 2006》，《中国电力年鉴 2007》，《中国电力年鉴 2008》。

三年海南电网加权平均排放因子：0.99871；

三年海南电网总排放量 19294847tCO_2；

三年海南电网总供电量 23663305MWh；

三年海南电网加权平均排放因子 0.81539。

2）BM 计算用关键参数

BM 计算过程中用到的各关键参数说明如下表，主要包括：各燃料的低位发热值、氧化率、潜在排放系数和各种发电技术的供电效率。

各燃料的低位发热值、氧化率及潜在排放系数参数表

燃料品种	低位发热值	排放因子（t CO_2/TJ）	氧化率
原煤	20908kJ/kg	87300	1
洗精煤	26344kJ/kg	87300	1
其他洗煤①	8363 kJ/kg	87300	1
型煤	20908kJ/kg	87300	1
焦炭	28435kJ/kg	95700	1
原油	41816kJ/kg	71100	1
汽油	43070kJ/kg	67500	1

① 按《中国能源统计年鉴 2008》283 页提供的洗中煤低位发热值计算，由于煤泥的平均低位发热值高于洗中煤，这样的处理是保守的。

续表

燃料品种	低位发热值	排放因子(tCO_2/TJ)	氧化率
柴油	42652kJ/kg	72600	1
燃料油	41816kJ/kg	75500	1
其他石油制品	41816kJ/kg	75500	1
天然气	38931 kJ/m^3	54300	1
焦炉煤气①	16726kJ/m^3	37300	1
其他煤气②	5227 kJ/m^3	37300	1
液化石油气	50179kJ/kg	61600	1
炼厂干气	46055kJ/kg	48200	1

数据来源：各燃料的热值来自于《中国能源统计年鉴 2008》283 页。各燃料的潜在排放因子来源于"2006 IPCC Guidelines for National Greenhouse Gas Inventories" Volume 2 Energy，取各燃料排放因子的 95%置信区间下限值。

根据中国电力企业联合会统计，2007 年全国新建的大中型火电项目共计 83.6 GW，其中 1000MW 机组(超超临界机组)共计 4 套，占当年大中型火电项目新增发电能力的 4.8%，600MW 级机组共计 79 套，占当年大中型火电项目新增发电能力的 54%。本计算结果利用 2007 年新建的 600MW 机组供电煤耗，并选取供电煤耗最低的前 30 套机组加权平均值作为商业化最优效率的技术的近似估计，估计的 600 MW 机组的供电煤耗为 322.5gce/kWh，相当于供电效率为 38.10%。

燃机电厂(包括燃油与燃气)的商业化最优效率技术确定为 200MW 级联合循环(技术水平相当于 GE 的 9E 型机组)，按 2007 年燃机电厂的相关统计，并取实际供电效率最高的燃机电厂作为商业化最优效率的技术的近似估计，燃机电厂的供电煤耗(按热值折算)估计为 246gce/kWh，相当于供电效率为 49.99%。

火电排放因子

	变量	供电效率	燃料排放因子(tCO_2/TJ)	氧化率	排放因子(tCO_2e/MWh)
		A	B	C	$D=3.6/A/1000\times B\times C\times 44/12$
燃煤电厂	$EF_{Coal,Adv}$	38.10%	87300	1	0.8249
燃气电厂	$EF_{Gas,Adv}$	49.99%	54300	1	0.3910
燃油电厂	$EF_{Oil,Adv}$	49.99%	75500	1	0.5437

① 按《中国能源统计年鉴 2008》283 页提供的焦炉煤气热值范围 16726～17981kJ/m^3的较低值计算。

② 按《中国能源统计年鉴 2008》283 页提供的发生炉煤气、重油催化裂解煤气、重油热裂解煤气、压力气化煤气和水煤气低位发热值的最低值计算。

①华北电网 BM 计算

步骤 1：计算发电用固体、液体和气体燃料对应的 CO_2 排放量在总排放量中的比重。

		北京	天津	河北	山西	山东	内蒙	合计	热值	排放因子	氧化率	排放
燃料品种	单位	A	B	C	D	E	F	$G=A+\cdots+F$	H	I	J	$K=G\times H\times I\times J/100000$
原煤	万 t	816.17	1753.99	7716.13	7510.06	11884.83	10434.3	40115.43	20908	87300	1	732214267
洗精煤	万 t	0	0	0	0	18.43	0	18.43	26344	87300	1	423859
其他洗煤	万 t	5.76	0	156.89	478.81	756.84	48.57	1446.87	8363	87300	1	10563452
型煤	万 t	7.93	0	0	0	42.86	0	50.79	20908	87300	1	927054
焦炭	万 t	0	0	0.02	0	4.09	0	4.11	28435	95700	1	111843
其他焦化产品	万 t	4.74	0	0	0	0	0	4.74	28435	95700	1	128986
合计												744369461
原油	万 t	0	0	0	0	0	0	0	41816	71100	1	0
汽油	万 t	0	0	0.01	0	0	0	0.01	43070	67500	1	291
柴油	万 t	0.33	0	2.35	0	5.08	0.62	8.38	42652	72600	1	259490
燃料油	万 t	4.74	0	0.18	0	2.35	0	7.27	41816	75500	1	229522
其他石油制品	万 t	1.72	0	0	0	0	0	1.72	41816	75500	1	54302
合计												543604
天然气	千万 m^3	50.3	7.3	0	5.4	0.1	42.2	105.3	38931	54300	1	2225993
焦炉煤气	千万 m^3	0.7	7.2	31.3	254.6	136.1	25.8	455.7	16726	37300	1	2843020
其他煤气	千万 m^3	118	76	883.8	728	296.4	281.7	2383.9	5227	37300	1	4647821
液化石油气	万 t	0	0	0	0	0	0	0	50179	61600	1	0
炼厂干气	万 t	0.06	0	2.85	0	1.65	0	4.56	46055	48200	1	101225
合计												9818059
总计												754731124

数据来源：《中国能源统计年鉴 2008》由以上表格及公式(2)，(3)和(4)，$\lambda_{Coaly}=98.63\%$，$\lambda_{Oil,y}=0.07\%$，$\lambda_{Gas,y}=1.30\%$。

步骤2：计算对应的火电排放因子。

$$EF_{Thermal,y}=\lambda_{Coal,y}\times EF_{Coal,Adv,y}+\lambda_{Oil,y}\times EF_{Oil,Adv,y}+\lambda_{Gas,y}\times EF_{Gas,Adv,y}=0.8191tCO_2/MWh$$

步骤3：计算电网的BM

华北电网2007年装机容量

电力类型	单位	北京	天津	河北	山西	内蒙	山东	合计
火电	MW	3900	6920	29020	30950	39870	54140	164800
水电	MW	1050	10	780	790	830	1050	4510
核电	MW	0	0	0	0	0	0	0
风电及其他	MW	2.7	0	410	0	1096.5	210	1719.2
合计	MW	4952.7	6930	30210	31740	41796.5	55400	171029.2

数据来源：《中国电力年鉴2008》。

华北电网2006年装机容量

电力类型	单位	北京	天津	河北	山西	内蒙	山东	合计
火电	MW	3984	6512	26087	26661	28899	49395	141588
水电	MW	1053	5	785	790	818	553	4004
核电	MW	0	0	0	0	0	0	0
风电及其他	MW	24	24	218	0	565	106	937
合计	MW	5061	6541	27090	27451	30282	50054	146479

数据来源：《中国电力年鉴2007》。

华北电网2005年装机容量

电力类型	单位	北京	天津	河北	山西	内蒙	山东	合计
火电	MW	3833.5	6149.9	22333.2	22246.8	19173.3	37332	111068.7
水电	MW	1025	5	784.5	783	567.9	50.8	3216.2
核电	MW	0	0	0	0	0	0	0
风电及其他	MW	24	24	48	0	208.9	30.6	335.5
合计	MW	4882.5	6178.9	23165.7	23029.8	19950.2	37413.4	114620.5

数据来源：《中国电力年鉴2006》。

华北电网BM计算表格(MW)

	2005年装机	2006年装机	2007年装机	2002～2007新增装机	占新增装机比重
	A	*B*	*C*	*D*=*C*−*A*	
火电	111068.7	141538	164800	53731.3	95.25%
水电	3216.2	4004	4510	1293.8	2.29%
核电	0	0	0	0	0.00%
风电	335.5	937	1719.2	1383.7	2.45%
合计	114620.4	146479	171029.2	56408.8	100.00%
占2007年装机百分比	67.02%	85.65%	100%		

$EF_{grid,BM,y}=0.8191\times 95.25\%=0.7802tCO_2/MWh$。

②东北电网 BM 计算

步骤 1：计算发电用固体、液体和气体燃料对应的CO_2排放量在总排放量中的比重。

		辽宁	吉林	黑龙江	合计	热值	排放因子	氧化率	排放
燃料品种	单位	A	B	C	$G=A+\cdots+F$	H	I	J	$K=G\times H\times I\times J/100000$
原煤	万 t	4869.32	2873.45	3736.11	11478.88	20908	87300	1	209520369
洗精煤	万 t	0	0	0	0	26344	87300	1	0
其他洗煤	万 t	747.85	16.52	106.81	871.18	8363	87300	1	6360397
型煤	万 t				0	20908	87300	1	0
焦炭	万 t	4.99	0	0	4.99	28435	95700	1	135789
其他焦化产品	万 t	0.46			0.46	28435	95700	1	12518
合计									216029074
原油	万 t	0.24	0	0	0.24	41816	71100	1	7135
汽油	万 t	0	0	0	0	43070	67500	1	0
柴油	万 t	0.96	0.39	0.47	1.82	42652	72600	1	56357
燃料油	万 t	8.43	0.45	1.48	10.36	41816	75500	1	327076
其他石油制品	万 t	0.01	0	0	0.01	41816	75500	1	316
合计									390885
天然气	千万 m^3	0	0.2	20.3	20.5	38931	54300	1	433360
焦炉煤气	千万 m^3	55.3	14.4	18.9	88.6	16726	37300	1	552758
其他煤气	千万 m^3	683.8	90.6	0	774.4	5227	37300	1	1509825
液化石油气	万 t	0	0	0	0	50179	61600	1	0
炼厂干气	万 t	7.33	0	1.99	9.32	46055	48200	1	206890
合计									2702833
总计									219122791

数据来源：《中国能源统计年鉴 2008》。

由以上表格及式(2)，式(3)和式(4)，$\lambda_{Coal,y}=98.59\%$，$\lambda_{Oil,y}=0.18\%$，$\lambda_{Gas,y}=1.23\%$。

步骤 2：计算对应的火电排放因子。

$$EF_{\text{Thermal},y}=\lambda_{\text{Coal},y}\times EF_{\text{Coal},\text{Adv},y}+\lambda_{\text{Oil},y}\times EF_{\text{Oil},\text{Adv},y}+\lambda_{\text{Gas},y}\times EF_{\text{Gas},\text{Adv},y}=0.8191tCO_2/MWh$$

步骤 3：计算电网的 BM。

东北电网 2007 年装机容量

电力类型	单位	辽宁	吉林	黑龙江	合计
火电	MW	19720	7580	14080	41380
水电	MW	1410	3890	870	6170
核电	MW	0	0	0	0
风电及其他	MW	359	514	230	1103
合计	MW	21489	11984	15180	48653

数据来源：《中国电力年鉴 2008》。

东北电网 2006 年装机容量

电力类型	单位	辽宁	吉林	黑龙江	合计
火电	MW	16721	7039	12456	36216
水电	MW	1401	3872	853	6126
核电	MW	0	0	0	0
风电及其他	MW	216	221	115	552
合计	MW	18338	11132	13424	42894

数据来源：《中国电力年鉴 2007》。

东北电网 2005 年装机容量

电力类型	单位	辽宁	吉林	黑龙江	合计
火电	MW	15999	6359.4	11575.6	33934
水电	MW	1403.9	3720.8	846.7	5971.4
核电	MW	0	0	0	0
风电及其他	MW	135.5	85.4	52.4	273.3
合计	MW	17538.4	10165.6	12474.7	40178.7

数据来源：《中国电力年鉴 2006》。

东北电网 2004 年装机容量

电力类型	单位	辽宁	吉林	黑龙江	合计
火电	MW	14960.3	5958.7	11259.1	32178.1
水电	MW	1404.1	3601.2	844.6	5849.9
核电	MW	0	0	0	0
风电及其他	MW	142	36.1	39.3	217.4
合计	MW	16506.4	9596	12143	38245.4

数据来源：《中国电力年鉴 2005》。

东北电网 BM 计算表格(MW)

	2004 年装机	2005 年装机	2007 年装机	2001～2007 新增装机	占新增装机比重
	A	B	C	D=C−A	
火电	32178.1	33934	41380	9201.9	88.42%
水电	5849.9	5971.4	6170	320.1	3.08%
核电	0	0	0	0	0.00%
风电	217.4	273.3	1103	885.6	8.51%
合计	38245.4	40178.7	48653	10407.6	100.00%
占 2006 年装机百分比	78.61%	82.58%	100.00%		

$EF_{\text{grid},\text{BM},y}=0.8191\times 88.42\%=0.7242tCO_2/MWh$。

③华东电网 BM 计算说明

步骤 1：计算发电用固体、液体和气体燃料对应的 CO_2 排放量在总排放量中的比重。

		上海	江苏	浙江	安徽	福建	合计	热值	排放因子	氧化率	排放
燃料品种	单位	A	B	C	D	E	$G=A+\cdots+F$	H	I	J	$K=G\times H\times I\times J/100000$
原煤	万 t	2754.04	11060.8	7350	3929.9	3097.87	28192.59	20908	87300	1	514590436
洗精煤	万 t	0	0	0	0	0	0	26344	87300	1	0
其他洗煤	万 t	0	459.17	0	29.32	0	488.49	8363	87300	1	3566416
型煤	万 t	0	0	0	0	0		20908	87300	1	0
焦炭	万 t	0	0	35.06	0	0	35.06	28435	95700	1	954063
其他焦化产品	万 t	0	0	0	0	0	0	28435	95700	1	0
合计											519110916
原油	万 t	0	0	15.15	0	0	15.15	41816	71100	1	450427
汽油	万 t	0	0	0	0	0	0	43070	67500	1	0
柴油	万 t	1.23	5.37	2.76	0	1.01	10.37	42652	72600	1	321111
燃料油	万 t	40.76	1.55	29.52	0	2.04	73.87	41816	75500	1	2332156
其他石油制品	万 t	20.39	2.78	0	0	0	23.17	41816	75500	1	731502
合计											3835196
天然气	千万 m^3	46.1	191.7	110.1	0	0	347.9	38931	54300	1	7354444
焦炉煤气	千万 m^3	8.9	97.3	2.2	15.6	7.5	131.5	16726	37300	1	820402
其他煤气	千万 m^3	989.2	704.5	34.1	363	17.1	2107.9	5227	37300	1	4109712
液化石油气	万 t	0	0	0	0	0	0	50179	61600	1	0
炼厂干气	万 t	0.2	0.63	0	2.55	0	3.38	46055	48200	1	75031
合计											12359588
总计											535305699

数据来源：《中国能源统计年鉴 2008》由以上表格及式(2)，式(3)和式(4)，$\lambda_{Coal,y}=96.98\%$，$\lambda_{Oil,y}=0.72\%$，$\lambda_{Gas,y}=2.31\%$。

步骤2：计算对应的火电排放因子。

$$EF_{\text{Thermal},y}=\lambda_{\text{Coal},y}\times EF_{\text{Coal},\text{Adv},y}+\lambda_{\text{Oil},y}\times EF_{\text{Oil},\text{Adv},y}+\lambda_{\text{Gas},y}\times EF_{\text{Gas},\text{Adv},y}=0.8129tCO_2/MWh$$

步骤3：计算电网的BM。

华东电网2007年装机容量

电力类型	单位	上海	江苏	浙江	安徽	福建	合计
火电	MW	14150	53340	39490	17760	13910	138650
水电	MW	0	140	8520	1510	9800	19970
核电	MW	0	2000	3070	0	0	5070
风电及其他	MW	268.8	517.8	40	0	269	1095.6
合计	MW	14418.8	55997.8	51120	19270	23979	164785.6

数据来源：《中国电力年鉴2008》。

华东电网2006年装机容量

电力类型	单位	上海	江苏	浙江	安徽	福建	合计
火电	MW	14526	51776	35391	14134	13001	128828
水电	MW	0	136	8369	1001	8957	18463
核电	MW	0	0	3066	0	0	3066
风电及其他	MW	253	162	43	0	89	547
合计	MW	14779	52074	46869	15135	22047	150904

数据来源：《中国电力年鉴2007》。

华东电网2005年装机容量

电力类型	单位	上海	江苏	浙江	安徽	福建	合计
火电	MW	13113.5	42506.4	27688.1	11423.2	9345.4	104076.6
水电	MW	0	142.6	6952.1	749.8	8224.9	16069.4
核电	MW	0	0	3066	0	0	3066
风电及其他	MW	253.3	58.8	37.2	0	52	401.3
合计	MW	13366.8	42707.8	37743.4	12173	17622.3	123613.3

数据来源：《中国电力年鉴2006》。

华东电网BM计算表格

	2005年装机	2006年装机	2007年装机	2005～2007新增装机	占新增装机比重
	A	*B*	*C*	$D=C-A$	
火电	104076.6	128828	138650	34573.4	83.97%
水电	16069.4	18463	19970	3900.6	9.47%
核电	3066	3066	5070	2004	4.87%
风电	401.3	547	1095.6	694.3	1.69%
合计	123613.3	150904	164785.6	41172.3	100.00%
占2007年装机百分比	75.01%	91.58%	100%		

$EF_{BMy}=0.8129\times83.97\%=0.6826tCO_2/MWh$。

④华中电网 BM 计算说明

步骤 1：计算发电用固体、液体和气体燃料对应的 CO_2 排放量在总排放量中的比重。

		江西	河南	湖北	湖南	重庆	四川	合计	热值	排放因子	氧化率	排放
燃料品种	单位	A	B	C	D	E	F	$G=A+\cdots+F$	H	I	J	$K=G\times H\times I\times J/100000$
原煤	万 t	2200.57	9357	3479.81	2683.81	1547.7	3239	22507.89	20908	87300	1	410829404
洗精煤	万 t	0	3.07	0	0	3.8	0	6.87	26344	87300	1	157998
其他洗煤	万 t	0.04	87.16	0	2.06	96.42	0	185.68	8363	87300	1	1355631
型煤	万 t	0	0	0	0	0	0.01	0.01	20908	87300	1	183
焦炭	万 t	0	0	0	0	0	0	0	28435	95700	1	0
其他焦化产品	万 t	0	0	0	0	0	0	0	28435	95700	1	0
合计												412343216
原油	万 t	0	0.43	0	0	0	0	0.43	41816	71100	1	12784
汽油	万 t	0	0	0	0.04	0.01	0	0.05	43070	67500	1	1454
柴油	万 t	0.98	3.21	2.51	2.83	1.93	0	11.46	42652	72600	1	354863
燃料油	万 t	0.42	1.25	1.33	0.63	0.64	1.74	6.01	41816	75500	1	189742
其他石油制品	万 t	0	0	0	0	0	0	0	41816	75500	1	0
合计												558843
天然气	千万 m^3	0	1.2	1.8	0	2	18.7	23.7	38931	54300	1	501007
焦炉煤气	千万 m^3	0.8	26.1	2.5	3.1	9.1	0	41.6	16726	37300	1	259534
其他煤气	千万 m^3	291.7	257.9	0	246.9	0	239.8	1036.3	5227	37300	1	2020444
液化石油气	万 t	0	0	0	0	0	0	0	50179	61600	1	0
炼厂干气	万 t	1.43	10.01	0.97	0.7	0	0	13.11	46055	48200	1	291022
合计												3072007
总计												415974066

数据来源：《中国能源统计年鉴 2008》。

由以上表格及式(7)，式(8)和式(9)，$\lambda_{Coal,y}=99.13\%$，$\lambda_{Oil,y}=0.13\%$，$\lambda_{Gas,y}=0.74\%$。

步骤2：计算对应的火电排放因子。

$$EF_{Thermal,y}=\lambda_{Coal,y}\times EF_{Coal,Adv,y}+\lambda_{Oil,y}\times EF_{Oil,Adv,y}+\lambda_{Gas,y}\times EF_{Gas,Adv,y}=0.8213tCO_2/MWh$$

步骤3：计算电网的BM。

华中电网2007年装机容量

电力类型	单位	江西	河南	湖北	湖南	重庆	四川	合计
火电	MW	9270	38540	13040	13360	6370	12000	92580
水电	MW	3570	2740	24020	9220	2240	19860	61650
核电	MW	0	0	0	0	0	0	0
风电及其他	MW	0	0	10	17	24	0	51
合计	MW	12840	41280	37070	22597	8634	31860	154281

数据来源：《中国电力年鉴2008》。

华中电网2006年装机容量

电力类型	单位	江西	河南	湖北	湖南	重庆	四川	合计
火电	MW	6568	32603	11623	10715	5594	9555	76658
水电	MW	3288	2553	18320	8648	1979	17730	52518
核电	MW	0	0	0	0	0	0	0
风电及其他	MW	0	0	0	17	24	0	41
合计	MW	9856	35156	29943	19380	7597	27285	129217

数据来源：《中国电力年鉴2007》。

华中电网2005年装机容量

电力类型	单位	江西	河南	湖北	湖南	重庆	四川	合计
火电	MW	5906	26267.8	9526.3	7211.6	3759.5	7496	60167.2
水电	MW	3019	2539.9	17888.9	7905.1	1892.7	14959.6	48205.2
核电	MW	0	0	0	0	0	0	0
风电及其他	MW	0	0	0	0	24	0	24
合计	MW	8925	28807.7	27415.2	15116.7	5676.2	22455.6	108396.4

数据来源：《中国电力年鉴2006》。

华中电网BM计算表格(MW)

	2005年装机	2006年装机	2007年装机	2002～2007新增装机	占新增装机比重
	A	*B*	*C*	*D*=*C*−*A*	
火电	60167.2	76658	92580	32412.8	70.64%
水电	48205.2	52518	61650	13444.8	29.30%
核电	0	0	0	0	0.00%
风电	24	41	51	27	0.06%
合计	108396.4	129217	154281	45884.6	100.00%
占2006年装机百分比	70.26%	83.75%	100%		

$EF_{grid,BM,y}=0.8213\times70.64\%=0.5802tCO_2/MWh$。

⑤西北电网 BM 计算说明

步骤 1：计算发电用固体、液体和气体燃料对应的 CO_2 排放量在总排放量中的比重。

燃料品种	单位	陕西	甘肃	青海	宁夏	新疆	合计	热值	排放因子	氧化率	排放
		A	B	C	D	E	$G=A+\cdots+F$	H	I	J	$K=G\times H\times I\times J/100000$
原煤	万 t	3303.44	1969.03	470.85	2165.8	1762.11	9671.23	20908	87300	1	176525905
洗精煤	万 t	0	0	0	0	0	0	26344	87300	1	0
其他洗煤	万 t	3.73	0	0	124.31	7.73	135.77	8363	87300	1	991243
型煤	万 t	3.53	0	0	0	0	3.53	20908	87300	1	64432
焦炭	万 t	0	0	0	0	0	0	28435	95700	1	0
其他焦化产品	万 t	0	0	0	0	0	0	28435	95700	1	0
合计											177581580
原油	万 t	0	0	0	0	0.09	0.09	41816	71100	1	2676
汽油	万 t	0.02	0	0	0	0	0.02	43070	67500	1	581
柴油	万 t	1.12	0.26	0.42	0	1.77	3.57	42652	72600	1	110546
燃料油	万 t	0.01	1.05	0.04	0	0.05	1.15	41816	75500	1	36307
其他石油制品	万 t	0	0	0	0	0	0	41816	75500	1	0
合计											150110
天然气	千万 m^3	16.8	4.9	19.3	0	86.6	127.6	38931	54300	1	2697404
焦炉煤气	千万 m^3	5.2	6.5	0	0	2.6	14.3	16726	37300	1	89215
其他煤气	千万 m^3	141.4	7.1	0	0	0	148.5	5227	37300	1	289526
液化石油气	万 t	0	0	0	0	0	0	50179	61600	1	0
炼厂干气	万 t	0	0	0	0	5.99	5.99	46055	48200	1	132969
合计											3209114
总计											180940805

数据来源：《中国能源统计年鉴 2008》。

由以上表格及式(7)，式(8)和式(9)，$\lambda_{Coal,y}=98.14\%$，$\lambda_{Oil,y}=0.08\%$，$\lambda_{Gas,y}=1.77\%$。

步骤 2：计算对应的火电排放因子。

$$EF_{Theremal,y}=\lambda_{Coal,y}\times EF_{Coal,Adv,y}+\lambda_{Oil,y}\times EF_{Oil,Adv,y}+\lambda_{Gas,y}\times EF_{Gas,Adv,y}$$
$$=0.8170tCO_2/MWh$$

步骤 3：计算电网的 BM。

西北电网 2007 年装机容量

电力类型	单位	陕　西	甘　肃	青　海	宁　夏	新　疆	合　计
火电	MW	12290	7840	1900	7030	6560	35620
水电	MW	1790	4400	5830	430	2140	14590
核电	MW	0	0	0	0	0	0
风电及其他	MW	72.5	346	0	50	330	798.5
合计	MW	14152.5	12586	7730	7510	9030	51008.5

数据来源：《中国电力年鉴 2008》。

西北电网 2006 年装机容量

电力类型	单位	陕　西	甘　肃	青　海	宁　夏	新　疆	合　计
火电	MW	9723	6448	1517	6002	5937	29627
水电	MW	2165	4291	5423	429	1766	14074
核电	MW	0	0	0	0	0	0
风电及其他	MW	0	199	0	11	189	399
合计	MW	11888	10938	6940	6442	7892	44100

数据来源：《中国电力年鉴 2007》。

西北电网 2005 年装机容量

电力类型	单位	陕　西	甘　肃	青　海	宁　夏	新　疆	合　计
火电	MW	9132.1	5715	886.8	4577	5051.7	25362.6
水电	MW	1578	4036.2	4825	428.5	1352.1	12219.8
核电	MW	0	0	0	0	0	0
风电及其他	MW	46	109.1	0	112.2	132.2	399.5
合计	MW	10756.1	9860.3	5711.8	5117.7	6536	37981.9

数据来源：《中国电力年鉴 2006》。

西北电网 BM 计算表格(MW)

	2005 年装机	2006 年装机	2007 年装机	2002～2007 新增装机	占新增装机比重
	A	*B*	*C*	*D*=*C*−*A*	
火电	25362.6	29627	35620	10257.4	78.74%
水电	12219.8	14074	14590	2370.2	18.20%
核电	0	0	0	0	0.00%
风电	399.5	399	798.5	399	3.06%
合计	37981.9	44100	51008.5	13026.6	100.00%
占 2006 年装机百分比	74.46%	86.46%	100%		

$EF_{grid,BM,y}=0.8170\times 78.74\%=0.6433tCO_2/MWh$。

⑥南方电网 BM 计算说明

步骤 1：计算发电用固体、液体和气体燃料对应的 CO_2 排放量在总排放量中的比重。

		广东	广西	贵州	云南	合计	热值	排放因子	氧化率	排放
燃料品种	单位	A	B	C	D	$G=A+\cdots+F$	H	I	J	$K=G\times H\times I\times J/100000$
原煤	万 t	8214.78	1750.63	4298.8	3170.79	17435	20908	87300	1	318235546
洗精煤	万 t	3.46	0	0	0	3.46	26344	87300	1	79574
其他洗煤	万 t	0	0.65	21.58	14.64	36.87	8363	87300	1	269184
型煤	万 t	271.25	0	0	0	271.25	20908	87300	1	4951041
焦炭	万 t	0.04	1.69	0	2.15	3.88	28435	95700	1	105584
其他焦化产品	万 t	0	0	0	0	0	28435	95700	1	0
合计										323640928
原油	万 t	0	0	0	0	0	41816	71100	1	0
汽油	万 t	0	0	0	0	0	43070	67500	1	0
柴油	万 t	21.37	2.13	0	2.29	25.79	42652	72600	1	798596
燃料油	万 t	467.97	0.41	0	0	468.38	41816	75500	1	14787262
其他石油制品	万 t	8.47	0	0	0	8.47	41816	75500	1	267407
合计										15853266
天然气	千万 m^3	321.7	0	0	0	321.7	38931	54300	1	6800588
焦炉煤气	千万 m^3	0	9.6	31.9	18	59.5	16726	37300	1	371208
其他煤气	千万 m^3	0	307.7	0	216.3	524	5227	37300	1	1021628
液化石油气	万 t	0	0	0	0	0	50179	61600	1	0
炼厂干气	万 t	0.37	0	0	0	0.37	46055	48200	1	8213
合计										8201637
总计										347695831

数据来源：《中国能源统计年鉴 2008》。

由以上表格及式(2)，式(3)和式(4)，$\lambda_{Coal,y}=93.08\%$，$\lambda_{Oil,y}=4.56\%$，$\lambda_{Gas,y}=2.36\%$。

步骤 2：计算对应的火电排放因子。

$$EF_{Theremal,y}=\lambda_{Coal,y}\times EF_{Coal,Adv,y}+\lambda_{Oil,y}\times EF_{Oil,Adv,y}+\lambda_{Gas,y}\times EF_{Gas,Adv,y}$$
$$=0.8018tCO_2/MWh$$

步骤 3：计算电网的 BM。

南方电网 2007 年装机容量

电力类型	单位	广　东	广　西	云　南	贵　州	合　计
火电	MW	44710	9310	10630	15960	80610
水电	MW	10110	10440	11580	8210	40340
核电	MW	3780	0	0	0	3780
风电及其他	MW	250	0	0	0	250
合计	MW	58850	19750	22210	24170	124980

数据来源：《中国电力年鉴 2008》。

南方电网 2006 年装机容量

电力类型	单位	广　东	广　西	云　南	贵　州	合　计
火电	MW	40615	5434	8564	14350	68963
水电	MW	9320	7624	9698	7534	34176
核电	MW	3780	0	0	0	3780
风电及其他	MW	183	0	0	0	183
合计	MW	53898	13058	18262	21884	107102

数据来源：《中国电力年鉴 2007》。

南方电网 2005 年装机容量

电力类型	单位	广　东	广　西	云　南	贵　州	合　计
火电	MW	35182.6	4931.2	4758.4	9634.8	54507
水电	MW	9035.7	6085.3	7993.1	7233	30347.1
核电	MW	3780	0	0	0	3780
风电及其他	MW	83.4	0	0	0	83.4
合计	MW	48081.7	11016.5	12751.5	16867.8	88717.5

数据来源：《中国电力年鉴 2006》。

南方电网 BM 计算表格

	2005 年装机	2006 年装机	2007 年装机	2005～2007 新增装机	占新增装机比重
	A	*B*	*C*	$D=C-A$	
火电	54507	68963	80610	26103	71.98%
水电	30347.1	34176	40340	9992.9	27.56%
核电	3780	3780	3780	0	0.00%
风电	83.4	183	250	166.6	0.46%
合计	88717.5	107102	124980	36262.5	100.00%
占 2007 年装机百分比	70.99%	85.70%	100%		

$EF_{BM,y}=0.8018\times 71.98\%=0.5772tCO_2/MWh$。

⑦ 海南电网 BM 计算说明

步骤 1：计算发电用固体、液体和气体燃料对应的 CO_2 排放量在总排放量中的比重。

		海　南	热　值	排放因子	氧化率	排　　放
燃料品种	单位	A	H	I	J	$K=A\times H\times I\times J/100000$
原煤	万 t	339.06	20908	87300	1	6188755
洗精煤	万 t	0	26344	87300	1	0
其他洗煤	万 t	0	8363	87300	1	0
型煤	万 t	0	20908	87300	1	0
焦炭	万 t	0	28435	95700	1	0
其他焦化产品	万 t	0	28435	95700	1	0
合计						6188755
原油	万 t	0	41816	71100	1	0
汽油	万 t	0	43070	67500	1	0
柴油	万 t	0.56	42652	72600	1	17341
燃料油	万 t	0.15	41816	75500	1	4736
其他石油制品	万 t	0	41816	75500	1	0
合计						22076
天然气	千万 m^3	54.6	38931	54300	1	1154219
焦炉煤气	千万 m^3	0	16726	37300	1	0
其他煤气	千万 m^3	0	5227	37300	1	0
液化石油气	万 t	0	50179	61600	1	0
炼厂干气	万 t	0	46055	48200	1	0
合计						1154219
总计						7365050

数据来源：《中国能源统计年鉴 2008》由以上表格及式(2)，式(3)和式(4)，$\lambda_{Coal,y}=84.03\%$，$\lambda_{Oil,y}=0.30\%$，$\lambda_{Gas,y}=15.67\%$。

步骤 2：计算对应的火电排放因子。

$$EF_{Theremal,y}=\lambda_{Coal,y}\times EF_{Coal,Adv,y}+\lambda_{Oil,y}\times EF_{Oil,Adv,y}+\lambda_{Gas,y}\times EF_{Gas,Adv,y}$$
$$=0.7561tCO_2/MWh$$

步骤 3：计算电网的 BM。

海南电网 2007 年装机容量 (MW)

电力类型	单　位	海　南
火电	MW	2400
水电	MW	590
核电	MW	0
风电及其他	MW	24
合计	MW	3014

数据来源：《中国电力年鉴 2008》。

海南电网 2006 年装机容量 (MW)

电力类型	单　位	海　南
火电	MW	1982
水电	MW	589
核电	MW	0
风电及其他	MW	9
合计	MW	2580

数据来源：《中国电力年鉴 2007》。

海南电网 2005 年装机容量（MW）

电力类型	单　位	海　南	电力类型	单　位	海　南
火电	MW	1532	风电及其他	MW	8.7
水电	MW	574.0	合计	MW	2114.7
核电	MW	0			

数据来源：《中国电力年鉴 2006》。

海南电网 BM 计算表格（MW）

	2005 年装机	2006 年装机	2007 年装机	2005～2007 新增装机	占新增装机比重
	A	*B*	*C*	*D*=*C*−*A*	
火电	1532	1982	2400	868	96.52%
水电	574	589	590	16	1.78%
核电	0	0	0	0	0.00%
风电	8.7	9	24	15.3	1.70%
合计	2114.7	2580	3014	899.3	100.00%
占 2007 年装机百分比	70.16%	85.60%	100%		

$EF_{BM,y}=0.7561\times96.52\%=0.7297tCO_2/MWh$。

附录5 缩写和缩略语

AAU	Assigned Amount Unit 允许的排放量
COP	Conference of the Parties serving as meeting of the parties to the Kyoto Protocol 作为《京都议定书》缔约方会议的《公约》缔约方会议，公约/议定书缔约方会议。
CERs	Certified Emission Reduction 经核实的减排额度
CME	Coordinating or Managing Entity 协调/管理机构或组织协调机构
CPA	Clean Program Activities 项目活动
DNA	Designated National Authority 制定的国家主管机构
DOE	Designated Operational Entity 独立的经营实体
EB	Executive Board 执行理事会
ERUS	Emission Reduction Units 减排单位
GHG	Green House Gas 温室气体
GWP	Global Warming Potential 全球增温潜力
HFCS	Hydro Fluoro Carbons 氢氟碳化物
IET	International Emission Trading 国际排放贸易
IPCC	Intergovernment Panel on Climate Change 政府间气候变化专门委员会
JI	Joint Implementation 联合履行
PCDM	Programmatic Clean Development Mechanism 规划下的清洁发展机制
PDD	Project Design Document 项目设计文件

续表

PoA	Programme of Activities 项目活动规划方案，简称规划方案
SSC CDM	Small-scale Clean Development Mechanism 小型清洁发展机制
UNEP	United Nations Environment Programme 联合国环境规划署
UNFCCC	United Nation Framework Convention on Climate Change 联合国气候变化框架公约
WMO	World Meteorological Organization 世界气象组织

参 考 文 献

［1］ 苏伟，潘家华．规划方案下的清洁发展机制(PCDM)：制度框架与国际动态研究．北京：中国环境科学出版社，2008

［2］ 中国能源部门清洁发展机制机遇项目组．小型清洁发展机制项目开发手册．北京：中国环境科学出版社，2005

［3］ 国家气候变化对策协调小组办公室，清华大学核能与新能源技术研究院．中国清洁发展机制项目开发指南，北京：中国环境科学出版社，2006

［4］ 中国21世纪议程管理中心，清华大学环球环境研究中心．中国清洁发展机制项目开发与实践．北京：科学出版社，2008

［5］ 徐伟，郑瑞澄，路宾主编．中国太阳能建筑应用发展研究报告．北京：中国建筑工业出版社，2009

［6］ 武涌，刘长滨等编著．中国建筑节能经济激励政策研究．北京：中国建筑工业出版社，2007

［7］ 武涌，刘长滨等编著．中国建筑节能管理制度常新研究．北京：中国建筑工业出版社，2007

［8］ 刘鹏，孙金颖．建筑节能工作手册．北京：中国建筑工业出版社，2009

［9］ 清华大学建筑节能研究中心．中国建筑节能年度发展研究报告2009．北京：中国建筑工业出版社，2009

［10］ 吕学都，傅平．提高清洁发展机制项目质量的方法和技巧．中国人口资源与环境，2007(17)5：99～104

［11］ 赵勇强，马玉清．中国节能建筑CDM项目基准线方法．研究与实验，2004，4：16～18

［12］ 奚臻．CDM清洁发展机制与建筑节能．2007中国建筑节能年度论坛

［13］ 王侃宏，王丽辉，崔坚，桂林平．CDM在太阳能光伏发电产业中的应用研究．建筑科学，2008(24)4：44～48

［14］ 安烨，钟廷勇．PCDM与我国居住建筑节能关系研究．财经问题研究，2009(307)6：101～104

［15］ 陈英姿，李雨潼．低碳经济与我国区域能源利用研究．吉林大学社会科学学报．2009(49)2：66～73

［16］ 龙惟定，白玮，梁浩，范蕊．低碳城市的能源系统．暖通空调，2009(39)8：79～84

［17］ 仇保兴．建筑节能发展道路应确定为“普通百姓式”．住宅科技，2008(5)：2～3.

［18］ 戴亦欣．中国低碳城市发展的必要性和治理模式分析．中国人资源与环境，2009(19)3：12～17

［19］ UNEP. THE KYOTO PROTOCL. THE CLEAN DEVELOPMENT MECHANISM, AND THE BUILDING AND CONSTRUCTION SECTOR，2008

［20］ IPCC. IPCC FOURTH ASSESSMENT REPORT（AR4），6 RESIDENTIAL AND COMMERCIAL1 BUILDINGS

［21］ WORLD BUSINESS COUNCIL FOR SUSTAINABLE DEVELOPMENT. ENERGY EFFICIENCY IN BUILDINGS TRANSFORMING THE MARKET，2009

［22］ 世界自然基金会．建筑节能领域应用清洁发展机制研究报告，2009年6月

[23] 肖丽娜. 绿色和白色证书交易市场在中国的应用研究. 上海：上海交通大学硕士学位论文，2008
[24] 姜涛. 排放权交易在温室气体排放控制中的策略与应用. 青岛：青岛大学硕士学位论文，2007
[25] UNFCCC. 联合国气候变化框架公约组织，HTTP：//UNFCCC. INT/2860. PHP
[26] UNEP. 联合国环境规划署，HTTP：//WWW. UNEP. ORG/
[27] WWF. 世界自然基金，HTTP：//WWW. WWFCHINA. ORG/